◆ 园林工程管理**必读书系**

园林工程施工
从入门到精通

YUANLIN GONGCHENG SHIGONG
CONG RUMEN DAO JINGTONG

宁平 主编

化学工业出版社

·北京·

本书结合具体施工案例对园林工程施工工艺及方法进行了详细介绍。全书主要内容包括园林工程施工概述、园林土方工程施工、园林绿化工程施工、园林假山工程施工、园林给水排水工程施工、园林水景工程施工、园林铺装工程施工等。

本书语言通俗易懂，体例清晰，具有很强的实用性和可操作性，既可供园林工程施工技术人员、施工管理人员和监理人员学习使用，还可供高等学校园林工程等相关专业师生学习参考。

图书在版编目（CIP）数据

园林工程施工从入门到精通/宁平主编．—北京：化学工业出版社，2017.5（2022.1重印）
（园林工程管理必读书系）
ISBN 978-7-122-29196-7

Ⅰ.①园…　Ⅱ.①宁…　Ⅲ.①园林-工程施工
Ⅳ.①TU986.3

中国版本图书馆 CIP 数据核字（2017）第 042893 号

责任编辑：董　琳　　　　　　　　　　　　文字编辑：吴开亮
责任校对：宋　玮　　　　　　　　　　　　装帧设计：韩　飞

出版发行：化学工业出版社（北京市东城区青年湖南街 13 号　邮政编码 100011）
印　　装：大厂聚鑫印刷有限责任公司
787mm×1092mm　1/16　印张 12¾　字数 307 千字　2022 年 1 月北京第 1 版第 9 次印刷

购书咨询：010-64518888　　　　　　　售后服务：010-64518899
网　　址：http://www.cip.com.cn
凡购买本书，如有缺损质量问题，本社销售中心负责调换。

定　　价：58.00 元　　　　　　　　　　　　　　　版权所有　违者必究

编写人员

主　　编　宁　平

副 主 编　陈远吉　李　娜　李伟琳

编写人员　宁　平　陈远吉　李　娜　李伟琳

　　　　　张　野　张晓雯　吴燕茹　闫丽华

　　　　　马巧娜　冯　斐　王　勇　陈桂香

　　　　　宁荣荣　陈文娟　孙艳鹏　赵雅雯

　　　　　高　微　王　鑫　廉红梅　李相兰

随着国民经济的飞速发展和生活水平的逐步提高， 人们的健康意识和环保意识也逐步增强， 大大加快了改善城市环境、 家居环境以及工作环境的步伐。 园林作为城市发展的象征， 最能反映当前社会的环境需求和精神文化的需求， 也是城市发展的重要基础。 高水平、 高质量的园林工程是人们高质量生活和工作的基础。 通过植树造林、 栽花种草， 再经过一定的艺术加工所产生的园林景观， 完整地构建了城市的园林绿地系统。 丰富多彩的树木花草， 以及各式各样的园林小品， 为我们创造出典雅舒适、 清新优美的生活、 工作和学习的环境， 最大限度地满足了人们对现代生活的审美需求。

在国民经济协调、 健康、 快速发展的今天， 园林建设也迎来了百花盛开的春天。 园林科学是一门集建筑、 生物、 社会、 历史、 环境等于一体的学科，这就需要一大批懂技术、 懂设计的专业人才来提高园林景观建设队伍的技术和管理水平， 更好地满足城市建设以及高质量地完成景观项目的需要。

基于此， 我们特组织一批长期从事园林景观工作的专家学者， 并走访了大量的园林施工现场以及相关的园林管理单位， 经过了长期精心的准备， 编写了这套丛书。

与市面上已出版的同类图书相比， 本套丛书具有如下特点。

（1） 本套丛书在内容上将理论与实践结合起来， 力争做到理论精炼、 实践突出， 满足广大园林景观建设工作者的实际需求， 帮助他们更快、 更好地领会相关技术的要点， 并在实际的工作过程中能更好地发挥建设者的主观能动性， 不断提高技术水平， 更好地完成园林景观建设任务。

（2） 本套丛书所涵盖的内容全面， 真正做到了内容的广泛性与结构的系统性相结合， 让复杂的内容变得条理清晰、 主次明确， 有助于广大读者更好地理解与应用。

（3） 本套丛书图文并茂， 内容翔实， 注重对园林景观工作人员管理水平和专业技术知识的培训， 文字表达通俗易懂， 适合现场管理人员、 技术人员随查随用， 满足广大园林景观建设工作者对园林相关方面知识的需求。

本套丛书可供园林景观设计人员、 施工技术人员、 管理人员使用， 也可供高等院校风景园林等相关专业的师生使用。 本套丛书在编写时参考或引用了部分单位、 专家学者的资料， 并且得到了许多业内人士的大力支持， 在此表示衷心的感谢。 限于编者水平有限和时间紧迫， 书中疏漏及不当之处在所难免， 敬请广大读者批评指正。

丛书编委会
2017 年 1 月

第六章 园林水景工程施工 ⋯⋯⋯⋯⋯ **135**

第七章 园林铺装工程施工 **170**

第一章
⮒ 园林工程施工概述

园林是指在一定的地域运用工程技术和艺术手段，通过改造地形或进一步筑山、叠山、理水、种植树木花草、营造建筑和布置园路等途径，创作而成的供人们观赏的自然环境和游憩境域。

园林工程则是以市政工程原理为基础，以园林艺术理论为指导，研究工程造景技艺的一门学科。也就是说，它是以工程原理、技术为基础，运用风景园林多项造景技术，并使两者融为一体创造园林风景的专业性建筑工作。

一、园林工程施工的作用

随着社会的发展，科技的进步，经济的强大，人们对园林艺术品的要求也日益增强，而园林艺术品的产生是靠园林工程建设完成的。

其作用可以概括为：

① 园林工程施工是园林工程建设计划、设计得以实施的根本保证。

② 园林工程施工是园林工程建筑水平得以不断提高的实践基础。

③ 园林工程施工是提高园林艺术水平和创造园林艺术精品的主要途径。

④ 园林工程施工是锻炼、培养现代园林工程建设施工队伍的基础。

二、园林工程施工的程序

（一）园林工程建设的程序

园林工程建设是城镇要求建设的主要组成部分，因而也可将其列入城镇基本建设之中，要求按照基本建设程序进行。基本建设程序是指某个建设项目在整个建设过程中所包括的各个阶段步骤应遵循的先后顺序，一般建设工程先侦查，再规划，进而设计，再进入施工阶段，最后经竣工验收后再交付建筑单位使用。

园林工程建设程序要点是：对拟建筑项目进行可行性研究，编制设计任务书，确保建筑地点和规模，进行技术设计工作，基本建设计划，确定工程施工企业，进行施工前的准备工作，组织工程施工及工程完成后的竣工验收等。

园林工程建设项目的生产过程大致可以划分为四个阶段，即项目计划立项报批阶段，组织计划和设计阶段，工程建设实施阶段和工程竣工验收阶段。

1. 项目计划立项报批阶段

本阶段又叫工程项目建设前的准备阶段，也称立项计划阶段。

2. 组织计划和设计阶段

工程设计文件是组织工程建设施工的基础，也是具体工作的指导性文件。

3. 工程建设实施阶段

4. 工程竣工验收阶段

（二）园林工程施工的程序

园林工程的施工程序一般可分为施工前的准备阶段和现场施工阶段两大部分。

施工前准备工作一般可分为技术准备、生产准备、施工现场准备、后勤保障准备、文明施工准备。

第二节　园林工程常用图例

一、园林工程常用建筑材料图例

园林工程常用建筑材料图例见表 1-1。

表 1-1　园林工程常用建筑材料图例

序号	名称	图例	序号	名称	图例
1	自然土壤		7	普通砖	
2	夯实土壤		8	耐火砖	
3	砂、灰土		9	空心砖	
4	砂砾石、碎砖三合土		10	饰面砖	
5	石材		11	焦砟、矿渣	
6	毛石		12	混凝土	

续表

序号	名称	图例	序号	名称	图例
13	钢筋混凝土	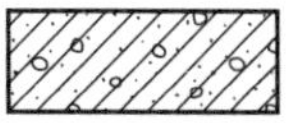	20	网状材料	
14	多孔材料	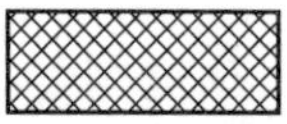	21	液体	
15	纤维材料	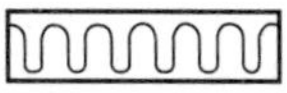	22	玻璃	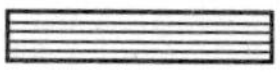
16	泡沫材料	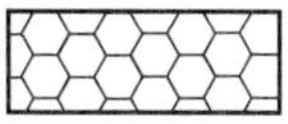	23	橡胶	
17	木材	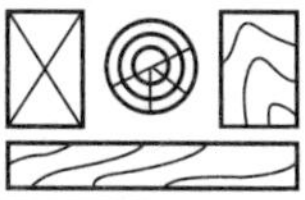	24	塑料	
18	石膏板	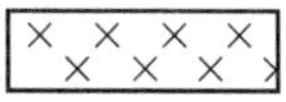	25	防水材料	
19	金属	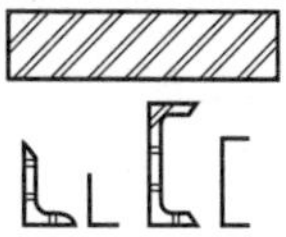	26	粉刷	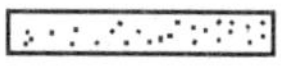

二、 园林工程常用总平面图图例

园林工程常用总平面图图例见表 1-2。

表 1-2 园林工程常用总平面图图例

图例	名称
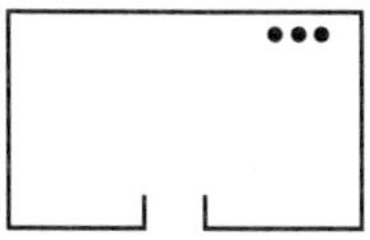	新设计的建筑物 右上角以点数表示层数
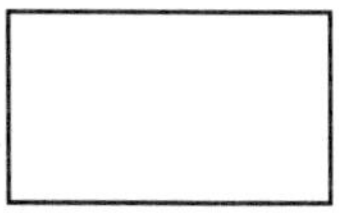	原有的建筑物
	计划扩建的建筑物或预留地
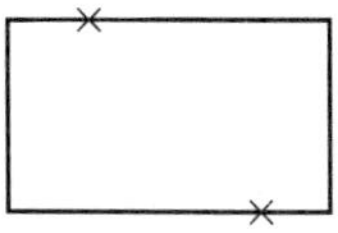	拆除的建筑物

续表

图例	名称
	新建地下建筑物或构筑物
	散状材料露天堆场
	其他材料露天堆场或露天作业场
	露天桥式吊车
	门式起重机
	围墙 表示砖石、混凝土或金属材料围墙
	围墙 表示镀锌铁丝网、篱笆等围墙
154.20	室内地坪标高
143.00	室外整平标高
	原有的道路
	计划扩建的道路

续表

图例	名称
	公路桥 铁路桥
	护坡
	烟囱

三、 园林工程制图常用图例

园林工程制图常用图例如图 1-1～图 1-4 所示。

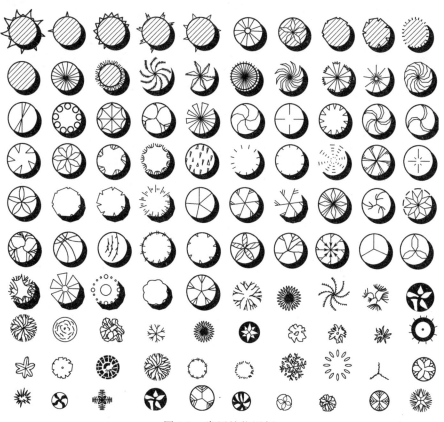

图 1-1　常用植物图例

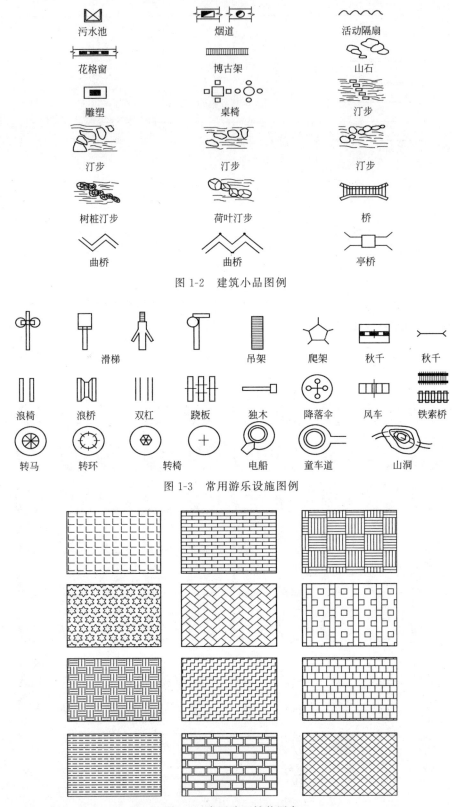

图 1-2　建筑小品图例

图 1-3　常用游乐设施图例

图 1-4　常用路面铺装图案

第三节 园林施工图识读

一、 园林施工图概述

（一） 结构施工图的内容与基础图的识读

1. 结构施工图的内容

（1）结构设计说明。

结构设计说明主要包括三个方面：工程概述、地基及基础说明和其他说明。

（2）结构布置平面图。

结构布置平面图是建筑承重结构的整体布置图。主要表示结构构件的位置、数量、型号规格及相互关系。结构布置图可用结构平面图、剖面图表示，其中平面图使用较多。如基础平面布置图、楼层结构平面图、层面结构平面图、圈梁布置平面图等。

（3）构件详图。

构件详图主要包括梁、板、柱等构件详图和楼梯、雨篷、阳台、屋架等结构节点详图。

2. 基础图的识读

（1）基础平面图的比例、定位轴线编号必须与建筑施工图的底层平面图完全相同。不同结构形式承受外力的大小不同，其下所设基础的大小也不尽相同，应采用不同编号加以区分，并画出详图的剖切位置及其编号，基础平面图还应给出地沟、过墙洞的设置情况。

（2）基础平面图是一个剖视图，因此它的线型与剖视图相同，被剖切的墙、柱轮廓用粗实线绘制，可见的基础底面轮廓用细实线绘制（被剖切的钢筋混凝土柱涂黑）。

（3）尺寸标注，基础平面图上需标出定位轴线的尺寸，条形基础底面和独立基础底面的尺寸，整板基础的底面尺寸是标注在基础垫层示意图上的，另外，还要注写必要的文字说明，如混凝土、砖、砂浆的强度等级等。

（4）基础平面图完成后，同其他设计图纸一样应书写图名、比例等，基础平面布置图的比例与建筑施工图相同，一般用 1∶100，也可用 1∶50，1∶200。

3. 基础详图的识读

（1）基础平面图仅表示基础的平面布置，基础各部分的形状、大小、材料、构造及埋置深度需要用基础详图来表示。最常用的是以断面图的方式来完成。

（2）基础断面图是基础施工的依据，表达了基础断面所在轴线的位置及编号。如果是通用断面图，在轴线圆圈内不加编号，如果是特定断面图，则应注明轴线编号。

基础断面图应详细地表明基础断面的形状、大小及所用材料，地圈梁的位置和做法，基础埋置深度，施工所需尺寸。

① 尺寸标注。基础断面图应标注详细尺寸，如垫层高度、大放脚尺寸、地圈梁顶标高、垫层底标高等。

② 比例。基础断面图的图名与基础平面图中的编号相对应，比例一般为 1∶5，1∶50，1∶25 等。

③ 定位轴线。定位轴线的编号应与基础平面图一致，以便对照查阅。

④ 图例。基础墙和垫层都应画上相应的材料图例。

（二）园林工程构件图的识读

1. 园林工程结构平面图的识读

（1）比例。楼层平面图的比例应与本层建筑平面图相同。

（2）尺寸标注。楼层结构平面图应画出与建筑平面图完全相同的轴线网，标注轴线编号和轴线尺寸，以便确定梁、板、柱及其他构件的位置。一些次要构件的定位尺寸也应给出。

（3）楼板。楼层结构平面图中的楼板的制作有现浇和预制两种形式，若为现浇板，在需要现浇的范围内画一条斜线，斜线上注明板的编号，斜线下注明板的厚度。

若采用预制混凝土板，则在布置预制板的范围内用细实线画一条对角线，在对角线的一侧或两侧注写预制板的数量、代号及编号。

（4）梁、柱等承重构件。在楼层结构平面图中，凡是被剖切到的柱子均应涂黑，并注上相应的代号；板下的不可视梁、柱、墙用虚线画出；未被挡住的墙、柱轮廓线画成实线，门窗上沿均省略，梁的位置用粗点划线标明，并注写编号。

2. 钢筋混凝土构件的识读

（1）钢筋混凝土梁的结构详图的识读

① 图名、比例、图线。由于梁的长度远大于其断面高度和宽度，故可用不同比例绘制，梁的可见轮廓用细实线表示，不可见轮廓用虚线表示，断面图不画材料符号。

② 钢筋图示方法及标准。钢筋的立面图用粗实线表示，钢筋的断面图用小黑点表示，所有钢筋都应编号，并注写根数、等级、直径和问题。

③ 断面图。立面图应注明断面图的剖切位置，断面图数量的多少以能将钢筋走向表达清楚为宜。

④ 尺寸标注。立面图应标注梁的长度、弯起筋的弯起位置、梁底标高，断面图上应标注断面的宽度和高度。

⑤ 钢筋详图。钢筋详图一般都画在与立面图相对应的位置；从构件最上或最左的钢筋开始依次排列，并与立面图中的同号钢筋对齐，同一号钢筋只画一根，在钢筋上标注编号、根数、品种、直径及下料长度。

⑥ 钢筋表。钢筋表中包括构件名称、构件数量、钢筋编号、规格、简图、长度、根数，钢筋表必须与配筋图完全相同，才能保证施工的准确性。

（2）钢筋混凝土板的结构详图的识读

① 钢筋的形状。混凝土板的钢筋有分离式和弯起式两种，如果板的上下部钢筋分别单独配置，称作分离式，如果支座附近的上部钢筋是由下部钢筋直接弯起的就称为弯起式。

② 尺寸标准。板应注明轴线、板长、板宽及尺寸，负荷钢筋应注明其长度，若有弯起钢筋，应注明起点，为支模定位方便应给出板底标高。

③ 钢筋的编号及标注。不同的钢筋采用不同的编号，可直接在钢筋上画圆圈标注，圆圈直径为6mm，并注明钢筋的直径等级及间距，相同编号的钢筋可只在一处注明。

④ 重合断面图及板上预留洞。重合断面图主要表达板与梁及墙上圈梁的相互关系。对于用水较多的房间，如卫生间等，有管道要穿越楼板，因此要预留洞，板详图中应表达预留1周的位置、大小、高低、性状。

⑤ 断面详图。主要表达梁或墙上圈梁的钢筋情况、板厚及圈梁的高度等。

⑥ 钢筋表。板同梁一样，应列钢筋明细表。

二、园林施工总平面图

园林施工总平面图主要反映的是园林工程的形状、所在位置、朝向及拟建建筑周围道路、地形、绿化等情况，以及该工程与周围环境的关系和相对位置等。园林施工总平面图见表 1-3。

表 1-3　园林施工总平面图的识读

类别		说明
	基本说明	园林施工总平面图主要反映的是园林工程的形状、所在位置、朝向及拟建建筑周围道路、地形、绿化等情况，以及该工程与周围环境的关系和相对位置等
	内容	(1)指北针(或风玫瑰图)，绘图比例(比例尺)，文字说明，景点、建筑物或者构筑物的名称标注，图例表等。 (2)道路、铺装的位置、尺度，主要点的坐标、标高以及定位尺寸。 (3)小品主要控制点坐标及小品的定位、定形尺寸。 (4)地形、水体的主要控制点坐标、标高及控制尺寸。 (5)植物种植区域轮廓。 (6)对无法用标注尺寸准确定位的自由曲线园路、广场、水体等，应给出该部分局部放线详图，用放线网表示，并标注控制点坐标
绘制要求	布局与比例	图纸应按上北下南方向绘制，根据场地形状或布局，可向左或向右偏转，但不宜超过 45°。施工总平面图一般采用 1∶500，1∶1000，1∶2000 的比例绘制
	图例	《总图制图标准》(GB/T 50103—2001)中列出了建筑物、构筑物、道路、铁路以及植物等的图例，具体内容参见相应的制图标准。如果由于某些原因必须另行设定图例时，应该在总图上绘制专门的图例表进行说明
	图线	在绘制总图时应该根据具体内容采用不同的图线，具体可参照本章第一节的内容的使用
	单位	施工总平面图中的坐标、标高、距离宜以"m"为单位，并应至少取至小数点后两位，不足时以"0"补齐。详图宜以"mm"为单位，如不以 mm 为单位，应另加说明。建筑物、构筑物、铁路、道路方位角(或方向角)和铁路、道路转向角的度数，宜注写到"秒"，特殊情况，应另加说明。道路纵坡度、场地平整坡度、排水沟沟底纵坡度宜以百分计，并应取至小数点后一位，不足时以"0"补齐
	坐标网络	坐标分为测量坐标和施工坐标。测量坐标为绝对坐标，测量坐标网应画成交叉十字线，坐标代号宜用"X、Y"表示。施工坐标为相对坐标，相对零点宜通常选用已有建筑物的交叉点或道路的交叉点，为区别于绝对坐标，施工坐标用大写英文字母 A、B 表示。 施工坐标网格应以细实线绘制，一般画成 100m×100m 或者 50m×50m 的方格网，当然也可以根据需要调整
	坐标标注	坐标宜直接标注在图上，如图面无足够位置，也可列表标注，如坐标数字的位数太多时，可将前面相同的位数省略，其省略位数应在附注中加以说明。 建筑物、构筑物、铁路、道路等应标注下列部位的坐标：建筑物、构筑物的定位轴线(或外墙线)或其交点；圆形建筑物、构筑物的中心；挡土墙墙顶外边缘线或转折点。表示建筑物、构筑物位置的坐标，宜注其三个角的坐标，如果建筑物、构筑物与坐标轴线平行，可注对角坐标。平面图上有测量和施工两种坐标系统时，应在附注中注明两种坐标系统的换算公式

类别		说明
绘制要求	标高标注	施工图中标注的标高应为绝对标高,如标注相对标高,则应注明相对标高与绝对标高的关系。 建筑物、构筑物、铁路、道路等应按以下规定标注标高:建筑物室内地坪,标注图中±0.000处的标高,对不同高度的地坪,分别标注其标高;建筑物室外散水,标注建筑物四周转角或两对角的散水坡脚处的标高;构筑物标注其有代表性的标高,并用文字注明标高所指的位置;道路标注路面中心交点及变坡点的标高;挡土墙标注墙顶和墙脚标高,路堤、边坡标注坡顶和坡脚标高,排水沟标注沟顶和沟底标高;场地平整标注其控制位置标高;铺砌场地标注其铺砌面标高
	识读方法	(1)看图名、比例、设计说明、风玫瑰图、指北针。根据图名、设计说明、指北针、比例和风玫瑰,可了解到施工总平面图设计的意图和工程性质、设计范围、工程的面积和朝向等基本概况,为进一步地了解图纸做好准备。 (2)看等高线和水位线。了解园林的地形和水体布置情况,从而对全园的地形骨架有一个基本的印象。 (3)看图例和文字说明。明确新建景物的平面位置,了解总体布局情况。 (4)看坐标或尺寸。根据坐标或尺寸查找施工放线的依据

三、 园林施工放线图

园林施工放线图的识读见表 1-4。

表 1-4 园林施工放线图的识读

类别	说明
内容	园林工程施工线图主要包括以下内容: (1)道路、广场铺装,园林建筑小品放线网格(间距 1m 或 5m 或 10m 不等)。 (2)坐标原点、坐标轴、主要点的相对坐标。 (3)标高(等高线、铺装等)
作用	园林工程施工放线图主要有以下作用: (1)现场施工放线。 (2)确定施工标高。 (3)测算工程量、计算施工图预算
注意事项	(1)坐标原点的选择 固定的建筑物构筑物角点,或者道路交点,或者水准点等。 (2)网格的间距 根据实际面积的大小及其图形的复杂程度,不仅要对平面尺寸进行标注,同时还要对立面高程进行标注(高程、标高)。写清楚各个小品或铺装所对应的详图标号,对于面积较大的区域给出索引图(对应分区形式)

四、 竖向设计施工图

竖向设计(即地形设计)图主要表达竖向设计所确定的各种造园要素的坡度和各点高程,如各景点、景片的主要控制标高;主要建筑群的室内控制标高;室内地坪、水体、山石、道路、桥涵、各出入口和地表的现状和设计高程,如图 1-5 所示,必要时还可以绘制土方调配图,包括平面图与剖面图。

竖向设计施工图见表 1-5。

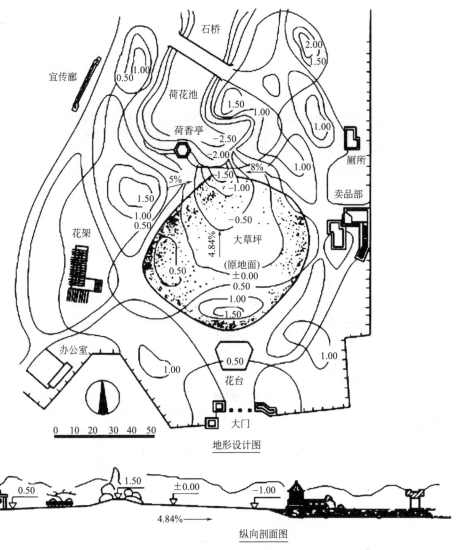

图 1-5　某公园的总平面图（单位：m）

表 1-5　竖向设计施工图

类别	说明
内容	园林工程竖向设计施工图一般应包括以下内容： （1）指北针、图例、比例、文字说明、图名。文字说明中应该包括标注单位、绘图比例、高程系统的名称、补充图例等。 （2）现状与原地形标高、地形等高线、设计等高线的等高距一般取 0.25～0.5m，当地形较为复杂时，需要绘制地形等高线放样网格。 （3）最高点或者某些特殊点的坐标及该点的标高。如道路的起点、变坡点、转折点和终点等的设计标高（道路在路面中，阴沟在沟顶和沟底）、纵坡度、纵坡距、纵坡向、平曲线要素、竖曲线半径、关键点坐标；建筑物、构筑物室内外设计标高；挡土墙、护坡或土坡等构筑物的坡顶和坡脚的设计标高；水体驳岸、岸顶、岸底标高，池底标高，水面最低、最高及常水位。 （4）地形的汇水线和分水线，或用坡向箭头标明设计地面坡向，指明地表排水的方向、排水的坡度等。 （5）绘制重点地区、坡度变化复杂的地段的地形断面图，并标注标高、比例尺等。 当工程比较简单时，竖向设计施工平面图可与施工放线图合并

续表

类别	说明
具体要求	(1)计量单位。通常标高的标注单位为"m",如果有特殊要求的话应该在设计说明中注明。 (2)线型。竖向设计图中比较重要的就是地形等高线,设计等高线用细实线绘制,原有地形等高线用细虚线绘制,汇水线和分水线用细单点长画线绘制。 (3)坐标网格及其标注。坐标网格采用细实线绘制,网格间距取决于施工的需要以及图形的复杂程度,一般采用与施工放线图相同的坐标网体系。对于局部的不规则等高线,或者单独作出施工放线图,或者在竖向设计图纸中局部缩小网格间距,提高放线精度。竖向设计图的标注方法同施工放线图,针对地形中最高点、建筑物角点或者特殊点进行标注。 (4)地表排水方向和排水坡度。利用箭头表示排水方向,并在箭头上标注排水坡度
识读方法	(1)看图名、比例、指北针、文字说明,了解工程名称、设计内容、工程所处方位和设计范围。 (2)看等高线及其高程标注。看等高线的分布情况及高程标注,了解新设计地形的特点和原地形标高,了解地形高低变化及土方工程情况,并结合景观总体规划设计,分析竖向设计的合理性。并且根据新、旧地形高程变化,了解地形改造施工的基本要求和做法。 (3)看建筑、山石和道路标高情况。 (4)看排水方向。 (5)看坐标,确定施工放线依据

五、 植物配置图

植物配置图的识读见表 1-6。

表 1-6　植物配置图的识读

类别	说明
内容与作用	(1)内容。植物种类、规格、配置形式、其他特殊要求。 (2)作用。可以作为苗木购买、苗木栽植、工程量计算等的依据
具体要求	(1)现状植物的表示。 (2)图例及尺寸标注。 ①行列式栽植。对于行列式的种植形式(如行道树、树阵等)可用尺寸标注出株行距,始末树种植点与参照物的距离。 ②自然式栽植。对于自然式的种植形式(如孤植树),可用坐标标注种植点的位置或采用三角形标注法进行标注。孤植树往往对植物的造型、规格的要求较严格,应在施工图中表达清楚,除利用立面图、剖面图表示以外,可与苗木表相结合,用文字来加以标注。 ③片植、丛植。植物配植图应绘出清晰的种植范围边界线,标明植物名称、规格、密度等。对于边缘线呈规则的几何形状的片状种植,可用尺寸标注方法标注,为施工放线提供依据,而对边缘线呈不规则的自由线的片状种植,应绘坐标网格,并结合文字标注。 ④草皮种植。草皮是用打点的方法表示,标注应标明其草坪名、规格及种植面积。 (3)应注意的问题。 ①植物的规格。图中为冠幅,根据说明确定。 ②借助网格定出种植点位置。 ③图中应写清植物数量。 ④对于景观要求细致的种植局部,施工图应有表达植物高低关系、植物造型形式的立面图、剖面图、参考图或通过文字说明与标注。 ⑤对于种植层次较为复杂的区域应该绘制分层种植图,即分别绘制上层乔木的种植施工图和中下层灌木地被等的种植施工图

续表

类别	说明
识读方法	(1)看标题栏、比例、指北针(或风玫瑰图)及设计说明。了解工程名称、性质、所处方位(及主导风向),明确工程的目的、设计范围、设计意图,了解绿化施工后应达到的效果。 (2)看植物图例、编号、苗木统计表及文字说明。根据图纸中各植物的编号,对照苗木统计表及技术说明,了解植物的种类、名称、规格、数量等,验核或编制种植工程预算。 (3)看图纸中植物种植位置及配置方式。根据植物种植位置及配置方式,分析种植设计方案是否合理。植物栽植位置与建筑及构筑物和市政管线之间的距离是否符合有关设计规范的规定等技术要求。 (4)看植物的种植规格和定位尺寸,明确定点放线的基准。 (5)看植物种植详图,明确具体种植要求,从而合理地组织种植施工

第二章

· 第二章 ·

园林土方工程施工

第一节　土方计算与平整

一、土方量计算

一般根据附有原地形等高线的设计地形图来进行。通过计算，有时反过来又可以修订设计图中的不足，使图纸更完善。土方量的计算在规划阶段无需过分精确，故只需估算，而在作施工图时，则土方工程量就需要较精确地计算了。

土方量的计算有方格网法和横截面法，可根据地形具体情况采用；现场抄平的程序和方法由确定的计算方法进行，通过抄平测量，可计算出该场地按设计要求平整需挖土和回填的土方量，再考虑基础开挖还有多少挖出（减去回填）的土方量，并进行挖填方的平衡计算，做好土方平衡调配，减少重复挖运，以节约运费。土方量的计算方法如下。

（一）体积法

用求体积的公式进行土方估算。

在建园过程中，不管是原地形或设计地形，经常会碰到一些类似锥体、棱台等几何形体的地形单体，如图 2-1 中所示的山丘、池塘等。这些地形单体的体积可用相近的几何体体积公式来计算，表 2-1 中所列公式可供选用。此法简便，但精度较差，多用于估算。

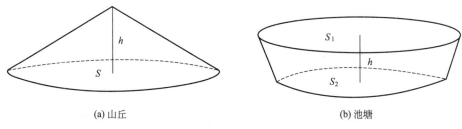

(a) 山丘   (b) 池塘

图 2-1 地形单体

表 2-1 用求体积公式求土方量

序号	几何体名称	体积公式	序号	几何体名称	体积公式
1	圆锥	$V=\frac{1}{3}\pi r^2 h$	4	棱台	$V=\frac{1}{3}h(S_1+S_2+\sqrt{S_1 S_2})$
2	圆台	$V=\frac{1}{3}\pi h(r_1^2+r_2^2+r_1 r_2)$	5	球缺	$V=\frac{\pi h}{6}(h^2+3r^2)$
3	棱锥	$V=\frac{1}{3}Sh$			

注：1. V—体积；r—半径；S—底面积；r_1、r_2—上、下底半径；S_1、S_2—上、下底面积；h—高。

2. 圆台：用一个平行于圆锥底面的平面去截圆锥，底面与截面之间的部分叫做圆台。

3. 棱台：棱锥的底面和平行于底面的一个截面间的部分，叫做棱台。由三棱锥、四棱锥、五棱锥等截得的棱台，分别叫做三棱台、四棱台、五棱台等。

4. 球缺：用一个平面去截一个球的一部分，不大于一个半球，所得的余下的部分叫球缺。

（二）断面法

是以一组等距（或不等距）的相互平行的截面将拟计算的地块、地形单体（如山、溪涧、池、岛等）和土方工程（如堤、沟渠、路堑、路槽等）分截成"段"，分别计算这些"段"的体积，再将各段体积累加，以求得该计算对象的总土方量。

当地形复杂起伏变化较大，或地狭长、挖填深度较大且不规则的地段，宜选择横断面法进行土方量计算。

图 2-2 为一渠道的测量图形，利用横断面法进行计算土方量时，可根据渠 LL，按一定的长度 L 设横断面 A_1、A_2、A_3、…、A_i 等。

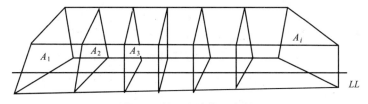

图 2-2 断面法计算土方量

断面法的表达式为

$$V=\sum_{i-2}^{n}V_i=\sum_{i-2}^{n}(A_{i-1}+A_i)\frac{L_i}{2} \tag{2-1}$$

在式（2-1）中，A_{i-1}、A_i 分别为第 $i-1$、i 单元渠段起终断面的填（或挖）方面积；L_i 为渠段长；V_i 为填（或挖）方体积。

土石方量精度与间距 L 的长度有关, L 越小, 精度就越高。但是这种方法计算量大, 尤其是在范围较大、精度要求高的情况下更为明显; 若是为了减少计算量而加大断面间隔, 就会降低计算结果的精度; 所以断面法存在着计算精度和计算速度的矛盾。

(三) 方格网法

方格网法是把平整场地的设计工作与土方量计算工作结合在一起进行的。方格网法的具体工作程序为: 在附有等高线的施工现场地形图上作方格网控制施工场地, 依据设计意图, 如地面形状、坡向、坡度值等, 确定各角点的设计标高、施工标高, 划分填挖方区, 计算土方量, 绘制出土方调配图及场地设计等高线图。

1. 杨赤中推估

杨赤中滤波与推估法就是在复合变量理论的基础上, 对已知离散点数据进行二项式加权游动平均, 然后在滤波的基础上, 建立随即特征函数和估值协方差函数, 对待估点的属性值(如高程等)进行推估。

2. 待估点高程值的计算

首先绘方格网, 然后根据一定范围内的各高程观测值推估方格中心 O 的高程值 H_O。绘制方格时要根据场地范围绘制。由离散高程点计算待估点高程为

$$\overline{H_O} = \sum_{i-1}^{n} P_i H_i \qquad (2\text{-}2)$$

其中, H_1、H_2、$\cdots$、H_n 分别为参加估值计算的各离散点高程观测值; P_i 为各点估值系数。而后进一步求得最优估值系数, 进而得到最优的高程估值。

二、 土方平衡调配

土方平衡调配主要是对土方工程中挖方的土需运至何处、(利用或堆弃)及填方所需的土应取自何方进行综合协调处理。其目的是在使土方运输量或土方运输成本最低的条件下, 确定挖方区、填方区土方的调配方向和数量, 从而缩短工期, 提高经济效益。

地形设计的一个基本要求, 是使设计的挖方工程量和填方工程量基本平衡。土方平衡就是将已经求出的挖方总量和填方总量相互比较, 若二者数值接近, 则可认为达到了土方平衡的基本要求; 若二者数值差距太大, 则土方不平衡, 应调整设计地形, 将地面再垫高些或再挖深些, 一直达到土方平衡要求为止。

土方平衡的要求是相对的, 没有必要做到绝对平衡。因为计算所依据的地形图本身就不可避免地存在一定误差, 而且用等高面计算的结果也不能保证十分精确, 因此在计算土方量时能够达到土方相对平衡即可。最重要的考虑则应落在如何既保证完全体现设计意图, 又尽可能减少土方施工量和不必要的搬运量。

1. 土方调配原则

(1) 挖方与填方基本达到平衡, 在挖方的同时进行填方, 减少重复倒运。

(2) 挖(填)方量与运距的乘积之和尽可能最小, 使总土方运输量或运输费用最小。

(3) 分区调配应与全场调配相协调, 切不可只顾局部的平衡而妨碍全局。

(4) 土方调配应尽可能与地下建筑物或构筑物的施工相结合。

(5) 选择恰当的调配方向、运输路线, 使土方运输无对流和乱流现象, 并便于机械化

施工。

（6）当工程分期分批施工时，先期工程的土方余额应结合后期工程需要，考虑其利用数量和堆放位置，以便就近调配。

2．土方调配方法

（1）划分土方调配区，即在场地平面图上先画出挖方区、填方区的分界线即零线，并按挖方区、填方区画出若干调配区。

（2）计算各调配区的土方量，并标明在调配图上。

（3）计算各调配区的平均运距，即挖方调配区土方重心到填方调配区土方重心之间的距离。

（4）绘制土方调配图，在图中标明调配方向、土方数量及平均运距。

（5）列出土方量平衡表。

三、 场地平整

场地平整是将需进行施工范围内的自然地面，通过人工或机械挖填平整改造成为设计需要的平面以利现场平面布置和文明施工。在工程总承包施工中，"三通一平"工作常常由施工单位来实施，因此场地平整也成为工程开工前的一项重要内容。

场地平整要考虑满足总体规划、生产施工工艺、交通运输和场地排水等要求，并尽量使土方的挖填平衡，减少运土量和重复挖运。

大面积平整土方宜采用机械进行，如用推土机、铲运机推运平整土方，有大量挖方应使用挖土机等进行，在平整中要交错用压路机压实。

按设计或施工要求范围和标高平整场地，将土方弃到规定弃土区；凡在施工区域内，影响工程质量的软弱土层、淤泥、腐殖质、大卵石、孤石垃圾、树根、草皮以及不宜作回填土料的稻田湿土，应分情况采取全部挖除或设排水沟疏干、抛填块石、砂砾等方法进行妥善处理。

有一些土方施工工地可能残留了少量待拆除的建筑物或地下构筑物，在施工前要拆除时，应根据其结构特点，并遵循有关的规定进行操作。

施工现场残留有一些影响施工并经有关部门审查同意砍伐的树木，要进行伐除工作。土方开挖深度不大于 50cm，或填方高度较小的土方施工，其施工现场及排水沟中的树木，都必须连根拔除。清理树苑用人工挖掘，直径在 50cm 以上的大树苑还可以用推土机铲除或用爆破法清除。大树一般不允许伐除，如果现场的大树古树很有保留价值，则要提请建设单位或设计单位对设计进行修改，以便将大树保留下来。因此，大树的伐除要慎而又慎，凡能保留的要尽量设法保留。

1．施工测量

根据施工区域的测量控制点和自然地形，将场地划分为轴线正交的若干地块。选用间隔为 20～50m 的方格网，并以方格网各交叉点的地面高程，作为计算工程量和组织施工的依据。在填挖过程中和工程竣工时，都要进行测量，做好记录，以保证最后形成的场地符合设计规定的平面和高程。

2．土石方调配

通过计算，对挖方、填方和土石方运输量三者综合权衡，制订出合理的调配方案。为了充分发挥施工机械的效率，便于组织施工，避免不必要的往返运输，还要绘制土石方调配图，明确各地块的工程量、填挖施工的先后顺序、土石方的来源和去向，以及机械、车辆的运行路线等。

3. 施工机械选择

根据具体施工条件、运输距离以及填挖土层厚度、土壤类别，做下列选择。①运距在100m以内的场地平整选用推土机最为适宜。②地面起伏不大、坡度在20°以内的大面积场地平整，当土壤含水量不超过27%，平均运距在800m以内时，宜选用铲运机。③丘陵地带，土层厚度超过3m，土质为土、卵石或碎石渣等混合体，且运距在1.0km以上时，宜选用挖掘机配合自卸汽车施工。④当土层较薄，用推土机攒堆时，应选用装载机配合自卸汽车装土运土。⑤当挖方地块有岩层时，应选用空气压缩机配合手风钻或车钻钻孔，进行石方爆破作业。

4. 填方压实

土石方的填筑作业分为土工构筑物和回填土两类。其应共同遵循的原则是：填方要有足够的强度和稳定性；土体的沉陷量力求最小。因此必须慎重选择填筑材料，并规定科学的填筑方法。含水量大的土、淤泥和腐殖土都不能用作填筑材料。所有的填方都要分层进行，每层虚铺厚度应根据土壤类别、压实机械性能而定。填方边坡的大小也要根据填筑高度、选用材料的类别和工程重要性，做出恰当的选择。填方的压实一般采用碾压、夯实、振动夯实等方法。大面积场地平整的填方多采用碾压和利用运土机械和车辆本身，随运随压，配合进行。

填土在压实过程中，一般应配合取土样试验干容重，测试密实度，保证符合设计要求后方可验收。

第二节 园林土方测量放线

根据给定的国家永久性控制坐标和水准点，按施工总平面要求，引测到现场。在工程施工区域设置测量控制网，包括控制基线、轴线和水平基准点；做好轴线控制的测量和校核。控制网要避开建筑物、构筑物、土方机械操作及运输线路，并有保护标志；场地整平应设10m×10m或20m×20m方格网，在各方格点上做控制桩，并测出各标桩的自然地形标高，作为计算挖、填土方量和施工控制的依据。对建筑物应做定位轴线的控制测量和校核。灰线、标高、轴线应进行复核，复核无误后，方可进行场地平整和开挖。

一、 场地平整测设与放样

平整场地的工作是将原来高低不平的、比较破碎的地形按设计要求整理成为平坦的或具有一定坡度的场地，如停车场、草坪、休闲广场、露天表演场等。

平整场地常用方格网法。用经纬仪将图纸上的方格测设到地面上，并在每个交点处打下木桩，边界上的木桩依图纸要求设置。

木桩的规格及标记方法，如图2-3所示。木桩应侧面平滑，下端削尖，以便打入土中，桩上应表示出桩号（施工图上方格网的编号）和施工标高（挖土用"＋"号，填土用"－"号）。

（1）台阶式、馒头式地形。由于对等高线领会不透，常常在放样过程中造成地形辐射不够，形成台阶式、馒头式地形，缺乏流畅感，严重的则造成排水不畅。因此在放样过程中一定要注意地形外缘过渡部分的自然。

（2）地形和绿化种植脱离。地形和绿化种植应该是相辅相成的，造成这种情况的原因有时是设计图的改变，或者由于某些原因需要临时增减一些苗木或基础设施，这时如何最大限度地保留原作品中的面貌，施工人员的放样就显得特别重要。

（3）设计和现场情况脱离。这种情况较少发生，但若有时除了请设计师到场外，如果差异不是很大，施工人员也可局部调整。

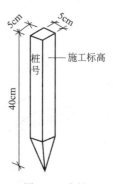

图 2-3　木桩

（4）草坪地块与乔木、灌木地块地形差异不当。在花坛、花镜的施工中，乔木、灌木地块的地形应当比草皮地块地形稍高。因为草皮有一定的厚度，在铺上草坪以后，在高差上乔木、灌木和草皮就有机结合起来了；反之，视觉上容易造成一高一低的假象，也影响了乔木、灌木的排水。

二、　堆山测设

堆山或微地形等高线平面位置的测定方法与湖泊、水渠的测设方法相同。等高线标高可用竹竿表示。具体做法如图 2-4 所示，从最低的等高线开始，在等高线的轮廓线上，每隔3～6m 插一长竹竿（根据堆山高度而灵活选用不同长度的竹竿）。利用已知水准点的高程测出设计等高线的高度，标在竹竿上，作为堆山时掌握堆高的依据，然后进行填土堆山。在第一层的高度上继续又以同法测设第二层的高度，堆放第二层、第三层以至山顶。坡度可用坡度样板来控制。当土山高度小于 5m 时，可把各层标示一次标在一根长竹竿上，不同层用不同颜色的小旗表示，然后便可施工，如图 2-5 所示。

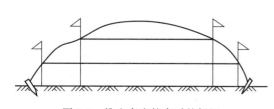

图 2-4　堆山高度较高时的标记

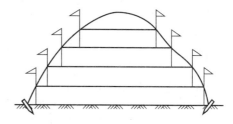

图 2-5　堆山高度较低时的标记

如果用机械（推土机）堆土，只要标出堆山的边界线，司机参考堆山设计模型，就可堆土，等堆到一定高度以后，用水准仪检查标高，不符合设计的地方，用人工加以修整使之达到设计要求。

三、　公园水体测设

（1）用仪器（经纬仪、罗盘仪、大平板仪或小平板仪）测设。如图 2-6 所示，根据湖泊、水渠的外形轮廓曲线上的拐点（如 1、2、3、4 等）与控制点 A 或 B 的相对关系，用仪器采用极坐标的方法将它们测设到地面上，并钉上木桩，然后用较长的绳索把这些点用圆滑的曲线连接起来，即得湖池的轮廓线，并撒上白灰标记。

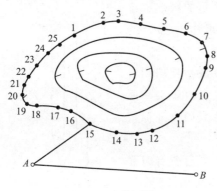

图 2-6　水体测设

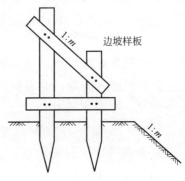

图 2-7　边坡样板

湖中等高线的位置也可用上述方法测设，每隔 3～5m 钉一木桩，并用水准仪按测设设计高程的方法，将要挖深度标在木桩上，作为掌握深度的依据。也可以在湖中适当位置打上几个木桩，标明挖深，便可施工。施工时木桩处暂时留一土墩，以便掌握挖深，待施工完毕，再把土墩去掉。

岸线和岸坡的定点放线应该准确，因为这不仅有关园林造景，而且和水体岸坡的稳定有很大关系。为了精确施工，可以用边坡样板来控制边坡坡度，如图 2-7 所示。

如果用推土机施工，定出湖边线和边坡样板就可动工，开挖快到设计深度时，用水准仪检查挖深，然后继续开挖，直至达到设计深度。

在修渠工程中，首先在地面上确定渠的中线位置，该工作与确定道路中线的方法类似。然后用皮尺丈量开挖线与中线的距离，以确定开挖线，并沿开挖线撒上白灰。开挖沟槽时，用打桩放线的方法，在施工中木桩容易被移动甚至被破坏，因而影响了校核工作，所以最好使用龙门板。

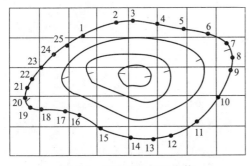

图 2-8　用网格法测设水体

（2）方格网法测设。如图 2-8 所示，在图纸中欲放样的湖面上打方格网，将图上方格网按比例尺放大到实地上，根据图上湖泊（或水渠）外轮廓线各点在格网中的位置（或外轮廓线、等高线与格网的交点），在地面方格网中找出相应的点位，如 1、2、3、4、…曲线转折点，再用长麻绳依图上形状将各相邻点连成圆滑的曲线，顺着曲线撒上白灰，做好标记。若湖面较大，可分成几段或十几段，用长 30～40m 的麻绳来分段连接曲线。等深线测设方法与上述相同。

四、　狭长地形放线

狭长地形，如园路、土堤、沟渠等，基土方的放线包括以下内容。

（1）打中心桩，定出中心线。这是第一步工作，可利用水准仪和经纬仪，按照设计要求定出中心桩，桩距 20～50m 不等，视地形的繁简而定。每个桩号应标明桩距和施工标高，桩号可用罗马字母，也可用阿拉伯数字。距离用 km 或 m 来表示。

（2）打边桩，定边线。一般来说，中心桩定下后，桩也有了依据，用皮尺就可以拉出，但较困难的是弯道放线。在弯道地段应加密桩距，以便施工尽量精确。

第三节　挖方、填方及土方转运

一、挖方

1. 一般规定

（1）挖方边坡坡度应根据使用时间（临时或永久性）、土的种类、物理力学性（内摩擦角、黏聚力、密度、湿度）、水文情况等确定，对于永久性场地，挖方坡度应按设计要求放坡，如设计无规定，应根据工程地质和边坡高度，结合当地实践经验确定。

（2）对软土土坡或极易风化的软质岩石边坡，应对坡脚、坡面采取喷浆、抹面、嵌补、砌石等保护措施，并做好坡顶、坡脚排水，避免在影响边坡稳定的范围内积水。

（3）挖方上边缘至土堆坡脚的距离，应根据挖方深度、边坡高度和土的类别确定。当土质干燥密实时，不得小于3m；当土质松软时，不得小于5m。在挖方下侧弃土时，应将弃土堆表面整平低于挖方场地标高并向外倾斜，或在弃土堆与挖方场地之间设置排水沟，防止雨水排入挖方场地。

（4）施工者应有足够的工作面，一般人均4~6m²。

（5）开挖土方附近不得有重物及易塌落物。

（6）在挖土过程中，随时注意观察土质情况，注意留出合理的坡度。若须垂直下挖，松散土不得超过0.7m，中等密度者不超过1.25m，坚硬土不超过2m。超过以上数值的须加支撑板，或保留符合规定的边坡。

（7）挖方工人不得在土壁下向里挖土，以防塌方。

（8）施工过程中必须注意保护基桩、龙门板及标高桩。

（9）开挖前应先进行测量定位，抄平放线，定出开挖宽度，按放线分块（段）分层挖土。根据土质和水文情况，采取在四侧或两侧直立开挖或放坡，以保证施工操作安全。当土质为天然湿度、构造均匀、水文地质条件良好（即不会发生坍滑、移动、松散或不均匀下沉），且无地下水时，挖方深度不大时，开挖亦可不必放坡，采取直立开挖不加支护，基坑宽应稍大于基础宽。如超过一定的深度，但不大于5m时，应根据土质和施工具体情况进行放坡，以保证不塌方。放坡后坑槽上口宽度由基础底面宽度及边坡坡度来决定，坑底宽度每边应比基础宽出15~30cm，以便于施工操作。

2. 机械挖方

在机械作业之前，技术人员应向机械操作员进行技术交底，使其了解施工场地的情况和施工技术要求。并对施工场地中的定点放线情况进行深入了解，熟悉桩位和施工标高等，对土方施工做到心中有数。

施工现场布置的桩点和施工放线要明显。应适当加高桩木的高度，在桩木上做出醒目的标志或将桩木漆成显眼的颜色。在施工期间，施工技术人员应和推土机手密切配合，随时随地用测量仪器检查桩点和放线情况，以免挖错位置。

在挖湖工程中，施工坐标桩和标高桩一定要保护好。挖湖的土方工程因湖水深度变化比较一致，而且放水后水面以下部分不会暴露，所以在湖底部分的挖土作业可以比较粗放，只要挖到设计标高处，并将湖底地面推平即可。但对湖岸线和岸坡坡度要求很准确的地方，为保证施工精度，可以用边坡样板来控制边坡坡度的施工。

挖土工程中对原地面表土要注意保护。因表土的土质疏松肥沃，适于种植园林植物，所以对地面50cm厚的表土层（耕作层）挖方时，要先用推土机将施工地段的这一层表面熟土推到施工场地外围，待地形整理停当，再把表土推回铺好。

3. 人工挖方

（1）挖土施工中一般不垂直向下挖得很深，要有合理的边坡，并要根据土质的疏松或密实情况确定边坡坡度的大小，必须垂直向下挖土的，则在松软土情况下挖深不超过0.7m，中密度土质的挖深不超过1.25m，硬土情况下不超过2m。

（2）对岩石地面进行挖方施工，一般要先行爆破，将地表一定厚度的岩石层炸裂为碎块，再进行挖方施工。爆破施工时，要先打好炮眼，装上炸药雷管，待清理施工现场及其周围地带，确认爆破区无人滞留之后，才点火爆破。爆破施工的最紧要处就是要确保人员安全。

（3）相邻场地、基坑开挖时，应遵循先深后浅或同时进行的施工程序。挖土应自上而下水平分段分层进行，每层0.3m左右。边挖边检查坑底宽度及坡度，不够时及时修整，每3m左右修一次坡，至设计标高，再统一进行一次修坡清底，检查坑底宽和标高，要求坑底凹凸不超过1.5cm。在已有建筑物侧挖基坑（槽）应间隔分段进行，每段不超过2m，相邻段开挖应待已挖好的槽段基础完成并回填夯实后进行。

（4）基坑开挖应尽量防止对地基土的扰动。当用人工挖土，基坑挖好后不能立即进行下道工序时，应预留15～30cm一层土不挖，待下道工序开始再挖至设计标高。采用机械开挖基坑时，为避免破坏基底土，应在基底标高以上预留一层人工清理。使用铲运机、推土机或多斗挖土机时，保留上层厚度为20cm。使用正铲、反铲或拉铲挖土时为30cm。

（5）在地下水位以下挖土，应在基坑（槽）四侧或两侧挖好临时排水沟和集水井，将水位降低至坑槽底以下500mm，以利挖方进行。降水工作应持续到施工完成（包括地下水位下回填土）。

二、填方

（一）一般要求

1. 土料要求

填方土料应符合设计要求，保证填方的强度和稳定性，如设计无要求，则应符合下列规定：

（1）碎石类土、砂土和爆破石渣（粒径不大于每层铺厚的2/3，当用振动碾压时，不超过3/4），可用于表层下的填料。

（2）含水量符合压实要求的黏性土，可作各层填料。

（3）碎块草皮和有机质含量大于8％的土，仅用于无压实要求的填方。

（4）淤泥和淤泥质土，一般不能用作填料，但在软土或沼泽地区，经过处理含水量符合压实要求的，可用于填方中的次要部位。

（5）含盐量符合规定的盐渍土，一般可用作填料，但土中不得含有盐晶、盐块或含盐的植物根茎。

2. 基底处理

（1）场地回填应先清除基底上草皮、树根、坑穴中积水、淤泥和杂物，并应采取措施防止地表滞水流入填方区，浸泡地基，造成基土下陷。

（2）当填方基底为耕植土或松土时，应将基底充分夯实或碾压密实。

（3）当填方位于水田、沟渠、池塘或含水量很大的松软土地段时，应根据具体情况采取排水疏干，或将淤泥全部挖出换土、抛填片石、填砂砾石、翻松掺石灰等措施进行处理。

（4）当填土场地地面陡于 1/5 时，应先将斜坡挖成阶梯形，阶高 0.2～0.3m，阶宽大于 1m，然后分层填土，以利于接合和防止滑动。

3. 填土含水量

（1）水量的大小，直接影响到夯实（碾压）质量，在夯实（碾压）前应先试验，以得到符合密实度要求条件下的最优含水量和最少夯实（或碾压）遍数。各种土的最优含水量和最大密度参考数值见表 2-2。

表 2-2　土的最优含水量和最大密度参考表

土的种类	变化范围		土的种类	变动的范围	
	最优含水量 （质量比）/%	最大密度 /(t/m³)		最优含水量 （质量比）/%	最大密度 /(t/m³)
砂土	8～12	1.80～1.88	粉质黏土	12～15	1.85～1.95
黏土	19～23	1.58～1.70	黏土	16～22	1.61～1.80

注：1. 表中土的最大密实度应以现场实际达到的数字为准。

2. 一般性的回填，可不作此项测定。

（2）遇到黏性土或排水不良的砂土时，其最优含水量与相应的最大密实度，应用击实试验测定。

（3）土料含水量一般以手握成团、落地开花为适宜。当含水量过大，应采取翻松、晾干、风干、换土回填、掺入干土或其他吸水性材料等措施；如土料过干，则应预先洒水润湿，亦可采取增加压实遍数或使用大功能压实机械等措施。

在气候干燥时，须采取加速挖土、运土、平土和碾压过程，以减少土的水分散失。

（二）填埋顺序

（1）先填石方，后填土方。土、石混合填方时，或施工现场有需要处理的建筑渣土而填方区又比较深时，应先将石块、渣土或粗粒废土填在底层，并紧紧地筑实；然后再将壤土或细土在上层填实。

（2）先填底土，后填表土。在挖方中挖出的原地面表土，应暂时堆在一旁；而要将挖出的底土先填入到填方区底层；待底土填好后，才将肥沃表土回填到填方区作面层。

（3）先填近处，后填远处。近处的填方区应先填，待近处填好后再逐渐填向远处。但每填一处，还是要分层填实。

（三）填埋方式

（1）一般的土石方填埋，都应采取分层填筑方式，一层一层地填，不要图方便而采取沿着斜坡向外逐渐倾倒的方式（如图 2-9 所示）。分层填筑时，在要求质量较高的填方中，每层的厚度应为 30cm 以下，而在一般的填方中，每层的厚度可为 30～60cm。填土过程中，最好能够填一层就筑实一层，层层压实。

（2）在自然斜坡上填土时，要注意防止新填土方沿着坡面滑落。为了增加新填土方与斜坡的咬合性，可先把斜坡挖成阶梯状，然后再填入土方。这样，只要在填方过程中做到了层层筑实，便可保证新填土方的稳定（如图 2-10 所示）。

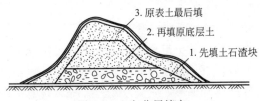

图 2-9　土方分层填实

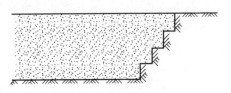

图 2-10　斜坡填土法

（四）土方压实

1. 铺土厚度和压实遍数

填土每层铺土厚度和压实遍数视土的性质、设计要求的压实系数和使用的压（夯）实机具性能而定，一般应进行现场碾（夯）压试验确定。表 2-3 为压实机械和工具每层铺土厚度与所需的碾压（夯实）遍数的参考数值。

表 2-3　填方每层铺土厚度和压实系数

压实机具	每层铺土厚度/遍	每层压实遍数/遍	压实机具	每层铺土厚度/mm	每层岩石遍数/遍
平碾	200～300	6～8	振动压路机	120～150	10
羊足碾	200～350	8～16	推土机	200～300	6～8
蛙式打夯机	200～250	3～4	拖拉机	200～300	8～16
振动碾	60～130	6～8	人工打夯	不大于200	3～4

注：人工打夯时土块粒径不应大于 5cm。

利用运土工具的行驶来压实时，每层铺土厚度不得超过表 2-4 规定的数值。

表 2-4　利用运土工具压实填方时，每层填方的最大厚度

填土方法和采用的运土工具	土的名称		
	粉质黏土和黏土	粉土	砂土
拖拉机拖车和其他填土方法并用机械填平	0.7	1.0	1.5
汽车和轮式铲运车	0.5	0.8	1.2
人推小车和马车运土	0.3	0.6	1.0

注：平整场地和公路的填方，每层填土的厚度，当用火车运土时不得大于 1m，当用汽车和铲运机运土时，不得大于 0.7m。

2. 土方压实要求

（1）土方的压实工作应先从边缘开始，逐渐向中间推进。这样碾压，可以避免边缘土被向外挤压而引起坍落现象。

（2）填方时必须分层堆填、分层碾压夯实。不要一次性地填到设计土面高度后，才进行碾压打夯。如果是这样，就会造成填方地面上紧下松，沉降和塌陷严重的情况。

（3）碾压、打夯要注意均匀，要使填方区各处土壤密度一致，避免以后出现不均匀沉降。

（4）在夯实松土时，打夯动作应先轻后重。先轻打一遍，使土中细粉受震落下，填满下层土粒间的空隙；然后再加重打压，夯实土壤。

3. 土方压实方法

（1）人工夯实方法。人力打夯前应将填土初步整平，打夯要按一定方向进行，一夯压半夯，夯夯相接，夯夯相连，两遍纵横交叉，分层打夯。夯实基槽及地坪时，行夯路线应由四边开始，然后再夯向中间。

用蛙式打夯机等小型机具夯实时，一般填土厚度不宜大于 25cm，打夯之前应对填土初步平整，打夯机依次夯打，均匀分布，不留间隙。基坑（槽）回填应在相对两侧或四周同时

进行回填与夯实。

回填管沟时，应用人工先在管子周围填土夯实，并应从管道两边同时进行，直至管顶0.5m以上。在不损坏管道的情况下，方可采用机械填土回填夯实。

（2）机械压实方法。为保证填土压实的均匀性及密实度，避免碾轮下陷，提高碾压效率，在碾压机械碾压之前，宜先用轻型推土机、拖拉机推平，低速预压4～5遍，使表面平实；采用振动平碾压实爆破石渣或碎石类土，应先静压，而后振压。

碾压机械压实填方时，应控制行驶速度，一般平碾、振动碾不超过2km/h；羊足碾不超过3km/h；并要控制压实遍数。碾压机械与基础或管道应保持一定的距离，防止将基础或管道压坏或使之位移。

用压路机进行填方压实，应采用"薄填、慢驶、多次"的方法，填土厚度不应超过25～30cm，碾压方向应从两边逐渐压向中间，碾轮每次重叠宽度15～25cm，避免漏压。运行中碾轮边距填方边缘应大于500mm，以防发生溜坡倾倒。边角、边坡、边缘压实不到之处，应辅以人力夯或小型夯实机具夯实。压实密实度，除另有规定外，应压至轮子下沉量不超过1～2cm为度。每碾压一层完后，应用人工或机械（推土机）将表面拉毛以利于接合。

平碾碾压一层完后，应用人工或推土机将表面拉毛。土层表面太干时，应洒水湿润后，继续回填，以保证上、下层接合良好。

用羊足碾碾压时，填土厚度不宜大于50cm，碾压方向应从填土区的两侧逐渐压向中心。每次碾压应有15～20cm重叠，同时随时清除黏着于羊足之间的土料。为提高上部土层密实度，羊足碾压过后，宜辅以拖式平碾或压路机补充压平压实。

用铲运机及运土工具进行压实，铲运机及运土工具的移动须均匀分布于填筑层的全面，逐次卸土碾压。

三、土方转运

在土方调配图中，一般都按照就近挖方就近填方的原则，采取土石方就地平衡的方式。土石方就地平衡可以极大地减小土方的搬运距离，从而能够节省人力，降低施工费用。

（1）人工转运土方一般为短途的小搬运。搬运方式有用人力车拉、用手推车推或由人力肩挑背扛等。这种转运方式在有些园林局部或小型工程施工中常采用。

（2）机械转运土方通常为长距离运土或工程量很大时的运土，运输工具主要是装载机和汽车。根据工程施工特点和工程量大小的不同，还可采用半机械化和人工相结合的方式转运土方。另外，在土方转运过程中，应充分考虑运输路线的安排、组织，尽量使路线最短，以节省运力。土方的装卸应有专人指挥，要做到卸土位置准确，运土路线顺畅，能够避免混乱和窝工。汽车长距离转运土方需要经过城市街道时，车厢不能装得太满，在驶出工地之前应当将车轮黏上的泥土全扫掉，不得在街道上撒落泥土和污染环境。

第四节　土石方放坡处理

一、土壤的自然倾斜角

在挖方工程和填方工程中，常常需要对边坡进行处理，使之达到安全和实用的施工目的。土方施工所造成的土坡，都应当是稳定的，是不会发生坍塌现象的，而要达到这个要求，对边坡的坡度处理就非常重要。不同土质、不同疏松程度的土方在做坡时能够达到的稳定性是不同的。

土壤在自然堆积条件下，经过自然沉降稳定后的坡面与地平面之间所形成的夹角，叫做土壤的安息角，即土壤的自然倾斜角。一般的土坡坡度夹角如果小于土壤安息角时，土坡就是稳定的，不会发生自然滑坡和坍塌现象。

不同种类和质地的土壤，其自然倾斜角的大小是有区别的。表 2-5 中列出了常见土壤的自然倾斜角情况。

表 2-5　常见土壤的自然倾斜角

土壤名称	土壤干湿情况			土壤颗粒尺寸/mm
	干的	潮的	湿的	
砾石	40°	40°	35°	2～20
卵石	35°	45°	25°	20～200
粗砂	30°	32°	27°	1～2
中砂	28°	35°	25°	0.5～1
细砂	25°	30°	20°	0.05～0.5
黏土	45°	35°	15°	<0.001～0.005
壤土	50°	40°	30°	—
腐殖土	40°	35°	25°	—

二、挖方放坡

由于受土壤性质、土壤密实度和坡面高度等因素的制约，用地的自然放坡有一定限制，其挖方和填方的边坡做法各不相同，即使是岩石边坡的挖-填方做坡，也有所不同。在实际放坡施工处理中，可以参考下列各表，来考虑自然放坡的坡度允许值（即高宽比）。

挖方工程的放坡做法见表 2-6 和表 2-7，岩石边坡的坡度允许值（高宽比）受石质类别、石质风化程度以及坡面高度三方面因素的影响，见表 2-8。

表 2-6　不同的土质自然放坡坡度允许值

土壤类别	密实度或黏性土状态	坡度允许值（高度比）	
		坡高在 2cm 以下	坡度 5～10m
碎石类土	密实	1：0.35～1：0.50	1：0.50～1：0.75
	中密实	1：0.50～1：0.75	1：0.75～1.00
	稍密实	1：0.75～1：1.00	1：1.00～1：1.25
老黏性土	坚硬	1：0.35～1：0.50	1：0.50～1：0.75
	硬塑	1：0.50～1：0.75	1：0.75～1.00
一般黏性土	坚硬	1：0.75～1：1.00	1：1.00～1：1.25
	硬塑	1：1.00～1：1.25	1：1.25～1：1.50

表 2-7 一般土壤放坡坡度允许值

土壤类别	坡度允许值(高度比)
黏土、粉质黏土、亚砂土、砂土、(不包括细沙、粉砂),深度不超过 5m	1:1.00～1:1.25
土质同上、深度 3～12m	1:1.00～1:1.25
土壤黄土、炎黄土,深度不超过 5cm	1:1.00～1:1.25

表 2-8 岩石边坡坡度允许值

石质类别	风化程度	坡度允许值(高宽比)	
		坡度在 8m 以内	坡高 8～15m
硬质岩石	微风化	1:0.10～1:0.20	1:0.20～1:0.35
	中等风化	1:0.20～1:0.35	1:0.35～1:0.50
	强风化	1:0.35～1:0.50	1:0.50～1:0.75
软质岩石	微风化	1:0.35～1:0.50	1:0.50～1:0.75
	中等风化	1:0.50～1:0.75	1:0.75～1:1.00
	强风化	1:0.75～1:1.00	1:1.00～1:1.25

三、 填土边坡

（1）填方的边坡坡度应根据填方高度、土的种类和其重要性在设计中加以规定。当设计无规定时，可按表 2-9 采用。用黄土或类黄土填筑重要的填方时，其边坡坡度可参考表 2-10 采用。

表 2-9 永久性填方边坡的高度值

土的种类	填方高度/m	边坡坡度
黏土类土、黄土、类黄土	6	1:1.50
粉质黏土、泥灰黏土	6～7	1:1.50
中砂或粗砂	10	1:1.50
砾石和碎石土	10～12	1:1.50
易风化的岩石	12	1:1.50
轻微风化、尺寸 25cm 内的石料	6 以内	1:1.33
	6～12	1:1.50
轻微风化、尺寸大于 25cm 的石料,边坡用最大石块、分排整齐铺砌	12 以内	1:1.50～1:0.75
轻微风化、尺寸大于 40cm 的石料,其边坡分排整齐	5 以内	1:0.50
	5～10	1:0.65
	>10	1:1.00

注：1. 若填方高度超过本表规定,边坡可做成折线形,填方下部的边坡坡度应为 1:1.75～1:2.00。

2. 凡永久性填方,土的种类未列入本表者,其边坡坡库不得大于 $\varphi+45°/2$,φ 为土的自然倾斜角。

表 2-10 黄土或类黄土填筑重要填方的边坡坡度

填土高度/m	自地面起高度/m	边坡坡度
6～9	0～3	1:1.75
	3～9	1:1.50
9～12	0～3	1:2.00
	3～6	1:1.75
	6～12	1:1.50

（2）使用时间较长的临时性填方（如使用时间超过一年的临时道路、临时工程的填方）的边坡坡度，当填方高度小于10m时，可采用1∶1.5；超过10m时，可做成折线形，上部采用1∶1.5，下部采用1∶1.75。

（3）利用填土做地基时，填方的压实系数、边坡坡度应符合表2-11的规定。其承载力根据试验确定，当无试验数据时，可按表2-11选用。

表 2-11　填土地基承载力和边坡坡度值

填土类别	压实系数 λ_e	承载力 f_k/kPa	边坡坡度允许值(高度比)	
			坡度在 8m 以内	坡度 8～15m
碎石、卵石	0.94～0.97	200～300	1∶1.50～1∶1.25	1∶0.10～1∶0.20
砾夹石(其中碎石、卵石占全重30%～50%)		200～250	1∶1.50～1∶1.25	1∶0.20～1∶0.35
土夹石(其中碎石、卵石占全重30%～50%)		150～200	1∶1.50～1∶1.25	1∶0.35～1∶0.50
黏性土($10<I_p<14$)		130～180	1∶1.75～1∶1.50	1∶2.25～1∶1.75

注：I_p 为塑性指数。

第五节　土方工程施工排水

一、施工要求

在地下水位较高或有丰富地面滞水的地段开挖基坑（槽、沟），常会遇到地下水。由于地下水的存在，不仅土方开挖困难，工效很低，而且边坡易于塌方。因而土方开挖施工应根据工程地质和地下水文情况，采取有效的降水或降低地下水位措施，使土方开挖回填达到无水状态，以保证土方工程施工质量和顺利进行。

在施工区域内设置临时性或永久性排水沟，将地面水排走或排到低洼处，再设水泵排走；或疏通原有排水泄洪系统；排水沟纵向坡度一般不小于2%，使场地不积水；山坡地区，在离边坡上沿5～6m处，设置截水沟、排洪沟，阻止坡顶雨水流入开挖基坑区域内，或在需要的地段修筑挡水堤坝阻水。

基坑开挖降低地下水位的方法很多，一般常用的有明沟排水和井点降水两类方法。前者在基坑内挖明沟排水，汇入集水井用水泵直接排走；后者是沿基坑外围以适当的距离设置一定数量的各种井点进行间接排水，明沟排水是施工中应用最广，最为简单、经济的方法。

降低地下水位的方法，应根据土层的渗透能力、降水深度、设备条件及工程特点来选定，可参照表2-12所示。

表 2-12　地下水位的方法选择

降低地下水方法	土层渗透系数/(m/昼夜)	降低水位深度/m	备注
一般明排水	—	地面水和浅层水	—
大口径井	4～10	0～6	—
一级轻型井点	0.1～4	0～6	—
二级轻型井点	0.1～4	0～9	—
深井点	0.1～4	0～20	需复核地质勘探资料
电渗井点	<0.1	0～6	—

机械在槽（坑）内挖土时，应使地下水位降至槽（坑）面0.5cm下方可开挖，且降水

作业持续到回填土完毕。

二、 普通明沟和集水井排水法

普通明沟和集水井排水法是指在开挖基坑的一侧、两侧或四侧，或在基坑中部设置排水明（边）沟，在四角或每隔 30～40m 设一集水井，使地下水流汇集于集水井内，再用水泵将地下水排出基坑外（如图 2-11 所示）。

本法施工方便，设备简单，降水费低，管理维护较易，应用最为广泛。适用手槽浅和木质较好的工程。排水沟、集水井应在挖至地下水位以前设置。排水沟、集水井应在基础轮廓线以外，排水沟边缘应离开坡脚不小于 0.3cm。

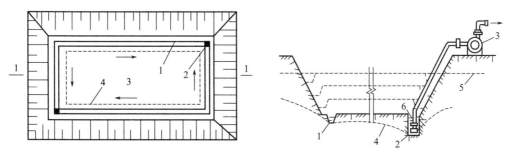

图 2-11　普通明沟排水方法
1—排水明沟；2—集水井；3—离心式水泵；4—建筑物基础边界；
5—原地下水位线；6—降低后的地下水位线

排水沟深度应始终保持比挖土面低 0.3～0.4m；集水井应比排水沟低 0.5m 以上，或乏于抽水泵的进水阀的高度以上，并随基坑的挖深而加深，保持水流畅通，地下水位低于开挖基坑底 0.5m。一侧设排水沟应设在地下水的上游，一般较小面积基坑排水沟深 0.3～0.6m，底宽应不小于 0.3m，水沟的边坡为 1.1～1.5m，沟底设有 0.2%～0.5% 的纵坡，使水流不致阻塞。

集水井截面为 0.6m×0.6m～0.8m×0.8m，井壁用竹笼、钢筋笼或木方、木板支撑固定，基底以下井底应填以 20cm 厚碎石或卵石。

水泵抽水龙头应包以滤网，防止泥砂进入水泵。抽水应连续进行，直至基础施工完毕，回填后才停止。如为渗水性强的土层，水泵出水管口应远离基坑，以防抽出的水再渗回坑内；同时抽水时可能使邻近基坑的水位相应降低，可利用这一条件，同时安排数个基坑一起施工。

三、 分层明沟排水

当基坑开挖土层由多种土壤组成，中部夹有透水性强的砂类土壤，为避免上层地下水冲刷基坑下部边坡，造成塌方，可在基坑边坡上设置 2～3 级明沟及相应的集水井，分层截堵并排除上部土层中的地下水（如图 2-12 所示）。排水沟与集水井的设置方法及尺寸，基本与明沟和集水井排水方法相同。应注意防止上层排水沟的地下水溢流向下层排水沟，冲坏、掏空下部边坡，造成塌方。本法可保持基坑边坡稳定，减少边坡高度和扬程，但土方开挖面积加大，土方量增加。适于深度较大、地下水位较高、且上部有透水性强土层的建筑物基坑排水。

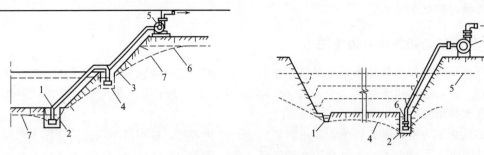

图 2-12　分层明沟排水法

1—底层排水沟；2—底层集水井；3—二层排水沟；4—二层排水井；

5—水泵；6—原地下水位线；7—降低后地下水位线

四、 井点降水

井点排水是在基坑开挖前，沿开挖基坑的四周或一侧、两侧埋设一定数量深于坑底的井点滤水管或管井，以总管与抽水设备连接从中抽水，使地下水位降落到基坑底 0.5～1.0m 以下，以便在无水干燥的条件下开挖土方和进行基础施工，不但可避免大量涌水、冒泥、翻浆，而且在粉细沙、粉土地层中开挖基坑时，采用井点降低地下水位，可防止流沙现象的发生。

1. 井点选择

一般讲，当土质情况良好，土的降水深度不大，可采用单层轻型井点；当降水深度超 6m，且土层垂直渗透系数较小时，宜用二级轻型井点或多层轻型井点，或在坑中另布点，以分别降低上层、下层土的水位。当土的渗透系数小于 0.1m/天时，可在一侧增极，改用电渗井点降水；如土质较差，降水深度较大，采用多层轻型井点设备增多，量增大，经济上不合算时，可采用喷射井点降水较为适宜；如果降水深度不大，土的系数大，涌水量大，降水时间长，可选用管井井点；如果降水很深，涌水量大，土层多变，降水时间很长，此时宜选用深井井点降水，最为有效而经济。当各种井点降水影响邻近建筑物产生不均匀沉降和使用安全，应采用回灌井点或在基坑有建筑物一侧旋喷桩加固土壤和防渗，对侧壁和坑底进行加固处理。

2. 大口井

(1) 大口井适用于渗透系数较大（4～10m/昼夜）及涌水量大的土壤。

(2) 大口井应在破土前打井抽水，水面（观测孔水面）降到预计深度时方可挖土。抽水应保持到坑槽回填完。

人工挖土时，观测孔的水位已降到总深度的 2/3 处即可挖土。

机械挖土时，应降到比槽底深 0.5m 时，方可挖土。

(3) 井筒应选用透水性强的材料，直径不小于 0.3m。

(4) 井间距，根据土壤渗透能力决定。

(5) 井深与地质条件及井距有关，应经单井抽水试验后确定。

(6) 抽水设备，可使用轴流式井用泵、潜水泵等。

(7) 凿孔可使用水冲套管法，或用 WZ 类凿井法，不得采用挤压成孔。凿孔要求如下：

① 孔深要比井筒深 2m，作沉淀用。

② 孔洞直径不小于井筒直径加 0.2m。

③ 孔洞不塌。

④ 装井筒前，先投砂沉淤。

⑤ 井筒外用粗砂填充，砂粒径不小于 2mm。

（8）为了随时掌握水位涨落情况，应设一定数量的观测孔。

3. 轻型井点

轻型井点系在基坑的四周或一侧埋设井点管深入含水层内，井点管的上端通过连接弯管与集水总管连接，集水总管再与真空泵和离心水泵相连，启动抽水设备，地下水便在真空泵吸力的作用下，经滤水管进入井点管和集水总管，排除空气后，由离心水泵的排水管排出，使地下水位降到基坑底以下。

（1）轻型井点设备简单，见效快，它适用于亚砂黏土类土壤。一般使用一级井点，挖深较大时，可采用多级井点。

（2）井点主要设备如下。

① 井点管（可用 ϕ50mm 镀锌管和 2m 长滤管）。

② 连接器（可用 ϕ100mm 双法兰钢管）。

③ 胶管（可用 ϕ50mm 胶管）。

④ 真空（可用射流真空泵）。

（3）井点间距约 1.5m，井点至槽边的距离不得小于 2m。

（4）井点管长度，视地质情况与基槽深度来确定。

（5）井点安装后，在运转过程中，应加强管理。如发现问题，应及时采取措施处理。

（6）确定井点停抽及拆除时，应考虑防止构筑物漂浮及反闭水需要。

（7）每台真空泵可带动井点数量，可根据涌水量与降低深度确定。

（8）降低地下水深度与真空度的关系，可按下式计算：

$$降低地下水深度（m）＝0.0135H_g$$

式中　H_g——井点系统的真空度，mmHg（1mmHg＝133.322Pa）。

4. 电渗井点

（1）电渗井点适用于渗透系数小于 0.1m/昼夜的土壤。

（2）按设计进行布置，井点管为负极，在井点里侧距 0.8～1.0m 处，再打入 ϕ20mm 圆钢一排，其间距仍为 1.5m，并列、交错均可，要比井点管深 0.5mm，如图 2-13 所示。

（3）ϕ2.0mm 圆钢与井点管分别用 ϕ10mm 圆钢连成整体，作为通电导线，接通电源（工作电压不大于 6.0V；电流密度为 0.5～1.00A/m²）。

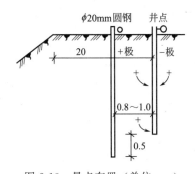

图 2-13　景点布置（单位：m）

（4）在正负电极间地面上的金属及导体应清理干净。

（5）电渗井点降低水位过程中，对电压、电流密度、耗电量、水位变化及水量等应做好观察与记录。

第三章

园林绿化工程施工

第一节 绿化用植物材料

一、木本苗

1. 技术要求

（1）将准备出圃苗木的种类、规格、数量和质量分别调查统计制表。

（2）核对出圃苗木的树种或栽培变种（品种）的中文植物名称与拉丁学名，做到名实相符。

（3）出圃苗木应满足生长健壮、树叶繁茂、冠形完整、色泽正常、根系发达、无病虫害、无机械损伤、无冻害等基本质量要求。掘苗规格见表3-1～表3-3。

表 3-1　大、中苗的掘苗规格小苗的掘苗规格

苗木高度/cm	应留根系长度/cm	
	侧根（幅度）	直根
＜30	12	15
31～100	17	20
101～150	20	20

表 3-2　大中苗的掘苗规格

苗木高度/cm	应留根系长度/cm	
	侧根（幅度）	直根
3.1～4.0	35～40	25～30
4.1～5.0	45～50	35～40
5.1～6.0	50～60	40～50
6.1～8.0	70～80	45～55
8.1～10.0	85～100	55～65
10.1～12.0	100～120	65～75

表 3-3 带土球苗的掘苗规格

苗木高度/cm	土球规格/cm	
	横径	纵径
<100	30	20
101~200	40~50	30~40
201~300	50~70	40~60
301~400	70~90	60~80
401~500	90~110	80~90

2. 各类型苗木产品的规格质量标准

（1）乔木类常用苗木产品主要规格质量标准见表 3-4。

表 3-4 乔木类常用苗木产品的主要规格质量标准

类别	树种	树高/m	干径/m	苗龄/m	冠径/m	分枝点高/m	移植次数/次
绿针叶乔木	南洋杉	2.5~3	—	6~7	1.0	—	2
	冷杉	1.5~2	—	7	0.8	—	2
	雪松	2.5~3	—	6~7	1.5	—	2
	柳杉	2.5~3	—	5~6	1.5	—	2
	云杉	1.5~2	—	7	0.8	—	2
	侧柏	2~2.5	—	5~7	1.0	—	2
	罗汉松	2~2.5	—	6~7	1.0	—	2
	油松	1.5~2	—	8	1.0	—	3
	白皮松	1.5~2	—	6~10	1.0	—	2
	湿地松	2~2.5	—	3~4	1.5	—	2
	马尾松	2~2.5	—	4~5	1.5	—	2
	黑松	1.5~2	—	6	1.5	—	2
	华山松	2.5~3	—	7~8	1.5	—	3
	圆柏	2.5~3	—	7	0.8	—	3
	龙柏	2~2.5	—	5~8	0.8	—	2
	铅笔柏	2.5~3	—	6~10	0.6	—	3
	榾树	1.5~2	—	5~8	0.6	—	2
落叶针叶乔木	水松	3~3.5	—	4~5	1.0	—	2
	水杉	3~3.5	—	4~5	1.0	—	2
	金钱松	3~3.5	—	6~8	1.2	—	2
	池杉	3~3.5	—	4~5	1.0	—	2
	落羽杉	3~3.5	—	4~5	1.0	—	2
常绿阔叶乔木	羊蹄甲	2.5~3	3~4	4~5	1.2	—	2
	榕树	2.5~3	4~6	5~6	1.0	—	2
	黄桷兰	3~3.5	5~8	5	1.5	—	2
	女贞	2~2.5	3~4	4~5	1.2	—	1
	广玉兰	3	3~4	4~5	1.5	—	2
	白兰花	3~3.5	5~6	5~7	1.0	—	1
	芒果	3~3.5	5~6	5	1.5	—	2
	香樟	2.5~3	3~1	4~5	1.2	—	2
	蚊母	2	3~4	5	0.5	—	3
	桂花	1.5~2	3~4	4~5	1.5	—	2
	山茶花	1.5~2	3~4	3~6	1.5	—	2
	石楠	1.5~2	3~4	5	1.0	—	2
	枇杷	2~2.5	3~4	34	5~6		2

续表

类别		树种	树高/m	干径/m	苗龄/m	冠径/m	分枝点高/m	移植次数/次
落叶阔叶乔木	大乔木	银杏	2.5～3	2	15～20	1.5	2.0	3
		绒毛白蜡	4～6	4～5	6～7	0.8	5.0	2
		悬铃木	2～2.5	5～7	4～5	1.5	3.0	2
		毛白杨	6	3～4	4	0.8	2.5	1
		臭椿	2～2.5	3～4	3～4	0.8	2.5	1
		三角枫	6	2.5	8	0.8	2.0	2
		元宝枫	2～2.5	3	5	0.8	2.0	2
		洋槐	2.5	3～4	6	0.8	2.0	2
		合欢	2.5	3～4	6	0.8	2.5	2
		栾树	6	5	6	0.8	2.5	2
		七叶树	3	3.5～4	4～5	0.8	3.0	3
		国槐	4	5～6	8	0.8	2.5	2
		无患子	3.3～5	3～4	5～6	1.0	2.5	1
		泡桐	2～2.5	3～4	2～3	0.8	2.5	1
		枫杨	2～2.5	3～4	3～4	0.8	3.0	1
		梧桐	2～2.5	3～4	4～5	0.8	2.5	2
		鹅掌楸	3～4	3～4	4～6	0.8	2.5	2
		木棉	3.5	5～8	5	0.8	2.5	2
		垂柳	2.5～3	4～5	2～3	0.8	2.5	2
		枫香	3～3.5	3～4	4～5	0.8	2.5	2
		榆树	3～4	3～4	3～4	1.5	2	2
		椰树	3～4	3～4	6	1.5	2	2
		朴树	3～4	3～4	5～6	1.5	2	2
		乌桕	3～4	3～4	6	2	2	2
		棟树	3～4	3～4	4～5	2	2	2
		杜仲	4～5	3～4	6～8	2	2	3
		麻栎	3～4	3～4	5～6	2	2	2
		榉树	3～4	3～4	8～10	2	2	3
		重阳树	3～4	3～4	5～6	2	2	2
		梓树	3～4	3～4	5～6	2	2	2
	中小乔木	白兰花	2～2.5	2～3	4～5	0.8	0.8	1
		紫叶李	1.5～2	1～2	3～4	0.8	0.4	2
		樱花	2～2.5	1～2	3～4	1	0.8	2
		鸡爪槭	1.5	1～2	4	0.8	1.5	2
		西府海棠	3	1～2	4	1.0	0.4	2
		花紫薇	1.5～2	1～2	3～4	0.8	1.0	1
		石榴	1.5～2	1～2	3～4	0.8	0.4～0.5	2
		碧桃	1.5～2	1～2	3～4	1.0	0.4～0.5	1
		丝棉木	2.5	2	4	1.5	0.8～1	1
		垂枝榆	2.5	4	7	1.5	2.5～3	2
		龙爪槐	2.5	4	10	1.5	2.5～3	3
		毛刺槐	2.5	4	3	1.5	1.5～2	1

①　苗木出圃前应经过移植培育。五年生以下的移植培育至少一次；五年生以上（含五年生）的移植培育应在两次以上。

②　野生苗和异地引种驯化苗定植前应经苗圃养护培育一至数年，适应当地环境，生长发育正常后才能出圃。

③　出圃苗木应经过植物检疫。省、自治区、直辖市之间苗木产品出入境应经法定植物检疫主管部门检验，签发检疫合格证书后，方可出圃。具体检疫要求按国家有关规定执行。

a. 乔木类苗木产品的主要质量要求：具主轴的应有主干枝，主枝应分布均匀，干径在3.0cm以上。

b. 阔叶乔木类苗木产品质量以干径、树高、苗龄、分枝点高、冠径和移植次数为规定指标；针叶乔木类苗木产品质量规定标准以树高、苗龄、冠径和移植次数为规定指标。

c. 行道树用乔木类苗木产品的主要质量规定指标为：阔叶乔木类应具主枝3～5支，干径不小于4.0cm，分枝点高不小于2.5m；针叶乔木应具主轴，有主梢。

注：分枝点高等具体要求，应根据树种的不同特点和街道车辆交通量，由各地另行规定。

（2）灌木类常用苗木产品的主要规格质量标准见表3-5。

表 3-5　灌木类常用苗木产品的主要规格质量标准

类型		树种	树高/cm	苗龄/年	蓬径/m	主枝/个	移植次数/次	主条长/m	基径/cm
常绿针叶灌木	匍匐型	爬地柏	—	4	0.6	3	2	1～1.5	1.5～2
		沙地柏	—	4	0.6	3	2	1～1.5	1.5～2
	丛生型	千头柏	0.8～1.0	5～6	0.5	—	1	—	—
		线柏	0.6～0.8	4～5	0.5	—	1	—	—
常绿阔叶灌木	丛生型	月桂	1～1.2	4～5	0.5	3	1～2	—	
		海桐	0.8～1.0	4～5	0.8	3～5	1～2	—	
		夹竹桃	1～1.5	2～3	0.5	3～5	1～2	—	
		含笑	0.6～0.8	4～5	0.5	3～5	2	—	
		米仔兰	0.6～0.8	5～6	0.6	3	2	—	
		大叶黄杨	0.6～0.8	4～5	0.6	3	2	—	
		锦熟黄杨	0.3～0.5	3～4	0.3	3	1	—	
		云锦杜鹃	0.3～0.5	3～4	0.3	5～8	12	—	
		十大功劳	0.3～0.5	3	0.3	3～5	1	—	
		栀子花	0.3～0.5	2～3	0.3	3～5	1	—	
		黄蝉	0.6～0.8	3～4	0.6	3～5	1	—	
		南天竹	0.3～0.5	2～3	0.3	3	1	—	
		九里香	0.6～0.8	4	0.6	3～5	1～2	—	
		八角金盘	0.5～0.6	3～4	0.5	2	1	—	
		枸骨	0.6～0.8	5	0.6	3～5	2	—	
		丝兰	0.3～0.4	3～4	0.5		1	—	
	单干型	高接大叶黄杨	2	—	3	3	2	—	3～4
落叶阔叶灌木	丛生型	榆叶梅	1.5	3～5	0.8	5	2	—	—
		珍珠梅	1.5	5	0.8	6	1	—	—
		黄刺梅	1.5～2.0	4～5	0.8～1.0	6～8	—	—	—
		玫瑰	0.8～1.0	4～5	0.5～0.6	5	1	—	—
		贴梗海棠	0.8～1.0	4～5	0.8～1.0	5	1	—	—
		木槿	1～1.5	2～3	0.5～0.6	5	1	—	—
		太平花	1.2～1.5	2～3	0.8～1.0	6	1	—	—
		红叶小檗	0.8～1.0	3～5	0.5～0.6	6	1	—	—
		棣棠	1～1.5	6	0.5～0.8	6	1	—	—
		紫荆	1～1.2	6～8	0.5	5	1	—	—
		锦带花	1.2～1.5	2～3	0.8	6	1	—	—
		蜡梅	1.5～2.0	3～4	1～1.5	8	1	—	—
		溲疏	1.2	6	0.6	5	1	—	—
		金银木	1.5	3～5	0.8～1.0	5	1	—	—
		紫薇	1.2～1.5	3～5	0.8～1.0	5	1	—	—
		紫丁香	0.8～1.0	4	0.6	5	1	—	—
		木本绣球	0.8～1.0	4	0.6	5	1	—	—
		麻叶绣线菊	0.8～1.0	4	0.8～1.0	5	1	—	—
		蝟实	0.8～1.0	3	0.8～1.0	7	1	—	—

续表

类型		树种	树高/cm	苗龄/年	蓬径/m	主枝/个	移植次数/次	主条长/m	基径/cm
落叶阔叶灌木	单干型	红花紫薇	1.5~2.0	35	0.8	5	1	—	3~4
		榆叶梅	1~1.5	5	0.8	5	1	—	3~4
		白丁香	1.5~2	35	0.8	5	1	—	3~4
		碧桃	1.5~2	4	0.8	5	1	—	3~4
	蔓生型	连翘	0.5~1	13	0.8	5	—	1.0~1.5	—
		迎春	0.4~1	12	0.5	5	—	0.6~0.8	—

① 灌木类苗木产品的主要质量标准以苗龄、蓬径、主枝数、灌高或主条长为规定指标。

② 丛生型灌木类苗木产品的主要质量要求：灌丛丰满，主侧枝分布均匀，主枝数不少于 5 支，灌高应有 3 支以上的主枝达到规定的标准要求。

③ 匍匐型灌木类苗木产品的主要质量要求：应有 3 支以上主枝达到规定标准的长度。

④ 蔓生型灌木苗木产品的主要质量要求：分枝均匀，主条数在 5 支以上，主条径在 1.0cm 以上。

⑤ 单干型灌木苗木产品的主要质量要求：具主干，分枝均匀，基径在 2.0cm 以上。

⑥ 绿篱用灌木类苗木产品主要质量要求：冠丛丰满，分枝均匀，干下部枝叶无光秃，干径同级，树龄 2 年生以上。

（3）藤木类常用苗木产品主要规格质量标准见表 3-6。

表 3-6　藤木类常用苗木产品主要规格质量标准

类别	树种	苗龄/年	分枝数/支	主蔓径/cm	主蔓长/m	移植次数/次
常绿藤木	金银花	3~4	3	0.3	1.0	1
	络石	3~4	3	0.3	1.0	1
	常春藤	3	3	0.3	1.0	1
	鸡血藤	3	23	1.0	1.5	1
	扶芳藤	3~4	3	1	1.0	1
	三角花	3~4	45	1	1~1.5	1
	木香	3~4	3	0.8	1.2	1
落叶藤木	猕猴桃	3	4~5	0.5	2~3	1
	南蛇藤	3	4~5	0.5	1	1
	紫藤	4	4~5	1	1.5	1
	爬山虎	1~2	3~4	0.5	2~2.5	11
	野蔷薇	1~2	3	1	1.0	1
	凌霄	3	4~5	0.8	1.5	1
	葡萄	3	4~5	1	2~3	1

① 藤木类苗木产品主要质量标准以苗龄、分枝数、主蔓径和移植次数为规定指标。

② 小藤木类苗木产品的主要质量要求：分枝数不少于 2 支，主蔓径应在 0.3cm 以上。

③ 大藤木类苗木产品的主要质量要求：分枝数不少于 3 支，主蔓径在 1.0cm 以上。

（4）竹类常用苗木产品的主要规格质量标准见表 3-7 所示。

表 3-7　竹类常用苗木产品的主要规格质量标准

类型	树种	苗龄/年	母竹分枝数/支	竹鞭长/m	竹鞭个数/个	竹鞭芽眼数
散生竹	紫竹	2~3	2~3	>0.3	>2	>2
	毛竹	2~3	2~3	>0.3	>2	>2
	方竹	2~3	2~3	>0.3	>2	>2
	淡竹	2~3	2~3	>0.3	>2	>2

续表

类型	树种	苗龄/年	母竹分枝数/支	竹鞭长/m	竹鞭个数/个	竹鞭芽眼数
丛生竹	佛肚竹	2～3	1～2	＞0.3	—	2
	凤凰竹	2～3	1～2	＞0.3	—	2
	粉箪竹	2～3	1～2	＞0.3	—	2
	撑篙竹	2～3	1～2	＞0.3	—	2
	黄金间碧竹	3	2～3	＞0.3	—	2
湿生竹	倭竹	2～3	2～3	0.3	—	＞1
	苦竹	2～3	2～3	0.3	—	＞1
	阔叶箬竹	2～3	2～3	0.3	—	＞1

① 竹类苗木产品的主要质量标准以苗龄、竹叶盘数、竹鞭芽眼数和竹鞭个数为规定指标。

② 母竹为2～4年生苗龄，竹鞭芽眼两个以上，竹竿截干保留、3～5盘叶以上。

③ 无性繁殖竹苗应具2～3年生苗龄；播种竹苗应具3年生以上苗龄。

④ 散生竹类苗木产品的主要质量要求：大中型竹苗具有竹竿1～2支；小型竹苗具有竹竿3支以上。

⑤ 丛生竹类苗木产品的主要质量要求：每丛竹具有竹竿3支以上。

⑥ 混生竹类苗木产品的主要质量要求：每丛竹具有竹竿2支以上。

（5）棕榈类等特种苗木产品的主要规格质量标准见表3-8。

棕榈类特种苗木产品的主要质量标准以树高、干径、冠径和移植次数为规定指标。

表3-8 棕榈类等特种苗木产品的主要规格质量标准

类型	树种/m	树高/m	灌高/m	树龄/m	基径/m	冠径/m	蓬径/m	移植次数/次
乔木型	棕榈	0.6～0.8	—	7～8	6～8	1	—	2
	椰子	1.2～2	—	1～5	15～20	1	—	2
	王棕	1～2	—	5～6	6～10	1	—	2
	假槟榔	1～1.5	—	4～5	6～10	1	—	2
	长叶刺葵	0.8～1.0	—	4～6	6～8	1	—	2
	油棕	0.8～1.0	—	4～5	6～10	11	—	2
	蒲葵	0.6～0.8	—	8～10	10～12	1	—	2
	鱼尾葵	1.0～1.5	—	4～6	5～8	1	—	2
灌木型	棕竹	—	0.6～0.8	5～6	—	—	0.6	2
	散尾葵	—	0.8～1	4～3	—	—	0.8	2

3. 检测方法

（1）测量苗木产品干径、基径等直径时用游标卡尺，读数精确到0.1cm。测量苗木产品树高、灌高、分枝点高或者叶点高、冠径和蓬径等长度时用钢卷尺、皮尺或木制直尺，读数精确到1.0cm。

（2）测量苗木产品干径当主干断面畸形时，测取最大值和最小值直径的平均值。测量苗木产品基径当基部膨胀或变形时，从其基部近上方正常处测取。

（3）测量乔木树高从基部地表面到正常枝最上端顶芽之间的垂直高度，不计徒长枝。对棕榈类等特种苗木的树高从最高着叶点处测量其主干高度。

（4）测量灌高时，应取每丛3支以上主枝高度的平均值。

（5）测量冠径和蓬径，应取树冠（灌缝）垂直投影面上最大值和最小值直径的平均值，最大值与最小值的比值应小于 15。

（6）检验苗木苗龄和移植次数，应以出圃前苗木档案记录为准。

（7）苗木外观检测。

4. 检验规则

（1）苗木产品检验地点限在苗木出圃地进行，供需双方同时履行检验手续，供方应对需方提供苗木产品的树种、苗龄、移植次数等历史档案记录。

（2）珍贵苗木、大规格苗木和有特殊规格质量要求的苗木要逐株进行检验。

（3）成批（捆）的苗木按批（捆）量的 10% 随机抽样进行质量检验。

（4）同一批出圃苗木应统一进行一次性检验。

（5）同一批苗木产品的质量检验的允许范围为 2%；成批出圃苗木产品数量检验的允许误差为 ±0.50，见表 3-9 及表 3-10。

表 3-9　质量检验允许不合格值测定表

同批量数/株	1000	500	100	50	25
允许值/株	20	10	2	1	0

表 3-10　数量检验允许不合格值测定表

同批量数/株	5000	1000	400	200	100
允许值/株	±25	±5	±2	±1	0

（6）根据检验结果判定出圃苗木合格与不合格。当检验工作有误或其他方面不符合有关标准规定必须进行复检时，以复检结果为准。

（7）涉及出圃苗木产品进出国境检验时，应事先与国家口岸植物检疫主管部门和其他有关主管部门联系，按照有关技术规定，履行植物进出境检验手续。

（8）苗木产品出圃应附《苗木检验合格证书》，一式三份。其格式见表 3-11。

表 3-11　苗木检验合格证书

编号		发苗单位			
树种名称		拉丁学名			
繁殖方式		苗龄		规格	
批号		种苗来源		数量	
起苗日期		包装日期		发苗日期	
假植或储存日期		植物检疫证号			
发证单位		备注			

5. 标志

（1）苗木产品出圃应带有明显标志。

（2）标志牌上印注内容：苗木名称、拉丁学名、起苗日期、批号、数量、植物检验证号和发苗单位。

（3）标志牌挂设按苗木产品品种和包装件数为单位。

6. 掘苗

（1）常绿苗木、落木珍贵苗木、特大苗木和不易成活的苗木以及有其他特殊质量要求的苗木等产品，应带土球起掘。

（2）苗木的适宜掘苗时期，按不同树种的适宜移植物候期进行。

（3）起掘苗木时，当土壤过于干旱时，应在起苗前3～5天浇足水。

（4）裸根苗木产品掘苗的根系幅度应为其基径的6～8倍。

（5）带土球苗木产品掘苗的土球直径应为其基径的6～8倍。土球厚度应为土球直径的2/3以上。

（6）苗木起掘后应立即修剪根系。根径达2.0cm以上的应进行药物处理。同时适度修剪地上部分枝叶。

（7）裸根苗木产品掘取后，应防止日晒，进行保湿处理。

7. 包装

（1）裸根苗木产品起运前，应适度修剪枝叶、绑扎树冠，并用保湿材料覆盖和包装。

（2）带土球苗木产品，掘取后立即包装，应做到土壤湿润、土球规范、包装结实、不裂不散。

8. 运输

（1）苗木产品必须及时运输。在运输途中应专人养护，保持苗木产品有适宜的温度和湿度，防止苗木曝晒、雨淋和二次机械损伤。

（2）苗木产品在装卸过程中应轻拿轻放，保持苗木完好无损、无污染。装卸机具要有安全、卫生的技术措施。

（3）苗木产品的体量过大和土球直径超过70cm以上时，可使用吊车等机械装卸。

9. 假植或贮存

（1）苗木产品运到栽植地应及时进行定植。

（2）苗木产品掘起后，当不能及时外运或运送到目的地及时定植时，应进行临时性假植或贮存处理。

（3）当苗木产品秋季起苗待翌春后栽植时，应进行越冬性假植或贮存处理。

（4）假植和贮存的具体要求，可由各地自行规定。

二、 球根花卉种球

1. 球根花卉种球产品出圃的基本条件

（1）种球应形态完整、饱满、清洁、无病虫害、无机械损伤、无畸形、无枯萎皱缩、主芽眼不损坏、无霉变腐烂。

（2）种球栽植后，在正常气候和常规培养与管理条件下，应能够在第一个生长周期中开花，开花应达到一定观赏要求。

（3）种球品种纯度应在95%以上。

（4）种球出圃的贮藏期不得超过收球后的几个月。如有特殊储藏条件的，亦必须保证在种植后第一个生长周期中开花，且出圃时要注明。

（5）球根花卉种球出圃产品应按要求包装，并注明生产单位、中文名、拉丁学名、品种（含分色）、规格及包装数量，准确率应大于9.9%。

2. 球根花卉种球分类的质量

球根花卉种球分类的质量标准应符合表3-12所示的要求。

表 3-12 球根花卉种球分类的质量标准

质量要求	鳞茎类	球茎类	块茎类	根茎类	块根类
外观整体质量要求	充实、不腐烂不干瘪	充实、不腐烂不干瘪	充实、不腐烂不干瘪	充实、不腐烂不干瘪	充实、不腐烂不干瘪
芽眼芽体质量要求	中心胚芽不损坏肉质鳞片排列紧密	主芽不损坏	主芽眼不损坏	主芽眼不损坏	根茎部不损坏
外因危害	无病虫危害	无病虫危害	无病虫危害	无病虫危害	无病虫危害
外因污染	干净,无农药、肥料残留	无农药、肥料残留	无农药、肥料残留	干净,无农药、肥料残留	干净,无农药、肥料残留
种皮、外膜质量要求	有皮膜的皮膜保存无损(水仙除外)无皮膜的鳞片叶完整无缺损,鳞茎盘无缺损,无凹低	外膜皮无缺损	—	—	—

3. 球根花卉种球各类规格等级

(1) 鳞茎类种球规格等级标准应符合表 3-13 所示的要求。

表 3-13 鳞茎类种球产品规格等级标准表　　　　　　　单位：cm

中文名称	科属	最小圆周	种球类圆周长规格等级					最小直径
			1级	2级	3级	4级	5级	
百合	百合科百合属	16	24+	22/24	20/22	18//20	1/618	5
卷丹	百合科百合属	14	20+	18/20	16/18	1416	—	4.5
麝香百合	百合科百合属	16	24+	22/24	20/22	18/20	16/18	5
川百合	百合科百合属	12	18+	16/18	14/16	12/14	—	4
湖北百合	百合科百合属	16	22+	20/22	18/20	16/18	—	5
兰州百合	百合科百合属	12	17+	16/18	14/15	14/15	13/14	4
郁金香	百合科郁金香属	8	20+	18/20	14/16	14/16	12/14	2.5
风信子	百合科风信子属	14	20+	18/20	14/16	14/16	—	4.5
网球花	百合科网球花属	12	20+	18/20	14/16	14/16	12/14	4
中国水仙	石蒜科水仙属	15	24+	22/24	18/20	18/80	—	4.5
喇叭水仙	石蒜科水仙属	10	18+	16/18	12/14	12/14	10/12	3.5
口红水仙	石蒜科水仙属	9	13+	11/13	911	—	—	3
中国石蒜	石蒜科水仙属	7	13+	11/13	911	7/9	—	2
忽地笑	石蒜科水仙属	12	18+	16/18	14/16	12/19	—	3.5
石蒜	石蒜科水仙属	5	11+	9/11	7/9	5/7	—	1.5
葱莲	石蒜科水仙属	5	17+	11/17	9/11	7/9	5/7	1.5
韭莲	石蒜科水仙属	5	11+	9/11	7/9	5/7	—	1.5
花朱顶红	石蒜科狐挺花属	16	24+	22/24	20/22	18/20	16/18	5
文珠兰	石蒜科文珠兰属	14	20+	18/20	16/18	14/16	—	4.5
蜘蛛兰	石蒜科蜘蛛兰属	20	30+	28/30	20/25	24/26	22/24	6
西班牙鸢尾	鸢尾科鸢尾属	8	16+	14/16	12/14	10/12	8/10	2.5
荷兰鸢尾	鸢尾科鸢尾属	8	16+	14/16	12/14	10/12	8/10	2.5

注："规格等级"栏中 24+ 表示在 24cm 以上为 1 级，22/24 表示在 22～24cm 为 2 级，以下依此类推。

(2) 根茎类种球规格等级标准应符合表 3-14 和表 3-15 所示的要求。

表 3-14　块茎、块根类产品规格等级标准（一）

中文名称	科属	最小圆周	种球圆周长规格等级					最小直径
			1 级	2 级	3 级	4 级	5 级	
西伯利亚鸢尾	鸢尾科鸢尾属	5	10⁺	9/10	8/9	7/8	6/7	1.5
德国鸢尾	鸢尾科鸢尾属	3	9⁺	7/9	5/4	—	—	1.5

表 3-15　块茎、块根类产品规格等级标准（二）

中文名称	科属	根茎规格等级				
		1 级	2 级	3 级	4 级	5 级
荷花	睡莲科莲属	主枝或侧枝，具枝芽，2～3 节间，尾端有节	主枝或侧枝，具顶芽，2 节间，尾端有节	主枝或侧枝，具顶芽，1 节间，尾端有节	2～3 级侧枝具顶芽 23 节尾端有节	主枝或侧枝，具顶芽，2 节间，尾端有节
睡莲	睡莲科睡莲属	具侧芽，最短 5cm，最小直径 2.5cm	具枝芽，最短 3cm，最小直径 2cm	具枝芽，最短 2cm，最小直径 1cm	—	—

（3）球茎类种球规格等级标准应符合表 3-16 所示的要求。

表 3-16　球茎类种球规格等级标准　　　　单位：cm

中文名称	科属	最小圆周	种球圆周长规格等级					最小直径
			1 级	2 级	3 级	4 级	5 级	
唐菖蒲	鸢尾科唐菖蒲属	8	18⁺	16/18	14/16	12/14	10/12	2.5
小苍兰	鸢尾科香雪兰	3	11⁺	9/11	7/9	5/7	3/5	1.5
番红花	鸢尾科番红花属	5	11⁺	9/11	7/9	5/7	—	1.5
高加索番红花	鸢尾科番红花属	7	12⁺	11/12	10/11	9/10	8/9	2
美丽番红花	鸢尾科番红花属	5	9⁺	7/9	5/7	—	1.5	
秋水仙	百合科秋水仙属	13	16⁺	15/16	14/15	13/14	—	3.5
晚香玉	百合科晚玉香	8	16⁺	14/16	12/14	10/12	8/10	2.5

（4）块茎类、块根类种球规格等级标准应符合表 3-17 所示的要求。

表 3-17　块茎类、块根类种球规格等级标准　　　　单位：cm

中文名称	科属	最小圆周	种球圆周长规格等级					最小直径
			1 级	2 级	3 级	4 级	5 级	
花毛茛	花毛茛科毛茛属	3.5	13	11/13	9/11	13	7/9	1.0
马蹄莲	天南星科马蹄莲属	12	20	18/20	16/18	14/16	12/14	4
花叶芋	天南星科五彩芋属	10	16	14/16	12/14	1012	—	3
球根秋海棠	秋海棠科秋海棠属	10	16	14/16	12/14	10/12	—	3
大丽花	菊科大丽花属	3.2					1	

（5）球根花卉各类种球每个等级产品内成堆或计数混合销售时，其规格等级数额不应低于对应等级范围的最小值，包括大于这些等级数值的种球（如做花境或自然种植），都不应低于对应等级范围的下限值。

4. 检测方法

(1) 测量种球圆周长用软尺,测量种球直径用游标卡尺,读数精确到0.1cm。

(2) 测量鳞茎、球茎和根茎类种球的圆周长或直径,需待种球风干后,垂直于种球茎轴测其最大圆周长或最大直径的数量值;测量块茎类和块根类种球的圆周长或直径,须测其圆周长或直径的最大值和最小值的平均值。

(3) 测定筛取各规格等级,通常采用自制的环形网筛,网筛上有合格等级尺寸的网眼,通过此工具筛分种球等级。对于水仙类种球,多按中央主球直径进行手工分级。

(4) 苗圃球根花卉种球产品应经过植物检疫。须经当地植物检疫主管部门检验,并签发《球根花卉种球检疫合格证书》。

5. 检验规则

(1) 球根花卉种球出圃的产品,根据购销双方共同约定的地点进行现场检验。

(2) 成批量(筐、袋、篓等)出圃的种球产品按5%随机抽样,一次性检验完毕。

(3) 同一批种球规格质量检验的合格率应达98%以上;数量检验允许误差为±0.5%。

(4) 根据检验结果判定出圃种球规格质量的合格与不合格,需复检时,以复检结果为准。

(5) 种球出圃应附《球根花卉种球检验合格证书》。其格式见表3-18。

表3-18 球根花卉种球检验合格证书

编号		发货单位			
中文名称		拉丁学名			
采用标准编号		种球等级		规格	
批号		品种花色		数量	
种球产地及来源		种球培育年限		发货日期	月 日
掘球日期	月 日	植物检疫证号			
储存期	年 月至 年 月	发证单位		(盖公章)	

检验人(签字): 负责人(签字): 签证日期: 年 月 日

6. 标志

(1) 种球出圃应带有明显标志。

(2) 标志牌应印注种球品种的中文名称(品种、变种或杂交种名)、拉丁学名、科属、种球产地、花色、花型、等级、数量和标准编号等内容。

(3) 标志牌的挂设以球根花卉的品种(或变种、杂交种)为单元。

7. 挖掘

(1) 挖掘种球应按球根花卉不同种球品种、适宜季节(进入休眠期),或在花谢后枝叶开始枯黄时掘起。

(2) 掘起种球时应自然出土,尽量不伤损种球,一般不带残土和老根,并要风干消毒。水生球根类消毒前不宜风干。

(3) 某类种球产品(如中国水仙)并附带护根泥,在既能保障种球存活率高,又不影响土壤检疫的条件下,可允许附带产地泥土,底盘侧鳞茎的护根泥,特级、一级不超过150g,二~四级不超过100g。

8. 包装

(1) 种球的包装(箱、袋、篓、筐和庄等)要透气,结实不散。水生球根类的根茎(如荷花）装箱时，应加填充物，以免碰损顶芽，包装应牢固，等级、数量应符合标示等级、数量的要求。

（2）某类种球（如大丽花）可用上光涂料作表面处理，既有防腐贮藏作用，又增加了球面产品的洁净感。

（3）包装应按不同种类、品种、规格、数量，一般选用标准化包装箱包装。

（4）某类种球产品（如中国水仙）因传统习惯采用以"庄"为包装单位，分特大庄（10粒满箱装）、20庄（20粒满箱装）、30庄（30粒满箱装）、40庄（40粒箩筐装）、50庄（50粒箩筐装）和不列庄（箩筐装）等，采用瓦楞纸箱包装，箱内壁应平滑，纸箱两侧各打若干个直径不小于 1.5cm 的通风孔。

9. 贮存

（1）种球贮存地要凉爽、通风、贮存室保持常温，应防冻、防潮、防雨、防毒，贮藏室温保持 5～28℃，相对湿度 60％～80％；或根据不同需要采取贮藏技术措施。

（2）贮存的种球成批量同种、同等级放置在一起，以防混杂。

10. 运输

运输过程中应防震、防压、防冻、防雨雪。

第二节 树木栽植

一、栽植用土

土壤是园林植物生长的基础，在施工前进行土壤化验，根据化验结果，采取相应措施，改善土壤理化性质。土壤有效图层厚度影响园林植物的根系生长和成活，必须满足其生长、成活的最低土层厚度。

1. 栽植土壤有效土层厚度的确定

绿化栽植或播种前应对该地区的土壤理化性质进行化验分析，采取相应的土壤改良、施肥和置换客土等措施，绿化栽植土壤有效土层厚度应符合表 3-19 所示的规定。

表 3-19　绿化栽植土壤有效土层厚度

项目	植被类型		土层厚度/cm	检验方法
一般栽植	乔木	胸径≥20cm	≥180	挖样洞，观察或尺量检查
		胸径<20cm	≥150（深根）≥100（浅根）	
	灌木	大、中灌木，大藤本	≥90	
		小灌木、宿根花卉、小藤本	≥40	
	棕榈类		≥90	
	竹类	大径	≥80	
		中、小径	≥50	
	草坪、花卉、草本地被		≥30	
设施顶面绿化	乔木		≥80	
	灌木		≥45	
	草坪、花卉、草本地被		≥15	

栽植基础严禁使用含有害成分的土壤，除有设施空间绿化等特殊隔离地带，绿化栽植土

壤有效土层下不得有不透水层。

2. 园林植物栽植土的规定

园林植物栽植土应包括客土、原土利用、栽植基质等，栽植土应符合下列规定：

① 土壤pH值应符合本地区栽植土标准或按pH值5.6～8.0进行选择。

② 土壤全盐含量应为0.1％～0.3％。

③ 土壤容重应为1.0～1.35g/cm³。

④ 土壤有机质含量不应小于1.5％。

⑤ 土壤块径不应大于5cm。

⑥ 栽植土应见证取样，经有资质检测单位检测并在栽植前取得符合要求的测试结果。

3. 栽植土验收批及取样方法

（1）客土每500m³或2000m²为一检验批，应于土层20cm及50cm处，随机取样5处，每处取样100g经混合组成一组试样；客土500m³或2000m²以下，随机取样不得少于3处。

（2）原状土在同一区域每2000m²为一检验批，应于土层20cm及50cm处，随机取样5处，每处取样100g，混合后组成一组试样；原状土2000m²以下，随机取样不得少于3处。

（3）栽植基质每200m³为一检验批，应随机取5袋，每袋取100g，混合后组成一组试样；栽植基质200m³以下，随机取样不得少于3袋。

4. 良好土壤的特性

一般而言，土壤大多需要经过适当调整和改造，才适合植物的生长。对于景观树木来说，不同树木对土壤的要求也是不同的，但总体来说，都是要求水分、气体、养分、温度相协调。因此，良好的土壤应具有以下几个特性。

（1）土壤养分均衡。良好的土壤养分状况应该是：缓效养分和速效养分，大量、中量和微量养分比例适宜；树木根系生长的土层中养分储量丰富，有机质含量应在1.5％以上，肥效长；心土层、底土层也应有较高的养分含量。

（2）土体构造上下适宜。与其他土壤类型比较，景观树木生长的土壤大多经过人工改造，因而没有明显完好的垂直结构。有利于园林树木生长的土体构造应该是：在1～1.5m深度范围内，土体为上松下实结构，特别是在40～60cm处，树木大多数吸收根分布区内，土层要疏松，质地较轻；心土层较坚实，质地较重。这样，既有利于通气、透水、增温，又有利于保水保肥。

（3）理化性状良好。物理性质主要指土壤的固、液、气三相物质组成及其比例，它们是土壤通气性、保水性、热性状、养分含量高低等各种性质发生变化的物质基础。一般情况下，大多数园林树木要求土壤质地适中，耕性好，有较多的水稳性和临时性的团聚体，当40％～57％、20％～40％、15％～37％分别为固相物质、液相物质和气相物质适宜的三相比例，1～1.3g/cm³为土壤容重时，有利于树木生长发育。

5. 生长地的土壤条件

由于景观绿地的特殊性，所涉及的土壤条件及其范围、面积是很复杂的，既有各种自然土壤，又有人为干预过的各类型的土，偶尔还会遇到田园肥土，而面积有大有小。从用途、性质、通气和肥力特征以及干扰等情况来看，景观绿地的土壤受多种因素的影响，既受高密度人口和特殊的城市气候条件的干扰，又受地域性和植被及各种污染物的影响。其特点为：土壤层次紊乱；土壤中外来侵入体多而且分布较深；市政广场、管道等设施多；土壤物理性质差（特别是通气、透水不良）；土壤中缺少有机质；由于污水的影响，土壤pH值偏高等。

如此复杂的土壤条件大体归纳为以下几个方面：

（1）平原肥土。其土壤经过人们几年、几十年的耕耘改造，土壤熟化、养分积累，土壤结构和理化性质都已被改良，最适合树木的生长，但实际上遇到的不多。

（2）荒山荒地。其土壤未很好地风化，孔隙度低，肥力差。需要采用深翻熟化和施有机肥的措施进行土壤改良。

（3）水边低湿地。土壤一般都很紧实、湿润、黏重、通气不良，多带盐碱。在水边应该种植耐水湿的植物；低湿地可以通过填土和施有机肥或松土晒干等措施处理，还可以深挖成为湖，或直接用作湿地景观。

（4）煤灰土或建筑垃圾。煤灰土是人们生活及活动残留的废弃物，如煤灰、树叶、菜叶、菜根和动物的骨头等，其对树木的生长有利无害。可以作为盐碱地客土栽植的隔离层。大量的生活垃圾可以掺入一定量的好土作为绿化用地。建筑垃圾是建筑后的残留物，通常有砖头、瓦砾、石块、木块、木屑、水泥、石灰等。少量的砖头、瓦砾、木块、木屑等存留可以增加土壤的孔隙度，对树木生长无害。而水泥和石灰及其灰渣则有害于树木的生长，必须清除。

（5）市政工程的场地。城市的市政工程是很多的，如市内的水系改造、人防工程、广场的修筑、道路的铺装等。土壤多经过人为的翻动或填挖而成，结果将未熟化的心土翻到表层，使土壤结构不良，透气不好，肥力降低。加之，机械施工碾压土地，土壤紧实度增加。

对于这种情况，应该深翻栽植地的土壤或扩大种植穴和施有机肥处理。同时还要注意老城区的影响，因为老城区大多经过多次的翻修，造成老路面、旧地基与建筑垃圾及用材等的遗留，致使土壤侵入体多。老路面与旧地基的残存，会影响栽植其上树木的生长，使该地段透水和透气不良，同时还会阻碍树木根系往深处伸展。

（6）工矿污染地。在工矿区，生产、实验和人们生活排出的废水、废物、废气，造成土壤养分、土壤结构和理化性质的变化，对树木的生长极其不利，应将其排走或处理。可设置排污水的管道或经过污水处理厂处理。最重要的是要遵守国家的规定："工厂排出的废水、废气、废物不回收，不准予以开工。"

（7）建筑用地。建筑对树木的影响是多方面的，在建筑用地因修建地基时用机械碾压或夯轧过，土壤很紧实，通气不良，树木在其上不能生长。因此，在建筑周围栽植树木前应进行深翻土壤或相应地扩大种植穴。另外在寒冷的地区，建筑的南北面土壤解冻的时间不同，如在哈尔滨建筑的北面比南面土壤解冻晚一周，所以，在该地区栽树时，建筑的南北面最好不同期施工，以节省劳力。

（8）人工地基。人工修造的代替天然地基的构筑物，如屋顶花园、地铁、地下停车场、地下贮水池等的上面均为人工地基。人工地基一般是筑在小跨度的结构上面，与自然土壤之间有一层结构隔开，没有任何的连续性，即使在人工地基上堆积土壤，也没有地下毛细水的上升作用。由于建筑负荷的限制，土层的厚度也受到一定的影响。

天然地基由于土层厚、热容量大，所以地温受气温的影响变化小，土层越厚，变化幅度越小。达到一定深度后，地温就几乎恒定不变。人工地基则有所不同，因土层薄，其温度既受外界气温变化的影响，又受下面结构物传来的热量影响，所以土温的变化幅度较大，土壤容易干燥，湿度小，微生物的活动弱，腐殖质形成的速度较慢。由于种种原因，人工地基的土壤选择非常重要，特别是屋顶花园，要选择保水保肥强的土壤，同时应施入充分腐熟的肥料。如果保水保肥能力差，灌水后水分和养分很易流失，致使植物生长不良。

为了减轻建筑的负荷，节省经费开支，选用的植物材料体量要小、重量要轻；同时土壤基质也要轻，应混合保水保肥和通气性强的各种多孔性的材料，如蛭石、珍珠岩、煤灰土、泥炭、陶粒等。土壤最好使用田园土，没有时可用壤土加堆肥来代替，土与轻量材料的体积混合比约为 3∶1。土壤厚度如有 30cm 以上时，一般不要经常浇水。

（9）人流的践踏和车辆的碾压。致使土壤密实度增加，容重可达 $1.5\sim1.8g/cm^3$，土壤板结、孔隙度小、含氧量低，树木会烂根以至死亡。受压后孔隙度的变化与土壤的机械组成有直接的关系，不同的土壤在一定的外力作用下，孔隙度变化不同，粒径越小受压后孔隙度减少得越多，粒径大的砾石受压后几乎不变化。沙性强的土壤受压后孔隙度变化小；孔隙度变化较大的是黏土，需要采用深翻和松土或掺沙、多施有机肥等措施来改变。

（10）海边盐碱地。沿海地区的土壤非常复杂，形成的原因很多，有的是闪地，有的是填筑地。不管是闪地和填筑地均多带盐碱，如为沙性土，其内的盐分经过一定时间的雨水淋溶能够排出。如果为黏性土，因排水性差，会长期残留。土壤中含有大量的盐分，不利于树木的生长，必须经过土壤改良方可栽植。另外，海边的海潮风很大，空气中的水汽含有大量的盐分，会腐蚀植物叶片，所以应选用耐海潮风的树种。如海岸松、柽柳、银杏、杜松、圆柏、糙叶树、木瓜、女贞、木槿、黑松、珊瑚树、无花果、罗汉松等。

（11）酸性红壤。在我国长江以南地区常常遇到红壤。红壤呈酸性反应，土粒细，土壤结构不良，水分过多时，土粒吸水成糊状；干旱时水分容易蒸发散失，土块变紧实坚硬，又常缺乏氮、磷、钾等元素，许多植物不能适应这种土壤，因此需要改良。可增施有机肥、磷肥、石灰等或扩大种植面，并将种植面与排水沟相连或在种植面下层设置排水层。江西的经验为：在冬季种植耐瘠薄、耐干旱的肥田萝卜、豌豆等为宜；待土壤肥力初步改善后，种植紫云英、苕子、黄花苜蓿等豆科绿肥；夏季可种猪屎豆作绿肥；水土流失严重的地段可种胡枝子、紫穗槐等；热带瘠薄地可种毛蔓豆、蝴蝶豆、葛藤等多年生绿肥。

二、栽植要求

植物栽植成功与否，受着各种因素的制约，如植物自身的质量及其移植期，生长环境的温度、光照、土壤、肥料、水分、病虫害等。同时，出于安全的考虑，植物与架空线、地下线及建筑物等应保持一定的安全距离。

1. 移植期的限制

移植期是指栽植树木的时间。树木是有生命的机体，在一般情况下，夏季树木生命活动最旺盛，冬天其生命活动最微弱或近乎休眠状态，可见，树木的种植是有季节性的。移植多选择树木生命活动最微弱的时候进行，也有因特殊需要进行非植树季节栽植树木的情况，但需经特殊处理。

华北地区大部分落叶树和常绿树在 3 月上中旬至 4 月中下旬种植。常绿树、竹类和草皮等，在 7 月中旬左右进行雨季栽植。秋季落叶后可选择耐寒、耐旱的树种，用大规格苗木进行栽植。这样可以减轻春季植树的工作量。一般常绿树、果树不宜秋天栽植。

华东地区落叶树的种植，一般在 2 月中旬至 3 月下旬，在 11 月上旬至 12 月中下旬也可以。早春开花的树木，应在 11 月至 12 月种植。常绿阔叶树以 3 月下旬最宜、6~7 月、9~10 月进行种植也可以。香樟、柑橘等以春季种植为好。针叶树春、秋都可以栽种，但以秋季为好。竹子一般在 9~10 月栽植为好。

东北和西北北部严寒地区，在秋季树木落叶后，土地封冻前种植成活更好。冬季采用带冻土移植大树，其成活率也很高。

2. 对生长环境的要求

（1）对温度的要求。植物的自然分布和气温有密切的关系，不同的地区就应选用能适应该区域条件的树种。并且栽植当日平均温度等于或略低于树木生物学最低温度时，栽植成活率高。

（2）对光的要求。一般光合作用的速度，随着光的强度的增加而加强。在光线强的情况下，光合作用强，植物生命特征表现强；反之，光合作用减弱，植物生命特征表现弱，故在阴天或遮光的条件下，对提高种植成活率有利。

（3）对土壤的要求。土壤是树木生长的基础，它是通过其中水分、肥分、氧气、温度等来影响植物生长的。

土壤水分和土壤的物理组成有密切的关系，对植物生长有很大影响。当土壤不能提供根系所需的水分时，植物就会枯萎，当达到永久枯萎点时，植物便死亡。因此，在初期枯萎以前，必须开始浇水。掌握土壤含水率，即可及时补水。

土壤养分充足对于种植的成活率、种植后植物的生长发育有很大影响。

树木有深根性和浅根性两种。种植深根性的树木应有深厚的土壤，在移植大乔木时比小乔木、灌木需要更多的根土，所以栽植地要有较大的有效深度。具体可见表3-20。

表 3-20 植物生长所必需的最低限度土层厚度 单位：cm

类别	植物生存的最小厚度	植物培养的最小厚度
种子类	15	30
植被	30	45
小灌木	45	60
大灌木	60	90
浅根性乔木	90	150

3. 对安全距离的要求

（1）树木与架空线的距离

① 电线电压380V，树枝至电线的水平距离及垂直距离均不小于1.00m。

② 电线电压3300～10000V，树枝至电线的水平距离及垂直距离均不小于3.00m。

（2）树木与地下管线的间距

① 乔木中心与各种地下管线边缘的间距均不小于0.95m。

② 灌木边缘与各种地下管线边缘的间距均不小于0.20m。

注：各种管线指给水管、雨水管、污水管、煤气管、电力电缆、弱电电缆。

（3）树木与建筑物、构筑物的平面距离见表3-21。

表 3-21 树木与建筑物、构筑物的平面距离

名称	距乔木中心不小于/m	距灌木边缘/m
公路铺筑面外侧	0.8	2.00
道路侧石线（人行道外缘）	0.75	不宜种
高2m以下围墙	1.00	0.50
高2m以上围墙（及挡土墙基）	2.00	0.50
建筑物外墙上无门、窗	2.00	0.50

续表

名称	距乔木中心不小于/m	距灌木边缘/m
建筑物外墙有门窗(人行道旁按具体情况决定)	4.00	0.50
电杆中心(人行道上近侧石一边不宜种灌木)	2.00	0.75
路旁变压器外缘	3.00	不宜种
交通灯柱	3.00	不宜种
警亭	1.20	不宜种
路牌,交通指示牌,车站标志	1.20	不宜种
天桥边缘	3.50	不宜种

（4）道路交叉口、里弄出口及道路弯道处栽植树木应满足车辆的安全视距。

4. 苗木质量要求

苗木本身质量的好坏直接影响着绿化美化效果，为此苗木质量应符合苗木出圃质量标准和设计对苗木质量的要求。具体要求如下：

（1）乔木的质量标准。树干挺直，不应有明显弯曲，小弯曲也不得超出两处，无蛀干害虫和未愈合的机械损伤。分枝点高度 2.5～2.8m。树冠丰满，枝条分布均匀、无严重病虫危害，常绿树叶色正常。根系发育良好、无严重病虫危害，移植时根系或土球大小，应为苗木胸径的 8～10 倍，可参见表3-22 所示。

表 3-22　乔木的质量要求

栽植种类	树干	树冠	根系
重要地点栽植材料(主要干道,广场及绿地中主景)	树干挺直胸径大于8cm	树冠要茂盛,针叶树应苍翠、层次清晰	树系必须发育良好不得有损伤,土丘应符合本规程规定
一般绿地栽植	主干挺拔,胸径大于6cm		
防护林带和大片绿地	树干弯曲不得超过两处	具有抗风、耐烟尘、抗有害气体等要求;针叶宜树冠紧密分支较低	
绿篱	有丛生,容易发生隐芽潜芽	夜常绿树梢修剪萌发力强	发育正常

注：道路上机动车道旁乔木，主干分叉点高度不小于3.2m，分枝3～5个，分布均匀，斜出水平角以45°～60°为宜。

（2）灌木的质量标准。根系发达，生长苗壮，无严重病虫危害，灌丛匀称，枝条分布合理，高度不得低于1.5m，丛生灌木枝条至少在4～5根以上，有主干的灌木主干应明显。

（3）绿篱苗的质量标准。针叶常绿树苗高度不得低于1.2m，阔叶常绿苗不得低于50cm，苗木应树形丰满，枝叶茂密，发育正常，根系发达，无严重病虫危害，可参见表3-23。

表 3-23　灌木质量要求

栽植种类	高度	地上部分	根系
重点栽植材料	150～200cm	枝不在多,需有笨拙下垂,恒猗之势	根系须茂盛
一般栽植材料	150cm	枝条要有分歧交叉回折,盘曲之势	
防护林和大片绿地	150cm	枝条宜多,树冠浑厚	
花篱	茎秆有攀缘性	枝密树茂,依附他物,随机成形	

三、 栽植准备

（1）植树工程施工前必须做好各项施工的准备工作，以确保工程顺利进行。准备工作内容包括：掌握资料、熟悉设计、勘查现场、制订方案、编制预算、材料供应和现场准备。

（2）开工前应了解掌握工程的有关资料，如用地手续、上级批示、工程投资来源、工程要求等。

（3）施工前必须熟悉设计的指导思想、设计意图、图纸、质量、艺术水平的要求，并由设计人员向施工单位进行设计交底。

（4）现场勘查，施工人员了解设计意图及组织有关人员到现场勘查，一般包括：现场周围环境、施工条件、电源、水源、土源、交通道路、堆料场地、生活暂设的位置，以及市政、电信应配合的部门和定点放线的依据。

（5）工程开工前应制订施工方案（施工组织设计），包括以下内容：

① 工程概况：工程项目、工程量、工程特点、工程的有利和不利条件。

② 确定施工方法：采用人工还是机械施工，劳动力的来源，是否有社会义务劳动参加。

③ 编制施工程序和进度计划。

④ 施工组织的建立，指挥系统、部门分工、职责范围、施工队伍的建立和任务的分工等。

⑤ 制订安全、技术、质量、成活率指标和技术措施。

⑥ 现场平面布置图：包括水、电源、交通道路、料场、库房、生活设施等具体位置图。

⑦ 施工方案：应附有计划表格，包括劳动力计划、作业计划、苗木、材料机械运输等。

（6）施工预算应根据设计概算、工程定额和现场施工条件、采取的施工方法等编制。

（7）重点材料的准备，如特殊需要的苗木、材料应事先了解来源、材料质量、价格、可供应情况。

（8）做好现场准备，包括三通一平、搭建暂设房屋、生活设施、库房。事先与市政、电信、公用、交通等有关单位配合好，并办理有关手续。

（9）关于劳动力、机械、运输力应事先由专人负责联系安排好。

（10）如为承包的植树工程，则应事先与建设单位签订承包合同，办理必要手续，合同生效后方可施工。

四、 整理地形

1. 清理障碍物

在施工场地上，凡对施工有碍的一切障碍物如堆放的杂物、违章建筑、坟堆、砖石块等要清除干净。一般情况下已有树木凡能保留的尽可能保留。

2. 整理现场

根据设计图纸的要求，将绿化地段与其他用地界限区划开来，整理出预定的地形，使其与周围排水趋向一致。整理工作一般应在栽植前 3 个月以上的时期内进行。

（1）对 8℃ 以下的平缓耕地或半荒地，应满足植物种植必需的最低土层厚度要求（表 3-24 所示）。

表 3-24 绿地植物种植必需的最低土层厚度

植被类型	草木花卉	草坪地被	小灌木	大灌木	浅根乔木	深根乔木
土层厚度/cm	30	30	45	60	90	150

通常翻耕 30～50cm 深度，以利蓄水保墒。并视土壤情况，合理施肥以改变土壤肥性。

平地整地要有一定倾斜度，以利排除过多的雨水。

（2）对工程场地宜先清除杂物、垃圾，随后换土。

种植地的土壤含有建筑废土及其他有害成分，如强酸性土、强碱土、盐碱土、重黏土、沙土等，均应根据设计规定，采用客土或改良土壤的技术措施。

（3）对低湿地区，应先挖排水沟降低地下水位防止返碱。通常在种植前一年，每隔20m左右就挖出一条深1.5～2.0m的排水沟，并将掘起来的表土翻至一侧培成垄台，经过一个生长季，土壤受雨水的冲洗，盐碱减少，杂草腐烂，土质疏松，不干不湿，即可在台上种树。

（4）对新堆土山的整地，应经过一个雨季使其自然沉降，才能进行整地植树。

（5）对荒山整地，应先清理地面，刨出枯树根，搬除可以移动的障碍物；在坡度较平缓、土层较厚的情况下，可以采用水平带状整地。

五、 定点和放线

1. 一般规定

（1）定点放线要以设计提供的标准点或固定建筑物、构筑物等为依据。

（2）定点放线应符合设计图纸要求，位置要准确，标记要明显。定点放线后应由设计或有关人员验点，合格后方可施工。

（3）规则式种植，树穴位置必须排列整齐，横平竖直。行道树定点，行位必须准确，大约每50m钉一控制木桩，木桩位置应在株距之间。树位中心可用镐刨坑后放白灰。

（4）孤立树定点时，应用木桩标志树穴的中心位置，木桩上写明树种和树穴的规格。

（5）绿篱和色带、色块，应在沟槽边线处用白灰线标明。

2. 行道树的定点放线

道路两侧成行列式栽植的树木，称行道树。要求栽植位置准确，株行距相等（在国外有用不等距的）。一般是按设计断面定点。在已有道路旁定点以路牙为依据，然后用皮尺、钢尺或测绳定出行位，再按设计定株距，每隔10株于株距中间钉一木桩（不是钉在所挖坑穴的位置上），作为行位控制标记，以确定每株树木坑（穴）位置的依据，然后用白灰点标出单株位置。

由于道路绿化与市政、交通、沿途单位、居民等关系密切，植树位置的确定，除和规定设计部门配合协商外，在定点后还应请设计人员验点。

3. 自然式定位放线

自然式种植，定点放线应按设计意图保持自然，自然式树丛用白灰线标明范围，其位置和形状应符合设计要求。树丛内的树木分布应有疏有密，不得呈规则状，三点不得成行，不得呈等腰三角形。树丛中应钉一木桩，标明所种的树种、数量、树穴规格。

（1）坐标定点法。根据植物配置的疏密度先按一定的比例在设计图及现场分别打好方格，在图上用尺量出树木在某方格的纵横坐标尺寸，再按此位置用皮尺量在现场相应的方格内。

（2）仪器测放。用经纬仪或小平板仪依据地上原有基点或建筑物、道路将树群或孤植树依照设计图上的位置依次定出每株的位置。

（3）目测法。对于设计图上无固定点的绿化种植，如灌木丛、树群等可用上述两种方法画出树群树丛的栽植范围，其中每株树木的位置和排列可根据设计要求在所定范围内用目测法进行定点，定点时应注意植株的生态要求并注意自然美观。定好点后，多采用白灰打点或打桩，标明树种、栽植数量（灌木丛树群）、坑径。

六、穴、槽的挖掘

（1）挖种植穴、槽的位置应准确，严格以定点放线的标记为依据。

（2）穴、槽的规格，应视土质情况和树木根系大小而定。一般要求：树穴直径和深度，应较根系和土球直径加大 15～20cm，深度加 10～15cm。树槽宽度应在土球外两侧各加 10cm，深度加 10～15cm，如遇土质不好，需进行客土或采取施肥措施的应适当加大穴槽规格。可参见表 3-25～表 3-29。

表 3-25　常绿乔木类种植穴规格　　　　　　　　　　　　　单位：cm

树高	土球直径	种植深度	种植直径
150	40～50	50～60	80～90
150～250	70～80	80～90	100～110
250～400	80～100	90～110	120～130
400 以上	140 以上	120 以上	180 以上

表 3-26　落叶乔木类种植穴规格　　　　　　　　　　　　　单位：cm

胸径	种植穴深度	种植穴直径	胸径	种植穴深度	种植穴直径
2～3	30～40	40～60	5～6	60～70	80～90
3～4	40～50	60～70	6～8	70～80	90～100
4～5	50～60	70～80	8～10	80～90	100～110

表 3-27　花灌木类种植穴规格　　　　　　　　　　　　　单位：cm

管径	种植穴深度	种植穴直径
200	70～90	90～110
100	60～70	70～90

表 3-28　竹类种植穴规格　　　　　　　　　　　　　单位：cm

种植穴深度	种植穴直径
盘根或土球深	比盘根或土球大
20～40	40～50

表 3-29　绿篱种植槽规格　　　　　　　　　　　　　单位：cm

苗高	种植方式（深×宽）	
	单行	双行
50～80	40×40	40×60
100～120	50×50	50×70
120～150	60×60	60×80

（3）挖种植穴、槽应垂直下挖，穴槽壁要平滑，上下口径大小要一致，挖出的表土和底土、好土、坏土分别放置。穴、槽壁要平滑，底部应留一土堆或一层活土。挖穴槽应垂直下挖，上下口径大小应一致。以免树木根系不能舒展或填土不实。

（4）在新垫土方地区挖树穴、槽，应将穴、槽底部踏实。在斜坡挖穴、槽应采取鱼鳞坑和水平条的方法。

（5）挖植树穴、槽时遇障碍物（如市政设施、电信、电缆等）时应先停止操作，请示有关部门解决。

（6）栽植穴挖好之后，一般即可开始种树。但若种植土太瘦瘠，就先要在穴底垫一层基肥。基肥一定要用经过充分腐熟的有机肥，如堆肥、厩肥等。基肥层以上还应当铺一层壤土，厚 5cm 以上。

七、掘苗（起苗）

1. 选苗

在掘苗之前，首先要进行选苗，除了根据设计提出对规格和树形的特殊要求外，还要注意选择生长健壮、无病虫害、无机械损伤、树形端正和根系发达的苗木。做行道树种植的苗木分枝点应不低于 2.5m。选苗时还应考虑起苗包装运输的方便，苗木选定后，要挂牌或在根基部位画出明显标记，以免挖错。

2. 掘苗前的准备工作

起苗时间最好是在秋天落叶后或土冻前、解冻后，因此时正值苗木休眠期，生理活动微弱，起苗对它们影响不大，起苗时间和栽植时间最好能紧密配合，做到随起随栽。

为了便于挖掘，起苗前 1～3 天可适当浇水使泥土松软，对起裸根苗来说也便于多带宿土，少伤根系。

3. 掘苗规格

掘苗规格主要指根据苗高或苗木胸径确定苗木的根系大小。苗木的根系是苗木的重要器官，受伤的、不完整的根系将影响苗木生长和苗木成活，苗木根系是苗木分级的重要指标。因此，起苗时要保证苗木根系符合有关的规格要求。

4. 掘苗

掘苗时间和栽植时间最好能紧密配合，做到随起随栽。为了挖掘方便，掘苗前 1～3 天可适当浇水使泥土松软，对起裸根苗来说也便于多带宿土，少伤根系。

（1）挖掘裸根树木根系直径及带土球树木土球直径及深度规定如下：

① 树木地径 3～4cm，根系或土球直径取 45cm。

注：地径系指树木离地面 20cm 左右处树干的直径。

② 树木地径大于 4cm，地径每增加 1cm，根系或土球直径增加 5cm（如地径为 8cm），根系或土球直径为（8－4）×5＋45＝65cm。

③ 树木地径大于 19cm 时，以地径的 2π 倍（约 6.3 倍）为根系或土球的直径。

注：在实际操作中为避免计算可采用根系及土球半径放样绳。

④ 无主干树木的根系或土球直径取根丛的 4.5 倍。

⑤ 根系或土球的纵向深度取直径的 70%。

（2）乔灌木挖掘方法

① 挖掘裸根树木，采用锐利的铁锹进行，直径 3cm 以上的主根，需用锯锯断，小根可用剪枝剪剪断，不得用锄劈断或强力拉断。

② 挖掘带土球树木时，应用锐利的铁锹，不得掘碎土球，铲除土球上部的表土及下部的底土时，必须换扎腰箍。土球需包扎结实，包扎方法应根据树种、规格、土壤紧密度、运距等具体条件而定，土球底部直径应不大于直径的 1/3。

掘苗时，常绿苗应当带有完整的根团土球，土球散落的苗木成活率会降低。土球的大小一般可按树木胸径的 10 倍左右确定。对于特别难成活的树种要考虑加大土球，土球的包装方法，如图 3-1 所示。土球高度一般可比宽度少 5～10cm。一般的落叶树苗也多带有土球，但在秋季和早春起苗移栽时，也可裸根起苗。裸根苗木若运输距离比较远，需要在根蔸里填塞湿草，或在其外包裹塑料薄膜保湿，以免根系失水过多，影响栽植成活率。为了减少树苗水分蒸腾，提高移栽成活率，掘苗后、装车前应进行粗略修剪。

(a) 井字包

 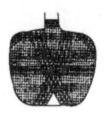

(b) 五角包

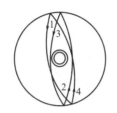 

(c) 橘子包

图 3-1　土球包装方法示意图

八、 包装运输与假植

1. 包装

落叶乔、灌木在掘苗后装车前应进行粗略修剪，以便于装车运输和减少树木水分的蒸腾。树木运输前的修剪：

① 修剪可在树木挖掘前或挖掘后进行。

② 修剪强度应根据树木生物学特性，以不损坏特有姿态为准。

③ 在秋季挖掘落叶树木时，必须摘掉尚未脱落的树叶，但不得伤害幼芽。

包装前应先对根系进行处理，一般是先用泥浆或水凝胶等吸水保水物质蘸根，以减少根系失水，然后再包装。泥浆一般是用黏度比较大的土壤，加水调成糊状。水凝胶是由吸水极强的高分子树脂加水稀释而成的。

包装要在背风庇荫处进行，有条件时可在室内、棚内进行。包装材料可用麻袋、蒲包、稻草包、塑料薄膜、牛皮纸袋、塑膜纸袋等。无论是包裹根系，还是全苗包装，包裹后要将封口扎紧，以减少水分蒸发、防止包装材料脱落。将同一品种相同等级的存放在一起，挂上标签，便于管理和销售。

包装的程度视运输距离和存放时间确定。运距短，存放时间短，包装可简便一些；运距长，存放时间长，包装要细致一些。

2. 装运根苗

（1）装裸根苗木应顺序码放整齐，根部朝前，装时将树干加垫、捆牢，树冠用绳拢好。

（2）长途运输应特别注意保持根部湿润，一般可采取蘸泥浆、喷保湿剂和用苫布遮盖等方法。

（3）装带土球苗木，应将土球放稳、固定好，不使其在车内滚动，土球应朝车头，树冠拢好。装绿篱苗时最多不得超过三层，以免压坏土球。

（4）运输过程应保护好苗木，要配备押运人员，装运超长、宽的苗木要办理超长、超宽手续，押运人员应与司机配合好。

（5）卸车时应顺序进行，按品种规格码放整齐，及时假植，缩短根部暴露时间。

（6）使用吊车装卸苗木时，必须保证土球完好，拴绳必须拴土球，严禁捆、吊树干。

3. 装运带土球苗

（1）2m 以下的苗木可以立装；2m 以上的苗木必须斜放或平放。土球朝前，树梢向后，并用木架将树冠架稳。

（2）土球直径大于 20cm 的苗木只装一层，小土球可以码放 2～3 层。土球之间必须安（码）放紧密，以防摇晃。

（3）土球上不准站人或放置重物。

4. 卸车

苗木在装卸车时应轻吊轻放，不得损伤苗木和造成散球。起吊带土球（台）的小型苗木时，应用绳网兜土球吊起，不得用绳索缚捆根茎起吊。重量超过 1t 的大型土球，应在土球外部套钢丝缆起吊。

5. 假植

苗木运到现场后应及时栽植。凡是苗木运到后在几天以内不能按时栽种，或是栽种后苗木有剩余的，都要进行假植。假植有带土球栽植与裸根栽植两种情况：

（1）带土球的苗木假植。假植时，可将苗木的树冠捆扎收缩起来，使每一棵树苗都是土球挨土球，树冠靠树冠，密集地挤在一起。然后，在土球层上面盖一层壤土，填满土球间的缝隙，再对树冠及土球均匀地洒水，使上面湿透，以后仅保持湿润就可以了；或者，把带着土球的苗木临时性地栽到一块绿化用地上，土球埋入土中 1/3～1/2 深，株距则视苗木假植时间长短和土球、树冠的大小而定。一般土球与土球之间相距 15～30cm 即可。苗木成行列式栽好后，浇水保持一定湿度即可。

（2）裸根苗木假植。裸根苗木必须当天种植。裸树苗木自起苗开始暴露时间不宜超过 8h。当天不能种植的苗木应进行假植。对裸根苗木，一般受取挖沟假植方式，先要在地面挖浅沟，沟深 40～60cm。然后将裸根苗木一棵棵紧靠呈 30°角斜栽到沟中，使树梢朝向西边或朝向南边。如树梢向西，开沟的方向为东西向；若树梢向南，则沟的方向为南北向。苗木密集斜栽好以后在根蔸上分层覆土，层层插实。以后经常对枝叶喷水，保持湿润。

不同的苗木假植时，最好按苗木种类、规格分区假植，以方便绿化施工。假植区的土质不宜太泥泞，地面不能积水，在周围边沿地带要挖沟排水。假植区内要留出起运苗木的通道。在太阳特别强烈的日子里，假植苗木上面应该设置遮光网，减弱光照强度。对珍贵树种和非种植季节所需苗木，应在合适的季节起苗，并用容器假植。

九、 苗木种植前的修剪

树木移植时为平衡树势，提高植树成活率，应进行适度的强修剪。修剪时应在保证树木成活的前提下，尽量照顾不同品种树木自然生长规律和树形。修剪的剪口必须平滑，不得劈裂并注意留芽的方位。超过 2cm 以上的剪口，应用刀削平，涂抹防腐剂。

（1）种植前应进行苗木根系修剪，宜将劈裂根、病虫根、过长根剪除，并对树冠进行修剪，保持地上地下平衡。

（2）乔木类修剪应符合下列规定。

① 具有明显主干的高大落叶乔木应保持原有树形，适当疏枝，对保留的主侧枝应在健壮芽上短截，可剪去枝条 1/5～1/3。

② 无明显主干、枝条茂密的落叶乔木，对干径 10cm 以上树木，可疏枝保持原树形；对干径为 5～10cm 的苗木，可选留主干上的几个侧枝，保持原有树形进行短截。

③ 枝条茂密具圆头形树冠的常绿乔木可适量疏枝。树叶集生树干顶部的苗木可不修剪。具轮生侧枝的常绿乔木用作行道树时，可剪除基部 2～3 层轮生侧枝。

④ 常绿针叶树，不宜修剪，只剪除病虫枝、枯死枝、生长衰弱枝、过密的轮生枝和下垂枝。

⑤ 用作行道树的乔木，定干高度宜大于 3m，第一分枝点以下枝条应全部剪除，分枝点以上枝条酌情疏剪或短截，并应保持树冠原形。

⑥ 珍贵树种的树冠宜作少量疏剪。

（3）灌木及藤蔓类修剪应符合下列规定：

① 带土球或湿润地区带宿土裸根苗木及上年花芽分化的开花灌木不宜作修剪，当有枯枝、病虫枝时应予剪除。

② 枝条茂密的大灌木，可适量疏枝。

③ 对嫁接灌木，应将接口以下砧木萌生枝条剪除。

④ 分枝明显、新枝着生花芽的小灌木，应顺其树势适当强剪，促生新枝，更新老枝。

⑤ 用作绿篱的乔灌木，可在种植后按设计要求整形修剪。苗圃培育成型的绿篱，种植后应加以整修。

⑥ 攀缘类和蔓性苗木可剪除过长部分。攀缘上架苗木可剪除交错枝、横向生长枝。

十、 定植

1. 定植的方法

定植应根据树木的习性和当地的气候条件，选择最适宜的时期进行。

（1）将苗木的土球或根蔸放入种植穴内，使其居中。

（2）再将树干立起扶正，使其保持垂直。

（3）然后分层回填种植土，填土后将树根稍向上提一提，使根群舒展开，每填一层土就要用锄把将土压紧实，直到填满穴坑，并使土面能够盖住树木的根茎部位。

（4）检查扶正后，把余下的穴土绕根茎一周进行培土，做成环形的拦水围堰。其围堰的直径应略大于种植穴的直径。堰土要拍压紧实，不能松散。

（5）种植裸根树木时，将原根际埋下 3～5cm 即可，应将种植穴底填土呈半圆土堆，置入树木填土至 1/3 时，应轻提树干使根系舒展，并充分接触土壤，随填土分层踏实。

（6）带土球树木必须踏实穴底土层，而后置入种植穴，填土踏实。

（7）绿篱成块种植或群植时，应由中心向外顺序种植。坡式种植时应由上向下种植。大型块植或不同彩色丛植时，宜分区分块。

（8）假山或岩缝间种植，应在种植土中掺入苔藓、泥炭等保湿透气材料。

（9）落叶乔木在非种植季节种植时，应根据不同情况分别采取以下技术措施。

①苗木必须提前采取疏枝、环状断根或在适宜季节起苗用容器假植等处理。

②苗木应进行强修剪，剪除部分侧枝，保留的侧枝也应疏剪或短截，并应保留原树冠的1/3，同时必须加大土球体积。

③可摘叶的应摘去部分叶片，但不得伤害幼芽。

④夏季可搭棚遮阴、树冠喷雾、树干保湿，保持空气湿润；冬季应防风防寒。

⑤干旱地区或干旱季节，种植裸根树木应采取根部喷布生根激素、增加浇水次数等措施。

（10）对排水不良的种植穴，可在穴底铺10～15cm沙砾或铺设渗水管、盲沟，以利排水。

（11）栽植较大的乔木时，在定植后应加支撑，以防浇水后大风吹倒苗木。

2. 注意事项和要求

（1）树身上、下应垂直。如果树干有弯曲，其弯向应朝当地风方向。行列式栽植必须保持横平竖直，左右相差最多不超过树干一半。

（2）栽植深度。裸根乔木苗，应较原根茎土痕深5～10cm；灌木应与原土痕齐；带土球苗木比土球顶部深2～3cm。

（3）行列式植树，应事先栽好"标杆树"。方法是：每隔20株左右，用皮尺量好位置，先栽好一株，然后以这些标杆树为瞄准依据，全面开展栽植工作。

（4）灌水堰筑完后，将捆拢树冠的草绳解开取下，使枝条舒展。

十一、　树木的养护与管理

1. 立支柱

较大苗木为了防止被风吹倒，应立支柱支撑，多风地区尤应注意；沿海多台风地区，往往需埋水泥预制柱以固定高大乔木。

（1）单支柱。用固定的木棍或竹竿，斜立于下风方向，深埋入土30cm。支柱与树干之间用草绳隔开，并将两者捆紧。

（2）双支柱。用两根木棍在树干两侧，垂直钉入土中。支柱顶部捆一横档，先用草绳将树干与横档隔开以防擦伤树皮，然后用绳将树干与横档捆紧。

行道树立支柱，应注意不影响交通，一般不用斜支法，常用双支柱、三脚撑或定型四脚撑。

2. 灌水与排水

树木定植后24h内必须浇上第一遍水，定植后第一次灌水称为头水。水要浇透，使泥土充分吸收水分，灌头水主要目的是通过灌水将土壤缝隙填实，保证树根与土壤紧密结合以利根系发育，故亦称为压水。水灌完后应作一次检查，由于踩不实树身会倒歪，要注意扶正，树盘被冲坏时要修好。之后应连续灌水，尤其是大苗，在气候干旱时，灌水极为重要，千万不可疏忽。常规做法为定植后必须连续灌3次水，之后视情况适时灌水。第一次连续3天灌水后，要及时封堰（穴）。即将灌足水的树盘撒上细面土封住，称为封堰，以免蒸发和土表开裂透风。树木栽植后的浇水量，参见表3-30。

表 3-30 树木栽植后的浇水量

乔木及常绿胸径/m	灌木高度/m	绿篱高度/m	树檻直径/cm	浇水量/kg
—	1.2～1.5	1～1.2	60	50
—	1.5～1.8	1.2～1.5	70	75
3～5	1.8～2	1.5～2	80	100
5～7	2～2.5	—	90	200
7～10	—	—	100	250

其他注意事项：

① 各类绿地，应有各自完整的灌溉与排水系统。

② 对新栽植的树木应根据不同树种和不同立地条件进行适期、适量的灌溉，应保持土壤中有效水分。

③ 已栽植成活的树木，在久旱或立地条件较差、土壤干旱的环境中也应及时进行灌溉，对水分和空气温度要求较高的树种，须在清晨或傍晚进行灌溉，有的还应适当地进行叶面喷雾。

④ 灌溉前应先松土。夏季灌溉宜早、晚进行，冬季灌溉选在中午进行。灌溉要一次浇透，尤其是春、夏季节。

⑤ 树木周围暴雨后积水应排除，新栽树木周围积水尤应尽快排除。

3. 扶直封堰

（1）扶直。浇第一遍水渗入后的次日，应检查树苗是否有倒、歪现象，发现后应及时扶直，并用细土将堰内缝隙填严，将苗木固定好。

（2）中耕。水分渗透后，用小锄或铁耙等工具，将土堰内的土表锄松，称"中耕"。中耕可以切断土壤的毛细管，减少水分蒸发，有利保墒。植树后浇三水之间，都应中耕一次。

（3）封堰。浇第三遍水并待水分渗入后，用细土将灌水堰内填平，使封堰土堆稍高于地面。土中如果含有砖石杂质等物，应挑拣出来，以免影响下次开堰。华北、西北等地秋季植树，应在树干基部堆成 30cm 高的土堆，以保持土壤水分，并能保护树根，防止风吹摇动，影响成活。

4. 中耕除草

① 乔木、灌木下的大型野草必须铲除，特别是对树木危害严重的各类藤蔓，例如菟丝子等。

② 树木根部附近的土壤要保持疏松，易板结的土壤，在蒸发旺季须每月松土一次。

③ 中耕除草应选在晴朗或初晴天气，土壤不过分潮湿的时候进行。

④ 中耕深度以不影响根系生长为限。

5. 施肥

① 树木休眠期和栽植前，需施基肥。树木生长期施追肥，可以按照植株的生长势进行。

② 施肥量应根据树种、树龄、生长期和肥源以及土壤理化性状等条件而定。一般乔木胸径在 15cm 以下的，每 3cm 胸径应施堆肥 1.0kg，胸径在 15cm 以上的，每 3cm 胸径施堆肥 1.0～2.0kg。

树木青壮年期欲扩大树冠及观花、观果植物，应适当增加施肥量。

③ 乔木和灌木均应先挖好施肥环沟，其外径应与树木的冠幅相适应，深度和宽高均为 25～30cm。

④ 施用的肥料种类应视树种、生长期及观赏等不同要求而定。早期欲扩大冠幅，宜施

氮肥，观花观果树种应增施磷、钾肥。注意应用微量元素和根外施肥的技术，并逐步推广应用复合肥料。

⑤ 各类绿地常年积肥应广开肥源，以积有机肥为主。有机肥应腐熟后施用。施肥宜在晴天；除根外施肥，肥料不得触及树叶。

6. 防护设施

（1）围栏　为防止人畜或车辆碰撞树木，可在不影响游览、观赏和景观的条件下，在树木周围用各种栏栅、绿篱或其他措施围栏，兽类笼舍内的树木，必须选用金属材料制成防护罩。

（2）高大乔木在风暴来临前，应以"预防为主，综合防治"的原则　对树木存在根浅、迎风、树冠庞大、枝叶过密以及立地条件差等实际情况分别采取立支柱、绑扎、加大、扶正、疏枝、打地桩等六项综合措施。预防工作应在六月下旬以前做好。具体方法如下。

① 立支柱。在风暴来临前，应逐株检查，凡不符合要求的支柱及其扎缚情况应及时改正。

② 绑扎。绑扎是一项临时措施，宜采用8号铅丝或绳索绑扎树枝，绑扎点应衬垫橡皮，不得损伤树枝；另一端必须固定；也可多株树串联起来再行固定。

③ 加土。坑槽内的土壤，出现低洼和积水现象时，必须在风暴来临前加土，使根颈周围的土保持馒头状。

④ 扶正。一般在树木休眠期进行；但对树身已严重倾斜的树株，应在风暴侵袭前立支柱、绑扎铅丝等工作，待风暴过后做好扶正工作。

⑤ 疏枝。根据树木立地条件，生长情况，尤其是和架空线有碰撞可能的枝条以及过密的树枝，应采用不同程度的疏枝或短截。

⑥ 打地桩。打地桩是一项应急措施，主要针对迎风里弄口等树干基部横置树桩，利用人行道边的侧石，将树桩截成树干和侧石等距离的长度，使树桩一端顶住树干基部，一端顶在侧石上，在整个风暴季节，还应随时做好检查、补桩工作。

十二、 园林树木的修剪与整形

（一） 行道树的修剪与整形

行道树是指在道路两旁整齐列植的树木，同一条道路上树种相同。城市中，干道栽植的行道树，主要的作用是美化市容，改善城区的小气候，夏季增温降温、滞尘和遮阴。行道树要求枝条伸展、树冠开阔、枝叶浓密。冠形依栽植地点的架空线路及交通状况决定，主干道上及一般干道上，采用规则形树冠，修剪整形成杯状、开心形等立体几何形状；在无机动车辆通行的道路或狭窄的巷道内，可采用自然式树冠。

行道树一般使用树体高大的乔木树种，主干高要求在2～2.5m。城郊公路及街道、巷道的行道树，主干高可达4～6m或更高。定植后的行道树要每年修剪扩大树冠，调整枝条的伸出方向，增加遮阴保温效果，同时也应考虑到建筑物的使用与采光。

（二） 杯状行道树的修剪与整形

杯状行道树具有典型的三叉六股十二枝的冠形，萌发后选3～5个方向不同，分布均匀与主干成45°夹角的枝条作主枝，其余分期剥芽或疏枝，冬季对主枝留80～100cm短截，剪口芽留在侧面，并处于同一平面上，第二年夏季再剥芽疏枝。如幼年法桐顶端优势较强，在主枝呈斜上生长时，其侧芽和背下芽易抽生直立向上生长的枝条，为抑制剪口处侧芽或下芽转上直立生长，抹芽时可暂时保留直立主枝，促使剪口芽侧向斜上生长；第三年冬季于主枝两侧发生的侧枝中，选 1～2 个作延长枝，并在 80～100cm 处再短剪，剪口芽仍留在枝条侧面，疏除原暂时保留的直立枝、交叉枝等，如此反复修剪，经 3～5 年后即可形成杯状树冠。

骨架构成后，树冠扩大很快，疏去密生枝、直立枝，促发侧生枝，内膛枝可适当保留，增加遮阴效果。上方有架空线路时，勿使枝与线路触及，按规定保持一定距离，一般电话线为 0.5m，高压线为 1m 以上。近建筑物一侧的行道树，为防止枝条扫瓦、堵门、堵窗，影响室内采光和安全，应随时对过长枝条行短截修剪。

（三）开心形行道树的修剪与整形

多用于无中央主轴或顶芽能自剪的树种，树冠自然展开。定植时，将主干留 3m 或者截干，春季发芽后，选留 3～5 个位于不同方向、分布均匀的侧枝进行短剪，促进枝条生长成主枝，其余全部抹去。生长季注意将主枝上的芽抹去，保留 3～5 个方向合适、分布均匀的侧枝。来年萌发后选留侧枝，全部共留 6～10 个，使其向四方斜生，并进行短截，促发次级侧枝，使冠形丰满、匀称。

（四）自然式冠形行道树的修剪与整形

在不妨碍交通和其他公用设施的情况下，树木有任意生长的条件时，行道树多采用自然式冠形，如塔形、卵圆形、扁圆形等。

（1）有中央领导枝的行道树。如杨树、水杉、侧柏、金钱松、雪松、枫杨等。分枝点的高度按树种特性及树木规格而定，栽培中要保护顶芽向上生长。郊区多用高大树木，分枝点在 4～6m 以上。主干顶端如受损伤，应选择一直立向上生长的枝条或在壮芽处短剪，并把其下部的侧芽抹去，抽出直立枝条代替，避免形成多头现象。

阔叶类树种如毛白杨，不耐重抹头或重截，应以冬季疏剪为主。修剪时应保持冠与树干的适当比例，一般树冠高占 3/5，树干（分枝点以下）高占 2/5。在快车道旁的分枝点高至少应在 2.8m 以上。注意最下的三大枝上下位置要错开，方向匀称，角度适宜。要及时剪掉三大主枝上最基部贴近树干的侧枝，并选留好三大主枝以上层枝，萌生后形成圆锥状树冠。成形后，仅对枯病枝、过密枝疏剪，一般修剪量不大。

（2）无中央领导枝的行道树。选用主干性不强的树种，如旱柳、榆树等，分枝点高度一般为 2～3m，留 5～6 个主枝，各层主枝间距短，使自然长成卵圆形或扁圆形的树冠。每年修剪主要对象是密生枝、枯死枝、病虫枝和伤残枝等。

行道树定干时，同一条干道上分枝点高度应一致，使整齐划一，不可高低错落，影响美观与管理。

（五）花灌木的修剪与整形

花灌木的修剪要观察植株生长的周围环境、光照条件、植物种类、长势强弱及其在园林中所起的作用，做到心中有数，然后再进行修剪与整形。

（1）因树势修剪与整形。幼树生长旺盛，以整形为主，宜轻剪。严格控制直立枝，斜生枝的上位芽有冬剪时应剥掉，防止生长直立枝。一切病虫枝、干枯枝、人为破坏枝、徒长枝等用疏剪方法剪去。丛生花灌木的直立枝，选生长健壮的加以摘心，促其早开花。

壮年树应充分利用立体空间，促使多开花。于休眠期修剪时，在秋梢以下适当部位进行短截，并逐年选留部分根蘖，并疏掉部分老枝，以保证枝条不断新，保持丰满株形。

老弱树木以更新复壮为主，采用重短截的方法，使营养集中于少数腋芽以萌发壮枝，及时疏删细弱枝、病虫枝、枯死枝。

（2）因时修剪与整形。落叶花灌木依修剪时期可分冬季修剪（休眠期修剪）和夏季修剪（花后修剪）。冬季修剪一般在休眠期进行。夏季修剪在花落后进行，目的是抑制营养生长，增加全株光照，促进花芽分化，保证来年开花。夏季修剪宜早不宜迟，这样有利于控制徒长枝的生长。若修剪时间稍晚，直立徒长枝已经形成。如空间条件允许，可用摘心办法使生出二次枝，增加开花枝的数量。

（3）根据树木生长习性和开花习性进行修剪与整形　春季开花，花芽（或混合芽）着生在二年生枝条上的花灌木。如连翘、榆叶梅、碧桃、迎春、牡丹等灌木是在前一年的夏季高温时进行花芽分化，经过冬季低温阶段于第二年春季开花。因此，应在花残后叶芽开始膨大尚未萌发时进行修剪。修剪的部位依植物种类及纯花芽或混合芽的不同而有所不同。而连翘、榆叶梅、碧桃、迎春等可在开花枝条基部留2～4个饱满芽进行短截。牡丹则仅将残花剪除即可。

夏秋季开花，花芽（或混合芽）着生在当年生枝条上的花灌木，如紫薇、木槿、珍珠梅等是在当年萌发枝上形成花芽，因此应在休眠期进行修剪。将二年生枝基部留2～3个饱满芽或一对对生的芽进行重剪，剪后可萌发出一些茁壮的枝条，花枝会少些，但由于营养集中会产生较大的花朵。一些灌木如希望当年开两次花的，可在花后将残花及其下的2～3芽剪除，刺激二次枝条的发生，适当增加肥水则可二次开花。

花芽（或混合芽）着生在多年生枝上的花灌木。如紫荆、贴梗海棠等，虽然花芽大部分着生在二年生枝上，但当营养条件适合时多年生的老干亦可分化花芽。对于这类灌木中进入开花年龄的植株，修剪量应较小，在早春可将枝条先端枯干部分剪除，在生长季节为防止当年生枝条过旺而影响花芽分化时可进行摘心，使营养集中于多年生枝干上。

花芽（或混合芽）着生在开花短枝上的花灌木。如西府海棠等，这类灌木早期生长势较强，每年自基部发生多数萌芽，自主枝上发生大量直立枝，当植株进入开花年龄时，多数枝条形成开花短枝，在短枝上连年开花，这类灌木一般不大进行修剪，可在花后剪除残花，夏季生长旺时，将生长枝进行适当摘心，抑制其生长，并将过多的直立枝、徒长枝进行疏剪。

一年多次抽梢，多次开花的花灌木。如月季，可于休眠期对当年生枝条进行短剪或回缩强枝，同时剪除交叉枝、病虫枝、并生枝、弱枝及内膛过密枝。寒冷地区可进行强剪，必要时进行埋土防寒。生长期可多次修剪，可于花后在新梢饱满芽处短剪（通常在花梗下方第2芽至第3芽处）。剪口芽很快萌发抽梢，形成花蕾开花，花谢后再剪，如此重复。

（六）绿篱的修剪与整形

绿篱是萌芽力、成枝力强，耐修剪的树种，密集呈带状栽植而成，起防范、美化、组织交通和分隔功能区的作用。适宜作绿篱的植物很多，如女贞、大叶黄杨、小叶黄杨、桧柏、侧柏、冬青、野蔷薇等。

绿篱的高度依其防范对象来决定，有绿墙（160cm以上）、高篱（120～160cm）、中篱（50～120cm）和矮篱（50cm以下）。绿篱进行修剪，既为了整齐美观，增添园景，也为了使篱体生长茂盛，长久不衰，高度不同的绿篱，采用不同的整形方式，一般有下列2种。

（1）绿墙、高篱和花篱采用较多。适当控制高度，并疏剪病虫枝、干枯枝，任枝条生长，使其枝叶相接紧密成片提高阻隔效果。用于防范的绿篱和玫瑰、蔷薇、木香等花篱，也以自然式修剪为主。开花后略加修剪使之继续开花，冬季修去枯枝、病虫枝。对蔷薇等萌发力强的树种，盛花后进行重剪，使新枝粗壮，篱体高大美观。

（2）中篱和矮篱常用于草地、花坛镶边，或组织人流的走向。这类绿篱低矮，为了美观和丰富园景，多采用几何图案式的修剪整形，如矩形、梯形、倒梯形、篱面浪形等。绿篱种植后剪去高度的1/3～1/2，修去平侧枝，统一高度和侧萌发成枝条，形成紧枝密叶的矮墙，显示立体美。绿篱每年最好修剪2～4次，使新枝不断发生、更新和替换老枝。整形绿篱修剪时，顶面与侧面兼顾，不应只修顶面不修侧面，这样会造成顶部枝条旺长，侧枝斜出生长。从篱体横断面看，以矩形和基大上小的梯形较好，下面和侧面枝叶采光充足，通风性能较好，不能任枝条随意生长而破坏造型，应每年多次修剪。

（七）片林的修剪与整形

（1）有主干轴的树种（如杨树等）组成片林，修剪时注意保留顶梢。当出现竞争枝（双头现象）只选留一个；如果领导枝枯死折断，应扶立一侧枝代替主干延长生长，培养成新的中央领导枝。

（2）适时修剪主干下部侧生枝，逐步提高分枝点。分枝点的高度应根据不同树种、树龄而定。

（3）对于一些主干很短，但树已长大，不能再培养成独干的树木，也可以把分生的主枝当作主干培养，逐年提高分枝，呈多干式。

（4）应保留林下的灌木、地被和野生花草，增加野趣和幽深感。

（八）藤木类的修剪与整形

在自然风景中，对藤本植物很少加以修剪管理，但在一般的园林绿地中则有以下几种处理方式。

1. 棚架式

对于卷须类及缠绕类藤本植物多用此种方式进行修剪与整形。剪整时，应在近地面处重剪，使发生数条强壮主蔓，然后垂直诱引主蔓至棚架的顶部，并使侧蔓均匀地分布架上，则可很快地成为荫棚。除隔数年将病、老或过密枝疏剪外，一般不必每年剪整。

2. 凉廊式

常用于卷须类及缠绕类植物，偶尔用吸附类植物。因凉廊有侧方格架，所以主蔓勿过早诱引至廊顶，否则容易形成侧面空虚。

3. 篱垣式

多用于卷须类及缠绕类植物。将侧蔓进行水平诱引后，每年对侧枝施行短剪，形成整齐的篱垣形式。为适合于形成长而较低矮的篱垣，通常称为"水平篱垣式"，又可依其水平分段层次之多而分为二段式、三段式等，称为"垂直篱垣式"，适于形成距离短而较高的篱垣。

4. 附壁式

本式多用吸附类植物为材料。方法很简单，只需将藤蔓引于墙面即可自行靠吸盘或吸附根而逐渐布满墙面。例如爬墙虎、凌霄、扶芳藤、常春藤等均用此法。此外，在某些庭园中，有在壁前20～50cm处设立格架，在架前栽植植物的，例如蔓性蔷薇等开花繁茂的种类多在建筑物的墙面前采用本法。修剪时应注意使壁面基部全部覆盖，各蔓枝在壁面上应分布均匀，勿使相互重叠交错为宜。在本式修剪与整形中，最易发生的毛病为基部空虚，不能维持基部枝条长期茂密。对此，可配合轻、重修剪以及曲枝诱引等综合措施，并加强栽培管理工作。

5. 直立式

对于一些茎蔓粗壮的种类，如紫藤等，可以修剪整形成直立灌木式。此式如用于公园道路旁或草坪上，可以收到良好的效果。

第三节 大树移植

一、 大树的选择

从理论上讲，只要时间掌握好，措施合理，任何品种树木都能进行移植，现仅介绍常见移植的树木和采取的方法。

（1）常绿乔木。桧柏、油松、白皮松、雪松、龙柏、侧柏、云杉、冷杉、华山松等。

（2）落叶乔木及珍贵观花树木。国槐、栾树、小叶白蜡、元宝枫、银杏、白玉兰等。根据设计图纸和说明所要求的树种规格、树高、冠幅、胸径、树形（需要注明观赏面和原有朝向）和长势等，到郊区或苗圃进行调查，选树并编号。选择时应注意以下几点。

① 要选择接近新栽地生境的树木。野生树木主根发达，长势过旺的，适应能力也差，不易成活。

② 不同类别的树木，移植难易不同。一般灌木比乔木移植容易；落叶树比常绿树容易；扦插繁殖或经多次移植须根发达的树比播种未经移植直根性和肉质根类树木容易；叶型细小比叶少而大者容易；树龄小比树龄大的容易。

③ 一般慢生树选20～30年生；速生树种则选用10～20年生，中生树可选15年生，果树、花灌木为5～7年生，一般乔木树高在4m以上，胸径12～25cm的树木则最合适。

④ 应选择生长正常的树木以及没有感染病虫害和未受机械损伤的树木。

⑤ 选树时还必须考虑移植地点的自然条件和施工条件，移植地的地形应平坦或坡度不大，过陡的山坡，根系分布不正，不仅操作困难且容易伤根，不易起出完整的土球，因而应选择便于挖掘处的树木，最好使起运工具能到达树旁。

二、 大树移植的时间

如果掘起的大树带有较大的土球，在移植过程中严格执行操作规程，移植后又注意养护，那么，在任何时间都可以进行大树移植。但在实际中，最佳移植时间是早春，因为这时树液开始流动并开始生长、发芽，挖掘时损伤的根系容易愈合和再生，移植后经过从早春到晚秋的正常生长，树木移植的受伤的部分已复原，给树木顺利越冬创造了有利条件。

在春季树木开始发芽而树叶还没全部长成以前，树木的蒸腾还未达到最旺盛时期，此时带土球移植，缩短土球暴露的时间，栽后加强养护也能确保大树的存活。

盛夏季节，由于树木的蒸腾量大，此时移植对大树成活不利，在必要时可加大土球，加强修剪、遮阴、尽量减少树木的蒸腾量，也可成活，但费用较高。

在北方的雨季和南方的梅雨期，由于空气中的湿度较大，因而有利于移植，可带土球移植一些针叶树种。

深秋及冬季，从树木开始落叶到气温不低于－15℃这段时间，也可移植大树；这个期间，树木虽处于休眠状态，但地下部分尚未完全停止活动，故移植时被切断的根系能在这段时间进行愈合，给来年春季发芽生长创造良好的条件，但在严寒的北方，必须对移植的树木进行土面保护，才能达到这一目的。南方地区尤其在一些气温不太低、温度较大的地区一年四季可移植，落叶树还可裸根移植。

三、 大树移植前准备工作

1. 操作人员要求

必须具备一名园艺工程师和一名七级以上的绿化工或树木工，才能承担大树移植工程。

2. 基础资料及移植方案

（1）应掌握树木情况：品种、规格、定植时间、历年养护管理情况，目前生长情况、发枝能力、病虫害情况、根部生长情况（对不易掌握的要作探根处理）。

（2）树木生长和种植地环境必须掌握下列资料：

1）树木与建筑物、架空线、共生树木等间距必须具备施工、起吊、运输的条件。

2）种植地的土质、地下水位、地下管线等环境条件必须适宜移植树木的生长。

3）对土壤含水量、pH 值、理化性状进行分析。

① 土壤湿度高，可在根范围外开沟排水，晾土，情况严重的可在四角挖 1m 以下深洞，抽排渗透出来的地下水。

② 含杂质受污染的土质必须更换种植土。

3. 移植前措施

（1）5 年内未作过移植或切根处理的大树，必须在移植前 1～2 年进行切根处理。

（2）切根应分期交错进行，其范围宜比挖掘范围小 10cm 左右。

（3）切根时间，可在立春天气刚转暖到萌芽前，秋季落叶前进行。

4. 移植方法

移植方法应根据品种、树木生长情况、土质、移植地的环境条件、季节等因素确定：

（1）生长正常易成活的落叶树木，在移植季节可用带毛泥球灌浆法移植。

（2）生长正常的常绿树，生长略差的落叶树或较难移植的落叶树在移植季节内移植或生长正常的落叶树在非季节移植的均应用带泥球的方法移植。

（3）生长较弱，移植难度较大或非季节移植的，必须放大泥球范围，并用硬材包装法移植。

5. 修剪方法及修剪量

修剪方法及修剪量应根据树木品种、树冠生长情况、移植季节、挖掘方式、运输条件、种植地条件等因素来确定：

（1）落叶树可抽稀后进行强截，多留生长枝和萌生的强枝，修剪量可达 6/10～9/10。

（2）常绿阔叶树，采取收缩树冠的方法，截去外围的枝条适当疏稀树冠内部不必要的弱枝，多留强的萌生枝，修剪量可达 1/3～3/5。

（3）针叶树以疏枝为主，修剪量可达 1/5～2/5。

（4）对易挥发芳香油和树脂的针叶树、香樟等应在移植前一周进行修剪，凡 10cm 以上的大伤口应光滑平整，经消毒，并涂保护剂。

6. 定方位扎冠

（1）根据树冠形态和种植后造景的要求，应对树木作好定方位的记号。

（2）树干、主枝用草绳或草片进行包扎后应在树上拉好防风绳。

（3）收扎树冠时应由上至下，由内至外，依次收紧，大枝扎缚处要垫橡皮等软物，不应挫伤树木。

7. 树穴准备

（1）树穴大小、形状、深浅应根据树根挖掘范围泥球大小形状而定应每边留 40cm 的操作沟。

（2）树穴必须符合上下大小一致的规格，若含有建筑垃圾、有害物质则必须放大树穴，清除废土换上种植土，并及时填好回填土。

（3）树穴基部必须施基肥。

（4）地势较低处种植不耐水湿的树种时，应采取堆土种植法，堆土高度根据地势而定，堆土范围：最高处面积应小于根的范围或为泥球大小的 2 倍，并分层夯实。

8. 土壤的选择和处理

要选择通气、透水性好，有保水保肥能力，土内水、肥、气、热状况协调的土壤。经多年实践，用泥砂拌黄土（3∶1 为佳）作为移栽后的定植用土比较好，它有三大好处：一是与树根有"亲和力"，在栽培大树时，根部与土往往有无法压实的空隙，经雨水的侵蚀，泥砂拌黄土易与树根贴实；二是通气性好，能增高地温，促进根系的萌芽；三是排水性能好，雨季能迅速排掉多余的积水，避免造成根部死亡，旱季浇水能迅速吸收、扩散。

在挖掘过程中要有选择地保留一部分树根际原土，以利于树木萌根。同时必须在树木移栽半个月前对穴土进行杀菌、除虫处理，用 50％托布津或 50％多菌灵粉剂拌土杀菌，用 50％面威颗粒剂拌土杀虫（以上药剂拌土的比例为 0.1％）。

第四章

园林假山工程施工

假山按材料可分为土山、石山和土石相间的山（土多称土山戴石，石多称石山戴土）；按施工方式可分为筑山（版筑土山）、掇山（用山石掇合成山）、凿山（开凿自然岩石成山）和塑山（传统是用石灰浆塑成的，现代是用水泥、砖、钢丝网等塑成的假山，如岭南庭园）；按在园林中的位置和用途可分为园山、厅山、楼山、阁山、书房山、池山、室内山、壁山和兽山。假山的组合形态分为山体和水体。山体包括峰、峦、顶、岭、谷、壑、岗、壁、岩、岫、洞、坞、麓、台、磴道和栈道；水体包括泉、瀑、潭、溪、涧、池、矶和汀石等。山水宜结合一体，才相得益彰。

假山具有多方面的造景功能，如构成园林的主景或地形骨架，划分和组织园林空间，布置庭院、驳岸、护坡、挡土，设置自然式花台。还可以与园林建筑、园路、场地和园林植物组合成富于变化的景致，借以减少人工气氛，增添自然生趣，使园林建筑融汇到山水环境中。因此，假山成为表现中国自然山水园的特征之一。

第一节 假山材料

一、 山石种类

1. 湖石类

湖石因其产于湖泊而得此名。尤以原产于太湖的太湖石，在江南园林中运用最为普遍，也是历史上开发较早的一类山石。我国历史上大兴掇山之风的宋代寿山艮岳也不惜民力从江南遍搜名石奇卉运到汴京（今开封），这便是"花石纲"，"花石纲"历列之石也大多是太湖石。于是，从帝王宫苑到私人宅园竟以湖石炫耀家门，太湖石风靡一时。实际上湖石是经过熔融的石灰岩，在我国分布很广，只不过在色泽、纹理和形态方面有些差别。

一种湖石产于湖崖中，是由长期沉积的粉砂及水的溶蚀作用所形成的石灰岩。其颜色浅灰泛白，色调丰润柔和，质地轻脆易损。该石材经湖水的溶蚀形成大小不同的洞、窝、环、沟，具有圆润柔曲、嵌空婉转、玲珑剔透的外形，叩之有声。

另一种湖石产于石灰岩地区的山坡、土中或河流岸边，是石灰岩被地表水风化溶蚀而生成的；其颜色多为青灰色或黑灰色，质地坚硬，形状各异。目前各地新造假山所用的湖石，大多属于这一种。

环形或扇形，湖石的这些形态特征，决定了它特别适于用作特置的单峰石和环透式假山。

在不同的地方和不同的环境中生成的湖石，其形状、颜色和质地都有一些差别。表 4-1 所示为常见的几种山石。

表 4-1　常见山石的种类

类别	说明
太湖石	太湖石又称南太湖石。真正的太湖石原产于苏州所属太湖中的洞庭西山，其中消夏湾一带出产的太湖石品质最优良。这种山石是一种石灰岩，质坚而脆，由于风浪或地下水的熔融作用，其纹理纵横，脉络显隐。石面上遍多坳坎，称为"弹子窝"，扣之有微声，还有自然地形成沟、缝、窝、穴、洞、环。有时窝洞相套，玲珑剔透，蔚为奇观，有如天然的雕塑品，观赏价值比较高。因此常选其中形体险怪、嵌空穿眼者作为特置主峰。此石水中和土中皆有所产。 产于水中的太湖石色泽中露白色，比较丰润、光洁，也有青灰色的，具有较大的皴纹而少很细的褶皱。产于土中的湖石于灰色中带青灰色。性质比较枯涩而少有光泽，遍多细纹，好像大象的皮肤一样，也有称为"象皮石"的。外形富于变化，青灰中有时还夹有细的白纹。太湖石大多是从整体岩层中选择开采出来的，其靠岩层面必有人工采凿的痕迹
房山石	房山石又称北太湖石。产于北京房山大灰石一带山上，因之得名，也属石灰岩。新开采的房山岩呈土红色、橘红色或更淡一些的土黄色，日久以后表面带些灰黑色，质地不如南方的太湖石那样脆，但有一定的韧性。这种山石也具有太湖石的窝、沟、环、洞等的变化。因此也有人称之为北太湖石。它的特征除了颜色和太湖石有明显区别以外，密度比太湖石大，扣之无共鸣声，多密集的小孔穴而少有大洞。因此外观比较沉实、浑厚、雄壮。这和太湖石外观轻巧、清秀、玲珑是有明显差别的。和这种山石比较接近的还有镇江所产的砚山石，形态颇多变化而色泽淡黄清润，扣之微有声。也有灰褐色的，石多穿眼相通
英德石	原产广东省英德县一带。岭南园林中有用这种山石掇山，也常见于几案石间。英德石质坚而特别脆，用手指弹扣有较响的共鸣声。淡青灰色，有的间有白脉笼络。 这种山石多为中、小形体，很少见有很大块的。现存广州市西天逢源大街 8 号名为"风云际会"的假山就是完全用英德石掇成的，别具一种风味。英德石又可分白英、灰英和黑英三种。一般所见以灰英居多，白英和黑英均甚罕见，所以多用作特置或散点
灵璧石	原产安徽省灵璧县。石产土中，被赤泥渍满，须刮洗方显本色。其石中灰色而甚为清润，质地亦脆，用指弹亦有共鸣声。石面有坳坎的变化，石形亦千变万化，但其眼少有婉转回折，须经人工修饰以全其美。这种山石可掇山石小品，更多的情况下作为盆景石玩
宣石	产于安徽省宁国市。其色有如积雪覆于灰色石上，由于为赤土积渍，因此又带些赤黄色，非刷净不见其质，所以愈旧愈白。由于它有积雪一般的外貌，扬州个园的冬山、深圳锦绣中华的雪山均用它作为材料，效果显著

2. 黄石

黄石是一种呈茶黄色的细砂岩，以其黄色而得名。质重、坚硬、形态浑厚沉实、拙重顽夯，且具有雄浑挺括之美。其产于大多山区，但以江苏常熟虞山质地为最好。

采下的单块黄石多呈方形或长方墩状，少有极长或薄片状者。由于黄石节理接近于相互垂直，所形成的峰面具有棱角，棱之两面具有明暗对比、立体感较强的特点，无论掇山、理水都能发挥出其石形的特色。

3. 青石

属于水成岩中呈青灰色的细砂岩,质地纯净而少杂质。由于是沉积而成的岩石,石内就有一些水平层理。水平层的间隔一般不大,所以石形大多为片状,而有"青云片"的称谓。石形也有一些块状的,但成厚墩状者较少。这种石材的石面有相互交织的斜纹,不像黄石那样一般是相互垂直的直纹。青石在北京园林假山叠石中较常见,在北京西郊洪山口一带都有出产。

4. 石笋

颜色多为淡灰绿色、土红灰色或灰黑色。质重而脆,是一种长形的砾岩岩石。石形修长呈条柱状,立于地上即为石笋,顺其纹理可竖向劈分。石柱中含有白色的小砾石,如白果般大小。石面上"白果"未风化的,称为龙岩;若石面砾石已风化成一个个小穴窝,则称为凤岩。石面还有不规则的裂纹。石笋石产于浙江与江西交界的常山、玉山一带。常见石笋的种类见表4-2。

表 4-2　常见石笋的种类

类别	说明
白果笋	它是在青灰色的细砂岩中沉积了一些卵石,犹如银杏所产的白果嵌在石中,因以为名。北方则称白果笋为"子母石"或"子母剑"。"剑"喻其石形,"子"即卵石,"母"是细砂母岩。这种山石在我国各园林中均有所见。有些假山师傅把大而圆的头向上的称为"虎头笋",而上面尖而小的称为"凤头笋"
乌炭笋	顾名思义,这是一块乌黑色的石笋,比煤炭的颜色稍浅而无甚光泽。如用浅色景物作背景,这种石笋的轮廓就更清晰
慧剑	这是北京假山师傅的沿称。所指的是一种净面青灰色、水灰青色的石笋,北京颐和园前山东腰有高达数丈的大石笋就是这种慧剑

5. 钟乳石

多为乳白色、乳黄色、土黄色等颜色;质优者洁白如玉,作石景珍品;质色稍差者可作假山。钟乳石质重,坚硬,是石灰岩被水溶解后又在山洞、崖下沉淀生成的一种石灰岩。其石形变化大。石内较少孔洞,石的断面可见同心层状构造。这种山石的形状千奇百怪,石面肌理丰腴,用水泥砂浆砌假山时附着力强,山石结合牢固,山形可根据设计需要随意变化。钟乳石广泛出产于我国南方和西南地区。

6. 石蛋

石蛋即大卵石,产于河床之中,经流水的冲击和相互摩擦磨去棱角而成。大卵石的石质有花岗石、砂岩、流纹岩等,颜色白、黄、红、绿、蓝等各色都有。

这类石多用作园林的配景小品,如路边、草坪、水池旁等的石桌石凳;棕树、蒲葵、芭蕉、海芋等植物处的石景。

7. 黄蜡石

黄蜡石是具有蜡质光泽,圆形光面的墩状块石,也有呈条状者。其主要分布在我国南方各地。此石以石形变化大而无破损、无灰砂,表面滑若凝脂、石质晶莹润泽者为上品。一般也多用作庭园石景小品,将墩、条配合使用,成为更富于变化的组合景观。

8. 水秀石

水秀石颜色有黄白色、土黄色至红褐色,是石灰岩的砂泥碎屑,随着含有碳酸钙的地表水,被冲到低洼地或山崖下沉淀凝结而成。石质不硬,疏松多空,石内含有草根、苔藓、枯枝化石和树叶印痕等，易于雕琢。其石面形状有纵横交错的树枝状、草秆化石状、杂骨状、粒状、蜂窝状等。

二、 基础材料

假山的基本材料常见的有木桩基材料、灰土基础材料、浆砌块石基础材料和混凝土基础材料。见表4-3。

表 4-3   基础材料

类别	说明
木桩基材料	这是一种古老的基础做法，但至今仍有实用价值，木桩多选用柏木桩或杉木桩，选取其中较平直而又耐水湿的作为桩基材料。木桩顶面的直径在10～15cm，平面布置按梅花形排列，故称"梅花桩"
灰土基础材料	北方园林中位于陆地上的假山多采用灰土基础，灰土基础有比较好的凝固条件。灰土既经凝固便不透水，可以减少土壤冻胀的破坏。这种基础的材料主要是用石灰和素土按3：7的比例混合而成的
浆砌块石基础材料	这是采用水泥砂浆或石灰砂浆砌筑块石作为假山基础。可用1：2.5或1：3水泥砂浆砌一层块石，厚度为300～500mm，水下砌筑所用水泥砂浆的比例则应为1：2
混凝土基础材料	现代的假山多采用浆砌块石或混凝土基础。陆地上选用不低于C10的混凝土，水中假山基采用C15水泥砂浆砌块石，或C20的素混凝土作基础为妥

三、 填充材料

填充式结构假山的山体内部填充材料主要有泥土、无用的碎砖、石块、灰块、建筑渣土、废砖石、混凝土等。混凝土是采用水泥、砂、石按1：2：（4～6）的比例搅拌配制而成的。

四、 胶结材料

胶结材料是指将山石黏结起来掇石成山的一些常用黏结性材料，如水泥、石灰、砂和颜料等，市场供应比较普遍。黏结时拌和成砂浆，受潮部分使用水泥砂浆，水泥与砂配合比为1：（1.5～2.5）；不受潮部分使用混合砂浆，水泥：石灰：砂＝1：3：6。水泥砂浆干燥比较快，不怕水；混合砂浆干燥较慢，怕水，但强度较水泥砂浆高，价格也较低廉。

假山所用石材如果是灰色、青灰色山石，则在抹缝完成后直接用扫帚将缝口表面扫干净，同时也使水泥缝口的抹光表面不再光滑，从而更加接近石面的质地。对于假山采用灰白色湖石砌筑的，要用灰白色石灰砂浆抹缝，以使色泽近似。采用灰黑色山石砌筑的假山，可在抹缝的水泥砂浆中加入炭黑，调制成灰黑色浆体后再抹缝。对于土黄色山石的抹缝，则应在水泥砂浆中加进柠檬铬黄。如果是用紫色、红色的山石砌筑假山，可以采用铁红把水泥砂浆调制成紫红色浆体再用来抹缝等。

第二节   假山施工

假山施工具有再创造的特点。在大中型的假山工程中，既要根据假山设计图进行定点放线以便控制假山各部分的立面形象及尺寸关系，又要根据所选用石材的形状、大小、颜色、皴纹特点以及相邻、相对、遥对、互映位置、石材的局部和整体感官效果，在细部的造型和技术处理上有所创造，有所发挥。小型的假山工程和石景工程有时可不进行设计，而是在施工中临场发挥。

一、 施工准备

假山施工前，应根据假山的设计，确定石料，并运抵施工现场，根据山石的尺度、石形、山石皴纹、石态、石质、颜色选择石料，同时准备好水泥、石灰、砂石、钢丝、铁爬钉、银锭扣等辅助材料以及倒链、支架、铁吊架、铁扁担、桅杆、撬棒、卷扬机、起重机、绳索等施工工具，并应注意检查起重用具的安全性能，以确保山石吊运和施工人员安全。

1. 一般规定

（1）施工前应由设计单位提供完整的假山叠石工程施工图及必要的文字说明，进行设计交底。

（2）施工人员必须熟悉设计，明确要求，必要时应根据需要制作一定比例的假山模型小样，并审定确认。

（3）根据设计构思和造景要求对山石的质地、纹理、石色进行挑选，山石的块径、大小、色泽应符合设计要求和叠山需要。湖石形态宜"透、漏、皱、瘦"，其他种类山石形态宜"平、正、角、皱"。各种山石必须坚实，无损伤、裂痕，表面无剥落。特殊用途的山石可用墨笔编号标记。

（4）山石在装运过程中，应轻装、轻卸，有特殊用途的山石要用草包、木板围绑保护，防止磕碰损坏。

（5）根据施工条件备好吊装机具，做好堆料及搬运场地、道路的准备。吊具一般应配有吊车、叉车、吊链、绳索、卡具、撬棍、手推车、振捣器、搅拌机、灰浆桶、水桶、铁锹、水管、大小锤子、錾子、抹子、柳叶抹、鸭嘴抹、笤帚等。

2. 假山石质量要求

（1）假山叠石工程常用的自然山石，如太湖石、黄石、英石、斧劈石、石笋石及其他各类山石的块面、大小、色泽应符合设计要求。

（2）孤赏石、峰石的造型和姿态，必须达到设计构思和艺术要求。

（3）选用的假山石必须坚实、无损伤、无裂痕，表面无剥落。

3. 假山石运输

（1）假山石在装运过程中，应轻装、轻卸。

（2）特殊用途的假山石，如孤赏石、峰石、斧劈石、石笋等，要轻吊、轻卸；在运输时，应用草包、草绳绑扎，防止损坏。

（3）假山石运到施工现场后，应进行检查，凡有损伤或裂缝的假山石不得作面掌石使用。

4. 假山石选石

施工前，应进行选石，对山石的质地、纹理、石色按同类集中的原则进行清理、挑选、堆放，不宜混用。

5. 假山石清洗

施工前，必须对施工现场的假山石进行清洗，除去山石表面积土、尘埃和杂物。

二、 假山定位与放样

1. 审阅图纸

假山定位放样前要将假山工程设计图的意图看懂摸透，掌握山体形式和基础的结构。为了便于放样，要在平面图上按一定的比例尺寸，依工程大小或平面布置复杂程度，采用 2m×2m 或 5m×5m 或 10m×10m 的尺寸画出方格网，以其方格与山脚轮廓线的交点作为地面放样的依据。

2. 实地放样

在设计图方格网上，选择一个与地面有参照的可靠固定点，作为放样定位点，然后以此点为基点，按实际尺寸在地面上画出方格网；并对应图纸上的方格和山脚轮廓线的位置，放出地面上的相应的白灰轮廓线。

为了便于基础和土方的施工，应在不影响堆土和施工的范围内，选择便于检查基础尺寸的有关部位，如假山平面的纵横中心线、纵横方向的边端线、主要部位的控制线等位置的两端，设置龙门桩或埋地木桩，以便在挖土或施工时的放样白线被挖掉后作为测量尺。

三、基础施工

根据放样位置进行基础开挖，开挖应至设计深度。如遇流砂、疏松层、暗浜或异物等，应由设计单位作变更设计后，方可继续施工。基础表面应低于近旁土面或路面。

基础的施工应按设计要求进行，通常假山基础有浅基础、深基础、桩基础等。

1. 浅基础施工

浅基础是在原地形上略加整理、符合设计地貌后经夯实后的基础。此类基础可节约山石材料，但为符合设计要求，有的部位需垫高，有的部位需挖深以造成起伏。这样使夯实平整地面工作变得较为琐碎。对于软土、泥泞地段，应进行加固或渍淤处理，以免日后基础沉陷。此后，即可对夯实地面铺筑垫层，并砌筑基础。

2. 深基础施工

深基础是将基础埋入地面以下的基础，应按基础尺寸进行挖土，严格掌握挖土深度和宽度，一般假山基础的挖土深度为 50cm，基础宽度多为山脚线向外 50cm。土方挖完后夯实整平，然后按设计铺筑垫层和砌筑基础。

3. 桩基础施工

桩基础多为短木桩或混凝土桩，打桩位置、打桩深度应按设计要求进行，桩木按梅花形排列，称"梅花桩"。桩木顶端可露出地面或湖底 10～30cm，其间用小块石嵌紧嵌平再用平正的花岗石或其他石材铺一层在顶上，作为桩基的压顶石或用灰土填平夯实。混凝土桩基的做法和木桩桩基一样，也有在桩基顶上设压顶石与设灰土层的两种做法。

基础施工完成后，要进行第二次定位放线。在基础层的顶面重新绘出假山的山脚线。并标出高峰、山岩和其他陪衬山的中心点和山洞洞桩位置。

四、假山山脚施工

假山山脚是直接落在基础之上的山体底层，包括拉底、起脚和做脚等施工内容。

（一）拉底

拉底是指用山石做出假山底层山脚线的石砌层。即在基础上铺置最底层的自然山石。拉底应用大块平整山石，坚实、耐压，不允许用风化过度的山石。拉底山石高度以一层大块石为准，有形态的好面应朝外，注意错缝（垂直与水平两个方向均应照顾到）。每安装一块山石，即应将刹垫稳，然后填陷，如灌浆应先填石块，如灌混凝土则应随灌随填石块，山脚垫刹的外围，应用砂浆或混凝土包严。北方多采用满拉底石的做法。

1. 拉底的方式

拉底的方式有满拉底和线拉底两种。

（1）满拉底是将山脚线范围之内用山石满铺一层。这种方式适用于规模较小、山底面积不大的假山，或者有冻胀破坏的北方地区及有振动破坏的地区。

（2）线拉底是按山脚线的周边铺砌山石，而内空部分用乱石、碎砖、泥土等填补筑实。这种方式适用于底面积较大的大型假山。

2. 拉底的技术要求

（1）底层山脚石应选择大小合适、不易风化的山石。

（2）每块山脚石必须垫平垫实，不得有丝毫摇动。

（3）各山石之间要紧密咬合。

（4）拉底的边缘要错落变化，避免做成平直和浑圆形状的脚线。

（二）起脚

拉底之后，开始砌筑假山山体的首层山石层叫"起脚"。

起脚时，定点、摆线要准确。先选到山脚突出点的山石，并将其沿着山脚线先砌筑上，待多数主要的凸出点山石都砌筑好了，再选择和砌筑平直线、凹进线处所用的山石。这样，既保证了山脚线按照设计而呈弯曲转折状，避免山脚平直的毛病，又使山脚突出部位具有最佳的形状和最好的皴纹，增加了山脚部分的景观效果。

（三）做脚

做脚，就是用山石砌筑成山脚，它是在假山的上面部分山形山势大体施工完成以后，于紧贴起脚石外缘部分拼叠山脚，以弥补起脚造型不足的一种操作技法。所做的山脚石起脚边线的做法常用的有点脚法、连脚法和块面法。

（1）点脚法。即在山脚边线上，用山石每隔不同的距离作墩点，用片块状山石盖于其上，做成透空小洞穴，如图 4-1（a）所示。这种做法多用于空透型假山的山脚。

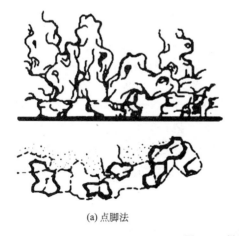

(a) 点脚法　　(b) 连脚法　　(c) 块面法

图 4-1　做脚的三种方法

（2）连脚法。即按山脚边线连续摆砌弯弯曲曲、高低起伏的山脚石，形成整体的连线山脚线，如图 4-1（b）所示。这种做法各种山形都可采用。

（3）块面法。即用大块面的山石，连续摆砌成大凸大凹的山脚线，使凸出凹进部分的整体感都很强，如图 4-1（c）所示。这种做法多用于造型雄伟的大型山体。

五、 山石的吊装与堆叠

1. 山石的吊装与运输

吊装与运输是假山叠石工程中一项重要的操作技术。

（1）零星山石起吊主要运用起吊木架、滑轮和绞盘或吊链组成不同起吊机构，结合人力进行起重。由于石材体量不一，常用的起吊构架有秤杆、滑车、龙门扒杆等。工程量较大时宜采用机械吊车施工。

（2）水平运输大致可分大搬运、小搬运及走石三个阶段。大搬运是从采石地点运到施工堆料场，小搬运是从堆料地点运到叠筑假山的大致位置上，走石是指在叠筑时使山石作短距离的平移或转动。大搬运一般采用汽车机械运输，小搬运中常用人工抬运。人工抬运时应注意以下几点：

① 绳扣应结活扣，并须受力后牢实，拆下时易解，常用者有元宝扣与"鸭别翅"等。元宝扣是运输中使用最为广泛和方便的一种扣结，使用中应注意绳扣要压紧扣实。

② 扛抬分为直杆扛抬、加杆扛抬和架杆扛抬。抬运100kg以上山石多用"对脸"的抬法。如运距较长，可采用对脸起杆，起杆后再"倒肩"。过重的抬杆周围应有专人引路，上下坡道时应有人在杆端辅助推拉。

③ 走石用撬棍利用杠杆原理翻转和移动山石。撬棍应为铁制，长30～100cm，多人操作应设专人指挥，注意动作一致，防止压挤手脚。

2. 堆叠方法

（1）"安"指安放和布局，既要玲珑巧安，又要安稳求实。安石要照顾向背，有利于下一层石头的安放。

（2）山石组合左右为"连"。

（3）山石组合上下为"接"，要求顺势咬口，纹理相通。

（4）"斗"指发券成拱，创造腾空通透之势。

（5）"挎"指顶石旁侧斜出，悬垂挂石。

（6）"跨"指左右横跨，跨石犹如腰中"佩剑"向下倾斜，而非垂直下悬。

（7）"拼"指聚零为整，欲拼石得体，必须熟知风化、解理、断裂、溶蚀、岩类、质色等不同特点，只有相应合皴，才可拼石对路，纹理自然。

（8）"挑"又称飞石，用石层层前挑后压，创造飞岩飘云之势。

（9）挑石前端上置石称"飘"，也用在门头、洞顶、桥台等处。

（10）"卡"，有两义，一指用小石卡住大石之间隙以求稳固；一指特选大块落石卡在峡壁石缝之中，呈千钧一发、垂石欲坠之势，兼有加固与造型之功。

（11）"垂"主要指垂峰叠石，有侧垂、悬垂等做法。

（12）"钉"指用扒钉、铁锔连接加固拼石的做法。

（13）"扎"是叠石辅助措施，即用铅丝、钢筋或棕绳将同层多块拼石先用穿扎法或捆扎法固定，然后立即填心灌浆并随即在上面连续堆叠两三层。待养护凝固后再解索整形做缝。

（14）"垫""刹"为假山底部稳定措施；山石底部缺口较大，需用块石支撑平衡者为垫；而用小块楔形硬质薄片石打入石下小隙为刹；古代也有用铁片、铁钉打刹的。

（15）"搭""靠（接）""转""换"多见于黄石、青石施工，即按搭接面发育规律进行搭接拼靠，转换掇山垒石方向，朝外延伸堆叠。

（16）"缝"指勾缝，做缝常见的有明暗两种：做明缝要随石面特征、色彩和脉络走势而定；勾缝还要用小石补贴，石粉伪装；做暗缝是在拼石背面胶结而留出拼石接口的自然裂隙。

（17）"压"在掇山中十分讲究，有收头压顶、前悬后压、洞顶凑压等多种压法。中层还需千方百计留出狭缝穴洞，至少深 0.5m 以上，以便填土供植花种树。因此在山体施工中也就相应要采用不同的堆叠方法。

3. 堆叠中层

中层是指底层以上，顶层以下的大部分山体。这一部分是掇山工程的主体，掇山的造型手法与工程措施的巧妙结合主要表现在这一部分。其基本要求如下。

（1）堆砌时应注意调节纹理，竖纹、横纹、斜纹、细纹等一般宜尽量同方向组合。整块山石要避免倾斜，靠外边不得有陡板式、滚圆式的山石，横向挑出的山石后部配重一般不得少于悬挑重量的两倍。

（2）石色要统一，色泽的深浅力求一致，差别不能过大，更不允许同一山体用多种石料。

（3）一般假山多运用对比，手法，显现出曲与直、高与低、大与小、远与近、明与暗、隐与显各种关系，运用水平与垂直错落的手法，使假山或池岸、掇石错落有致，富有生气，表现出山石沟壑的自然变化。

（4）叠石"四不""六忌"如下。

①石不可杂、纹不可乱、块不可均、缝不可多。

②忌"三峰并列，香炉蜡烛"，忌"峰不对称，形同笔架"，忌"排列成行，形成锯齿"，忌"缝多平口，满山灰浆，寸草不生，石墙铁壁"，忌"如似城墙堡垒，顽石一堆"，忌"整齐划一，无曲折，无层次"。

4. 收顶

收顶即处理假山最顶层的山石，具有画龙点睛的作用。叠筑时要用轮廓和体态都富有特征的山石，注意主、从关系。收顶一般分峰、峦和平顶三种类型，可根据山石形态分别采用剑、堆秀、流云等手法。

顶层是掇山效果的重点部位，收头峰势因地而异，故有北雄、中秀、南奇、西险之称。就单体形象而言又有仿山、仿云、仿生、仿器设之别。掇山顶层有峰、峦、泉、洞等多种。其中"峰"就有多种形式。峰石需选最完美丰满的石料，或单或双，或群或拼。立峰必须以自身重心平衡为主，支撑胶结为辅。石体要顺应山势，但立点必须求实避虚，峰石要主、次、宾配，彼此有别，前后错落有致。忌"笔架香烛，刀山剑树"之势。其施工要点如下。

（1）收顶施工应自后向前、由主及次、自下而上分层作业。每层高度在 0.3～0.8m 之间，各工作面叠石务必在胶结料未凝之前或凝结之后继续施工。万不得在凝固期间强行施工，一旦松动则胶结料失效，影响全局。

（2）一般管线水路孔洞应预埋、预留，切忌事后穿凿，松动石体。

（3）对于结构承重受力用石必须小心挑选，保证有足够强度。

（4）山石就位前应按叠石要求原地立好，然后拴绳打扣。无论人抬机吊都应有专人指挥，统一指令术语。就位应争取一次成功，避免反复。

（5）掇山始终应注意安全，用石必查虚实。拴绳打扣要牢固，工人应穿戴防护鞋帽，掇山要有躲避余地。雨季或冰期要排水防滑。人工抬石应搭配力量，统一口令和步调，确保行进安全。

（6）掇山完毕应重新复检设计（模型），检查各道工序，进行必要的调整补漏，冲洗石面，清理场地。

（7）有水景的地方应开阀试水，统查水路、池塘等是否漏水。

（8）有种植条件的地方应填土施底肥，种树、植草一气呵成。

六、 山石的固定

（一） 山石加固设施

必须在山石本身重心稳定的前提下用以加固，常用熟铁或钢筋制成。铁活要求用而不露，因此不易发现。古典园林中常用的有以下几种。

1. 银锭扣

银锭扣为生铁铸成，有大、中、小三种规格，主要用以加固山石间的水平联系。先将石头水平向接缝作为中心线，再按银锭扣大小画线凿槽打下去。古典石作中有"见缝打卡"的说法，其上再接山石就不外露了。北海静心斋翻修山石驳岸时曾用这种做法（如图4-2所示）。

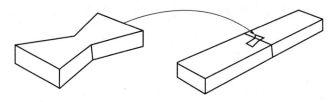

图 4-2　银锭扣

2. 爬钉

或称"铁锔子"。用熟铁制成，用以加固山石水平向及竖向的衔接。南京明代瞻园北山之山洞中尚可发现用小型铁爬钉作水平向加固的结构；北京圆明园西北角之"紫碧山房"假山坍倒后，山石上可见约10cm长、6cm宽、5cm厚的石槽，槽中都有铁锈痕迹，也似同一类做法；北京乾隆花园内所见铁爬钉尺寸较大，长约80cm、宽10cm左右、厚7cm，两端各打入石内9cm。也有向假山外侧下弯头而铁爬钉内侧平压于石下的做法。避暑山庄则在烟雨楼峭壁上有用于竖向联系的做法（如图4-3所示）。

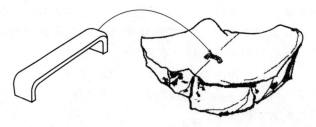

图 4-3　铁爬钉

3. 铁扁担

多用于加固山洞，作为石梁下面的垫梁。铁扁担之两端呈直角上翘，翘头略高于所支承石梁两端。北海静心斋沁泉廊东北，有巨石象征"蛇"出挑悬岩，选用了长约2m、宽16cm、厚6cm的铁扁担镶嵌于山石底部。如果不是下到池底仰望，铁扁担是看不出来的（如图4-4所示）。

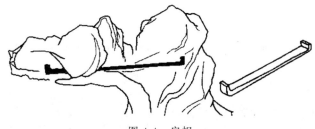

图 4-4　扁担

4. 马蹄形吊架和叉形吊架

见于江南一带。扬州清代宅园寄啸山庄的假山洞底，由于用花岗石做石梁只能解决结构问题，外观极不自然。用这种吊架从条石上挂下来，架上再安放山石便可裹在条石外面，便接近自然山石的外貌（如图 4-5 所示）。

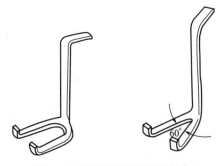

图 4-5　马蹄形吊架和叉形吊架

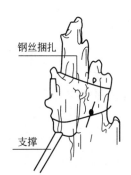

图 4-6　山石捆扎与支撑

（二）支撑

山石吊装到山体一定位点上，经过调整后，可使用木棒支撑将山石固定在一定的状态，使山石临时固定下来。以木棒的上端顶着山石的凹处，木棒的下端则斜着落在地面，并用一块石头将棒脚压住（如图 4-6 所示）。一般每块山石都要用 2～4 根木棒支撑。此外铁棍或长形山石，也可作为支撑材料。

（三）捆扎

山石的固定，还可采用捆扎的方法（如图 4-6 所示）。山石捆扎固定一般采用 8 号或 10 号钢丝。用单根或双根钢丝做成圈，套上山石，并在山石的接触面垫上或抹上水泥砂浆后再进行捆扎。捆扎时钢丝圈先不必收紧，应适当松一点；然后再用小钢钎（錾子）将其绞紧，使山石固定，此方法适用于小块山石，对大块山石应以支撑为主。

七、　山石勾缝和胶结

古代假山结合材料主要是以石灰为主，用石灰作胶结材料时，为了提高石灰的胶合性并加入一些辅助材料，配制成纸筋石灰、明矾石灰、桐油石灰和糯米浆拌石灰等。纸筋石灰凝固后硬度和韧性都有所提高，且造价相对较低。桐油石灰凝固较慢，造价高，但黏结性能良好，凝固后很结实，适宜小型石山的砌筑。明矾石灰和糯米浆石灰的造价较高，凝固后的硬度很大，黏结牢固，是较为理想的胶合材料。

现代假山施工基本上全用水泥砂浆或混合砂浆来胶合山石。水泥砂浆的配制，是用普通灰色水泥和粗砂，按 1:（1.5～2.5）比例加水调制而成，主要用来黏合石材、填充山石缝隙和为假山抹缝。有时，为了增加水泥砂浆的和易性和对山石缝隙的充满度，可以在其中加进适量的石灰浆，配成混合砂浆。

湖石勾缝再加青煤，黄石勾缝后刷铁屑盐卤，使缝的颜色与石色相协调。胶结操作要点如下。

① 胶结用水泥砂浆要现配现用。

② 待胶合山石石面应事先刷洗干净。

③ 待胶合山石石面应都涂上水泥砂浆（混合砂浆），并及时相互贴合、支撑、捆扎、固定。

④ 胶合缝应用水泥砂浆（混合砂浆）补平、填平、填满。

⑤ 胶合缝与山石颜色相差明显时，应用水泥砂浆（混合砂浆硬化前）对胶合缝撒布同色山石粉或砂子进行变色处理。

八、 质量要求

（1）假山艺术形态要求山体美观、自然，符合自然山水景观形成的一般规律，达到"虽由人做，宛如天成"的效果。

（2）操作质量要求外观整体感好，结构稳定，填馅灌浆或灌混凝土饱满密实，勾缝自然、无遗漏。

第五章
园林给水排水工程施工

第一节 园林给水排水概述

一、园林用水

园林是群众休息游览的场所，同时又是树木、花草较集中的地方。由于游人活动的需要、植物养护管理及水景用水的补充等，园林绿地的用水量是很大的。所以解决好园林的用水问题是一项十分重要的工作。园林中用水大致可分为以下几方面。

（1）生活用水。如餐厅、内部食堂、茶室、小卖部、消毒饮水器及卫生设备等的用水。

（2）养护用水。包括植物灌溉、动物笼舍的冲洗及夏季广场园路的喷洒用水等。

（3）造景用水。各种水体（溪涧、湖泊、池沼、瀑布、跌水、喷泉等）的用水。

（4）消防用水。园林中的古建筑或主要建筑周围应该设消防栓。

园林中用水除生活用水外，其他方面用水的水质要求可根据情况适当降低。例如无害于植物、不污染环境的水都可用于植物灌溉和水景用水的补给。如条件许可，这类用水可取自园内水体；大型喷泉、瀑布用水量较大，可考虑自设水泵循环使用。

园林给水工程的任务就是如何经济、合理、安全可靠地满足以上四个方面的用水需求。

二、园林给水管网布置

园林给水管网的布置除了要了解园内用水的特点外，园林四周的给水情况也很重要，它往往影响管网的布置方式。一般小型园林的给水可由一点引入。但对较大型的园林，特别是地形较复杂的园林，为了节约管材，减少水头损失，有条件的最好多点引水。

1. 给水管网基本布置形式

（1）树枝式管网。这种布置方式较简单，省管材。布线形式就像树干分权分枝，它适合于用水点较分散的情况，对分期发展的园林有利。但树枝式管网供水的保证率较差，一旦管网出现问题或需维修时，影响用水面较大。

（2）环状管网。环状管网是把供水管网闭合成环，使管网供水能互相调剂。当管网中的某一管段出现故障，也不致影响供水，从而提高了供水的可靠性。但这种布置形式较费管材，投资较大。

2. 管网的布置要点

（1）干管应靠近主要供水点。

（2）干管应靠近调节设施（如高位水池或水塔）。

（3）在保证不受冻的情况下，干管宜随地形起伏敷设，避开复杂地形和难于施工的地段，以减少土石方工程量。

（4）干管应尽量埋设于绿地下，避免穿越或设于园路下。

（5）和其他管道按规定保持一定距离。

3. 管道埋深

冰冻地区，管道应埋设于冰冻线以下40cm处。不冻或轻冻地区，覆土深度也不小于70cm。干管管道也不宜埋得过深，埋得过深工程造价高。但也不宜过浅，否则管道易遭破坏。

4. 阀门及消防栓

给水管网的交点叫做节点，在节点上设有阀门等附件。为了检修管理方便节点处应设阀门井。阀门除安装在支管和平管的连接处外，为便于检修养护，要求每500m直线距离设一个阀门井。

配水管上安装着消防栓，按规定其间距通常为120m，且其位置距建筑物不得大于5m，为了便于消防车补给水，离车行道不大于2m。

三、 园林排水的类型

排水工程的主要任务是把雨水、废水、污水收集起来并输送到适当地点排除，或经过处理之后再重复利用和排除掉。园林中如果没有排水工程，雨水、污水淤积园内，将会使植物遭受涝灾，滋生大量蚊虫并传播疾病；既影响环境卫生，又会严重影响园里的所有游园活动。因此，在每一项园林工程中都要设置良好的排水工程设施。

从需要排除的水的种类来说，园林绿地所排放的主要是雨雪水、生产废水、游乐废水和一些生活污水。这些废、污水所含有害污染物质很少，主要含有一些泥砂和有机物，净化处理也比较容易。

1. 天然降水

园林排水管网要收集、输送和排除雨水及融化的冰、雪水。这些天然的降水在落到地面前后，会受到空气污染物和地面泥砂等的污染，但污染程度不高，一般可以直接向园林水体如湖、池、河流中排放。

排除雨水（或雪水）应尽可能利用地面坡度，通过谷、涧、山道，就近排入园中（或园外）的水体，或附近的城市雨水管渠。这项工程一般在竖向设计时应该综合考虑。

除了利用地面坡度外，主要靠明渠排水，埋设管道只是局部的、辅助性的。这样不仅经济实用，而且便于维修。明渠可以结合地形、道路做成一种浅沟式的排水渠，沟中可任植物生长，既不影响园林景观，又不妨碍雨天排水。在人流较集中的活动场所，为了安全起见，明渠应局部加盖。

2. 生产废水

盆栽植物浇水时多浇的水，鱼池、喷泉池、睡莲池等较小的水景池排放的水，都属于园林生产废水。这类废水一般也可直接向河流等流动水体排放。面积较大的水景池，其水体已具有一定的自净能力，因此常常不换水，当然也就不排出废水。

3. 游乐废水

游乐设施中的水体一般面积不大，积水太久会使水质变坏，所以每隔一定时间就要换水。如游泳池、戏水池、碰碰船池、冲浪池、航模池等，就常在换水时有废水排出。游乐废水中所含污染物不算多，可以酌情向园林湖池中排放。

4. 生活污水

园林中的生活污水主要来自餐厅、茶室、小卖部、厕所、宿舍等处。这些污水中所含有机污染物较多，一般不能直接向园林水体中排放，而要经过除油池、沉淀池、化粪池等进行处理后才能排放。如饮食部门污水主要是残羹剩饭菜渣及洗涤的废水，经沉渣、隔油后直接排入就近水体，这种水中含有各种养分，可以用来养鱼，也可以用作水生植物的肥料。水生植物能通过光合作用产生大量的氧溶解在水中，为污水的净化创造良好条件，所以在排放污水的水体中，最好种植根系发达的漂浮植物及其他水生植物。

粪便污水处理应用化粪池，经沉淀、发酵、沉渣、流体，再发酵澄清后，可排入城市污水管，少量的直接排入偏僻的园内水体中，这些水体也应种植水生植物及养鱼，化粪池中的沉渣定期处理，作为肥料。如经物理方法处理的污水无法排入城市污水系统，可将处理后的水再以生化池分解处理后，直接排入附近自然水体。

四、 园林排水的特点与体制

1. 园林排水的特点

根据园林环境、地形和内部功能等方面与一般城市给水工程情况的不同，可以看出其排水工程具有以下几个主要方面的特点。

（1）地形变化大，适宜利用地形排水。园林绿地中既有平地，又有坡地，甚至还可有山地。地面起伏度大，就有利于组织地面排水。利用低地汇集雨雪水到一处，使地面水集中排除比较方便，也比较容易进行净化处理。地面水的排除可以不进地下管网，而利用倾斜的地面和少数排水明渠直接排入园林水体中，这样可以在很大程度上简化园林地下管网系统。

（2）与园林用水点分散的给水特点不同，园林排水管网的布置却较为集中。排水管网主要集中布置在人流活动频繁、建筑物密集、功能综合性强的区域中，如餐厅、茶室、游乐场、游泳池、喷泉区等地方。而在林地区、苗圃区、草地区、假山区等功能单一而又面积广大的区域，则多采用明渠排水，不设地下排水管网。

（3）管网系统中雨水管多，污水管少。相对而言，园林排水管网中的雨水管数量明显地多于污水管。这主要是因为园林产生污水比较少的缘故。

（4）园林排水成分中，污水少，雨雪水和废水多。园林内所产生的污水，主要是餐厅、宿舍、厕所等的生活污水，基本上没有其他污水源。污水的排放量只占园林总排水量的很小一部分。占排水量大部分的是污染程度很轻的雨雪水和各处水体排放的生产废水和游乐废水。这些地面水常常不需进行处理而可直接排放；或者仅作简单处理后再排除或再重新利用。

（5）园林排水的重复使用可能性很大 由于园林内大部分排水的污染程度不严重，因而基本上都可以在经过简单的混凝澄清、除去杂质后，用于植物灌溉、湖池水源补给等方面，水的重复使用效率比较高。一些喷泉池、瀑布池等，还可以安装水泵，直接从池中汲水，并在池中使用，实现池水的循环利用。

2. 园林排水的体制

将园林中的生活污水、生产废水、游乐废水和天然降水从产生地点收集、输送和排放的基本方式，称为排水系统的体制。排水体制主要有分流制与合流制两类（如图 5-1 所示）。

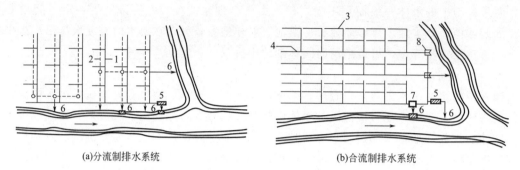

(a)分流制排水系统　　　　　　(b)合流制排水系统

图 5-1　排水系统的体制

1—污水管网；2—雨水管网；3—合流制管网；4—截流管；5—污水处理站；
6—出水口；7—排水泵站；8—溢流井

（1）分流制排水系统。这种排水体制的特点是"雨、污分流"。因为雨雪水、园林生产废水、游乐废水等污染程度低，不需净化处理就可直接排放，为此而建立的排水系统，称雨水排水系统。为生活污水和其他需要除污净化后才能排放的污水另外建立的一套独立的排水系统，则叫做污水排水系统。两套排水管网系统虽然是一同布置的，但互不相连，雨水和污水在不同的管网中流动和排除。

（2）合流制排水系统。排水特点是"雨、污合流"。排水系统只有一套管网，既排雨水又排污水。这种排水体制已不适于现代城市环境保护的需要，所以在一般城市排水系统的设计中已不再采用。但是，在污染负荷较轻，没有超过自然水体环境的自净能力时，还是可以酌情采用的。一些园林的水体面积较大，水体的自净能力完全能够消化园内有限的生活污水，为了节约排水管网建设的投资，就可以在近期考虑采用合流制排水系统，待以后污染加重了，再改造成分流制系统。

五、 园林排水管网的布置形式

1. 正交式布置

当排水管网的干管总走向与地形等高线或水体方向大致呈正交时，管网的布置形式就是正交式。这种布置方式适用于排水管网总走向的坡度接近于地面坡度和地面向水体方向较均匀地倾斜时。采用这种布置，各排水区的干管以最短的距离通到排水口，管线长度短管径较小，埋深小，造价较低。在条件允许的情况下，应尽量采用这种布置方式，如图 5-2 (a) 所示。

2. 截流式布置

在正交式布置的管网较低处，沿着水体方向再增设一条截流干管，将污水截流并集中引到污水处理站。这种布置形式可减少污水对于园林水体的污染，也便于对污水进行集中处理，如图 5-2 (b) 所示。

3. 扇形布置

在地势向河流湖泊方向有较大倾斜的园林中，为了避免因管道坡度和水的流速过大而造成管道被严重冲刷的现象，可将排水管网的主干管布置成与地面等高线或与园林水体流动方向相平行或夹角很小的状态。这种布置方式又可称为平行式布置，如图 5-2（c）所示。

4. 分区式布置

当规划设计的园林地形高低差别很大时，可分别在高地形区和低地形区各设置独立的、布置形式各异的排水管网系统，这种形式就是分区式布置。低区管网可按重力自流方式直接排入水体的，则高区干管可直接与低区管网连接。如低区管网的水不能依靠重力自流排除，那么就将低区的排水集中到一处，用水泵提升到高区的管网中，由高区管网依靠。

5. 辐射式布置

在用地分散、排水范围较大、基本地形是向周围倾斜的和周围地区都有可供排水的水体时，为了避免管道埋设太深和降低造价，可将排水干管布置成分散的、多系统的、多出口的形式。这种形式又叫分散式布置，如图 5-2（e）所示。

6. 环绕式布置

环绕式布置是将辐射式布置的多个分散出水口用一条排水主干管串联起来，使主干管环绕在周围地带，并在主干管的最低点集中布置一套污水处理系统，以便污水的集中处理和再利用，加图 5-2（f）所示。

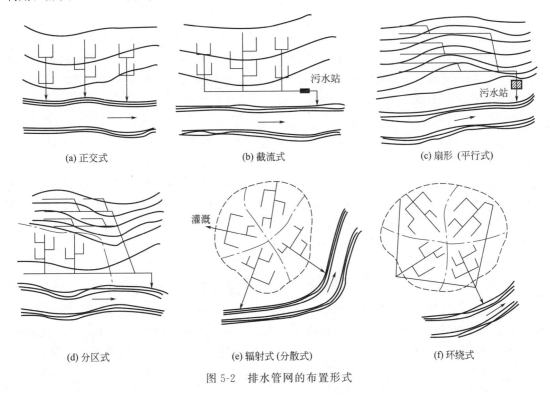

图 5-2 排水管网的布置形式

六、 园林管渠排水简介

园林中利用管渠排水有以下几种方式：

（一） 土明渠

根据原来土质情况挖沟排水。沟的断面有 V 形和梯形两种。前者占地少，但要经常维修，常用于苗圃及花坛、树坛旁；后者占地多，但不易塌方。梯形断面为了便于维修视情况而定，一般采用1：（1.2～2）。

（二）砖砌或混凝土明沟

明沟的边坡一般采用1：（0.75～1），纵坡一般采用0.3％以上，最小纵坡不得小于0.2％。

（三）暗渠排水

暗渠是一种地下排水渠道，用以排除地下水，降低地下水位，也可以给一些不耐水的植物创造良好的生长条件。暗渠的构造、布置形式及密度，可视场地要求而定，通常以若干支渠集水，再通过干渠将水排除，场地排水要求高的，可多设支渠，反之则少设。

暗渠渠底纵坡不应小于0.5％，只要地形等条件许可，坡度值应尽量取大些，以利尽快排除地下水。

（四）雨水口及雨水出水口

1. 雨水口

用于承接地面水，并将其引入地下雨水道网中，一般常用混凝土浇制而成，也有用砖砌的。其形状多为四边形。雨水口上面要加格栅，格栅一般用铁木等制成，古典园林中也有用石头制成的，并有优美的图案。雨水口还可以用山石、植物等加以点缀，使之更加符合园林艺术的要求。

雨水口应设在地形最低的地方。在道路上一般每隔200m就要设一个雨水口，并且要考虑到路旁的树木、建筑等的位置。在十字路口设置雨水口要研究道路纵断面的标高，以及水流的方向。纵断面坡度过大的应缩短雨水口的间距，以免因流速过大而损坏园路，第一雨水口与分水线的距离宜在100～150m之间。

2. 雨水出水口

园林绿地中雨水出水口的设置标高，应该参照水体的常水位和最高水位来决定。一般说，为了不影响园林的景观，出水口最好设于园内水系的常水位以下，但应考虑雨季水位涨高时不致倒灌而影响排水。在滨海地区的城镇，其水系往往受潮汐涨落的影响，如园林中的雨水要往这些水体中排放，也应采取措施防止倒流。常用的方法是在出水口处安装单向阀门，当水位升高时，单向阀门自动关闭，就可防止水流倒灌。

七、园林喷灌系统

由于绿地、草坪逐渐增多，绿化灌溉工作量已越来越大，在有条件的地方，很有必要采用喷灌系统来解决绿化植物的供水问题。采用喷灌系统对植物进行灌溉，能够在不破坏土壤通气和土壤结构的条件下，保证均匀地湿润土壤；能够湿润地表空气层，使地表空气清爽；还能够节约大量的灌溉用水，比普通浇水灌溉节约水量40％～60％。喷灌的最大优点在于它能使灌水工作机械化，显著提高了灌水的工效。

园林喷灌的形式主要有以下几种。

1. 固定式

这种系统有固定的泵站，城区的园林可使用自来水。干管和支管均埋于地下，喷头可固定在管道上也可临时安装。有一种较先进的固定喷头，不用时藏在窑井中，使用时只需将阀门打开，喷头就会借助于水的压力而上升到一定高度。工作完毕，关上阀门喷头便自动缩回窑井中，这样喷头操作方便，不妨碍地上活动，但投资较大。

固定式系统需要大量的管材和喷头，但操作方便、节约劳力、便于实现自动化和遥控，适用于需要经常灌溉和灌溉期长的草坪、大型花坛、苗圃、花圃、庭院绿化等。

2. 移动式

要求有天然水源，其动力（发电机）水泵和干管支管是可移动的。其使用特点是浇水方便灵活，能节约用水，但喷水作业时劳动强度稍大。

3. 半固定式

其泵站和干管固定，但支管与喷头可以移动，也就是一部分固定一部分移动。其使用上的优缺点介于上述两种喷灌系统之间，主要适于较大的花圃和苗圃使用。以上几种喷灌形式的优缺点，参见表 5-1 所示。

表 5-1　不同形式喷灌系统优缺点比较

形式		优点	缺点
固定式		使用方便，劳动生存率高，省劳动力，运行成本低（高压除外），占地少，喷灌质量好	需要的管材多，投资大（每亩200～500元）
移动式	带管道	投资少，用管道少，运行成本低，动力便于综合利用，喷灌质量好，占地较少	操作不便，移管子时容易损坏作物
	不带管道	投资最少（每亩20～50元），不用管道，移动方便，动力便于综合利用	道路和渠道占地多，一般喷灌质量差
	半固定式	投资和用管量介于固定式和移动式之间，占地较少，喷管质量好，运行成本低	操作不便，移管子时容易损坏作物

第二节　园林给排水土方工程

一、地下管道中线测设

1. 测设施工控制桩

在施工时，中线上的各桩将被挖掉，应在不受施工干扰、便于引测和保存点位处测设施工控制桩，用以恢复中线；测设地物位置控制桩，用以恢复管道附属构筑物的位置，如图 5-3 所示。中线控制桩的位置，一般是测设在管道起止点及各转点处中心线的延长线上，附属构筑物控制桩则测设在管道中线的垂直线上。

2. 槽口放线

管道中线控制桩定出后，就可根据管径大小、埋设深度以及土质情况，决定开槽宽度，并在地面上钉上边桩，然后沿开挖边线撒出灰线，作为开挖的界限。如图 5-4 所示。

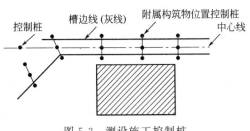

图 5-3　测设施工控制桩

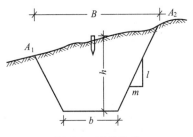

图 5-4　槽口放线

若横断面上坡度比较平缓，开挖宽度可用式（5-1）计算：

$$B＝b＋2mh \tag{5-1}$$

式中　b——槽底宽度；

　　　h——中线上的挖土深度；

　　　m——管槽放坡系数。

二、地下管道施工测量

管道的埋设要按照设计的管道路中线和坡度进行，因此施工中应设置施工测量标志，以使管道埋设符合设计要求。

1. 龙门板法

龙门板由坡度板和高程板组成，如图5-5所示。沿中线每隔10～20m以及检查井处应设置龙门板。中线测设时，根据中线控制桩，用经纬仪将管道中线投测到坡度板上，并钉小钉标定其位置，此钉叫中线钉。各龙门板中线钉的连线标明了管道的中线方向，在连线上挂垂球，可将中线投测到管槽内，以控制管道中线。

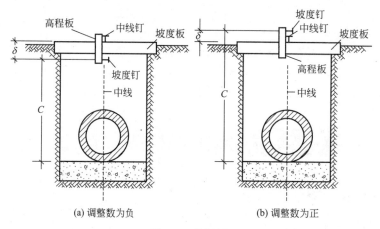

图 5-5　龙门板

为了控制管槽开挖深度，应根据附近的水准点，用水准仪测出各坡度板顶的高程。根据管道设计坡度，计算出该处管道的设计高程，则坡度板顶与管道设计高程之差，就是从坡度板顶向下开挖的深度，通称下反数。下反数往往不是一个整数，并且各坡度板的下反数都不一致，施工、检查都很不方便，因此，为使下反数成为一个整数C，必须计算出每一坡度板顶向上或向下量的调整数δ，如图5-5所示，计算公式为：

$$\delta＝C－（H_{顶}－H_{底}） \tag{5-2}$$

式中　$H_{顶}$——坡度板顶的高程；

　　　$H_{底}$——龙门板处管底或垫层底高程；

　　　C——坡度钉至管底或垫层底的距离，即下反数；

　　　δ——调整数。

根据式（5-2）计算出各龙门板的调整数，进而确定坡度钉在高程板上的位置。若调整数为负，表示自坡度板顶往下量δ值，并在高程板上钉上坡度钉，如图5-5（a）所示；若调整数为正，表示自坡度板顶往上量δ值，并在高程板上钉上坡度钉，如图5-5

（b）所示。

坡度钉定位之后，根据下反数及时测出开挖深度是否满足设计要求，是检查欠挖或避免超挖的最简便方法。在测设坡度钉时，应注意以下几点。

（1）坡度钉是施工中掌握高程的基本标志，必须准确可靠。为了防止误差超过限值或发生差错，应该经常校测，在重要工序施工（如浇混凝土基础、稳管等）之前和雨雪天之后，一定要做好校核工作，保证高程的准确。

（2）在测设坡度钉时，除校核本段外，还应量测已建成管道或已测设好的坡度钉，以防止因测量误差造成各段无法衔接的事故。

（3）在地面起伏较大的地方，常需分段选取合适的下反数，在变换下反数处，一定要特别注明，正确引测，避免错误。

（4）为了便于施工中掌握高程，每块龙门板上都应写上有关高程和下反数，供随时取用。

（5）如挖深超过设计高程，绝不允许加填土，只能加厚垫层。

高程板上的坡度钉是控制高程的标志，所以坡度钉钉好后，应重新进行水准测量，检查是否有误。施工中容易碰到龙门板，尤其在雨后，龙门板可能有下沉现象，因此还要定期进行检查。

2. 平行轴腰桩法

当现场条件不便采用龙门板法时，对精度要求较低的管道，可用本法测设施工控制标志。

开工之前，在管道中线一侧或两侧设置一排平行于管道中线的轴线桩，桩位应落在开挖槽边线以外，如图5-6所示。平行轴线离管道中线为口，各桩间距离以10～20m为宜，各检查井位也相应地在平行轴线上设桩。

为了控制管底高程和中线，在槽沟坡上（距槽底约1m）打一排与平行轴线桩相对应的桩，这排桩称为腰桩，如图5-7所示。在腰桩上钉一小钉，并用水准仪测出各腰桩上小钉的高程，小钉高程与该处管底设计高程之差，即为下反数。施工时只需用水准尺量取小钉到槽底的距离，与下反数比较，便可检查是否挖到管底设计高程。

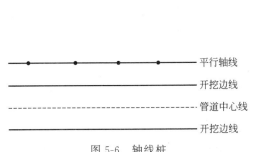

图 5-6　轴线桩

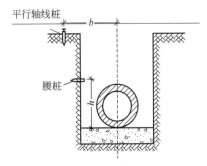

图 5-7　平行轴腰桩法

腰桩法施工和测量都比较麻烦，且各腰桩的下反数不一，容易出错。为此，先选定到管底的下反数为某一整数，并计算出各腰桩的高程。然后再测设出各腰桩。并用小钉标明其位置，此时各桩小钉的连线与设计坡度平行，并且小钉的高程与管底设计高程之差为一常数。

三、沟槽开挖

（1）土方工程作业时，应向有关操作人员作详细技术交底，明确施工要求，做到安全施工。

（2）两条管道同槽施工时，开槽应满足下列技术条件：

① 两条同槽管道的管底高程差必须满足在上层管道的土基稳定，一般高差不能大于1m。

② 两同槽管道的管外皮净距离必须满足管道接头所需的工作量。

③ 加强施工排水，确保两管之间的土基稳定。

（3）在有行人、车辆通过的地方进行挖土作业时，应设护栏及警示灯等安全措施。

（4）挖掘机和自卸汽车，在架空电线下作业时，应遵守安全操作规定。

（5）土方施工时，如发现塌方、滑坡及流砂现象，应立即停工，采取相应措施。

（6）机械挖土必须遵守下列规定。

① 挖至槽底时，应留不小于20mm厚土层用人工清底，以免扰动基面。

② 挖土应与支撑相互配合，应支撑及时。

③ 对地下已建成的各种设施，如影响施工应迁出，如无法移动时，应采取保护措施。

（7）为维护交通和便民，开槽时应适当搭便桥、留缺口创造条件争取早回填早放行。

（8）应按下列原则确定沟槽边坡：

① 明开槽边坡可参照表5-2。

② 支撑槽的槽帮坡度为20：1。

表 5-2　明开槽边坡

土壤类别	挖土深度	
	2.5m以内（设2台）	2.5～3.5m（设2台）
砂土	1：1.5	上1：1.5；下1：20
亚砂土	1：1.25	上1：1.25；下1：1.5
粉质黏土	1：1.0	上1：1；下1：1.5
黏土	1：0.75	1：1.5

（9）明开槽槽深超过2.5m时，边坡中部应留宽度不小于1m的平台，混合槽的明开部分与直槽间亦应留宽度不小于1m的平台。如在平台上作截流沟，则平台宽度不小于1.5m，如在平台上打井点，则其宽度应不小于2m。

四、沟槽支槽

（1）支撑是防止沟槽（基坑）土方坍塌，保证工程顺利进行及人身安全的重要技术措施。支撑结构应满足下列技术条件。

① 牢固可靠，符合强度和稳定性要求。

② 排水沟槽支撑方式应根据土质、槽深、地下水情况、开挖方法、地面荷载和附近建筑物安全等因素确定。重要工程要作支撑结构力学计算。

（2）土方拆撑时要保证人身及附近建筑物和各种管线设施等的安全。

（3）拆撑后应立即回填沟槽并夯实，严禁挑撑。

（4）用槽钢或工字钢配备板作钢板桩的方法施工，镶嵌背板应做到严紧牢固。

（5）支撑的基本方法，可分为横板支撑法、立板支撑法见表5-3。

表 5-3　支撑的基本方法

项目	支撑方式		
	打桩支撑	横板一般支撑	立板支撑
槽深/m	>4.0	<3.0	3～4
槽宽/m	不限	约 4.0	≤4.0
挖土方式	机挖	人工	人工
较厚流砂砂层	宜	差	不准使用
排水方法	强制式	明排	两种自选
近旁有高层建筑物	宜	不准使用	不准使用
离河川水域近	宜	不准使用	不准使用

（6）撑杠水平距离不得大于 2.5m，垂直距离为 1.0～1.5m，最后一道杠比基面高出 20cm，下管前替撑应比管顶高出 20cm。

（7）支撑时每块立木必须支两根撑杠，如属临时点撑，立木上端与上步立木应用扒锯钉牢，防止转动脱落。

（8）检查井处应四面支撑，转角处撑板应拼接严密，防止坍塌落土淤塞排水沟。

（9）槽内如有横跨、斜穿原有上、下水管道、电缆等地下构筑物时，撑板、撑杠应与原管道外壁保持一定距离，以防沉落损坏原有构筑物。

（10）人工挖土利用撑杠搭设倒土板时，必须把倒土板连成一体，牢固可靠。

（11）金属撑杠脚插入钢管内，长度不得小于 20cm。

（12）每日上班时，特别是雨后和流砂地段，应首先检查撑杠紧固情况，如发现弯曲、倾斜、松动时，应立即加固。

（13）上下沟槽应设梯子，不许攀登撑杠，避免摔人。

（14）如采用木质撑杠，支撑时不得用大锤锤击，可用压机或用大号金属撑杠先顶紧，后替入长短适宜（顶紧后再量实际长度）的木撑杠。

（15）支撑时如发现因修坡塌方造成的亏坡处，应在贴撑板之前放草袋片一层，待撑杠支牢后，应认真填实，深度大者应加夯或用粗砂代填。

雨季施工，无地下水的槽内也应设排水沟，如处于流砂层，排水沟底应先铺草袋片一层，然后排板支撑。

（16）钢桩槽支撑应按以下规定施工。

1）桩长 L 应通过计算确定。

2）布桩。

① 密排桩。有下列情况之一者用密排桩：

a. 流砂严重。

b. 承受水平推力（如顶管后背）。

c. 地形高差很大，土压力过大。

d. 作水中围埝。

e. 保护高大与重要建筑物。

② 间隔桩。常用形式为间隔 0.8～1.0m，桩与桩之间嵌横向挡土板。

3）桩的型号参照表 5-4。

表 5-4　桩的型号

分类	槽深/m	选用钢桩型号	形式要求
密排	＜5	I4	按实际要求
	5～7	I32	
	7～10	I40	
	10～13	I56	
间隔	＜6	I25～I32	
	7～13	I40～I56	

4）嵌挡板。按排板与草袋卧板的规定执行，木板厚度为 3～5cm，要求做到板缝严密，板与型钢翼板贴紧，并自下而上及时嵌板。

五、堆土

（1）按照施工总平面布置图上所规定的堆土范围内堆土，严禁占用农田和交通要道，保持施工范围的道路畅通。

（2）距离槽边 0.8m 范围内不准堆土或放置其他材料。坑槽周围不宜堆土。

（3）用吊车下管时，可在一侧堆土，另一侧为吊车行驶路线，不得堆土。

（4）在高压线和变压器下堆土时，应严格按照电业部门有关规定执行。

（5）不得靠建筑物和围墙堆土，堆土下坡脚与建筑物或围墙距离不得小于 0.5m，并不得堵塞窗户、门口。

（6）堆土高度不宜过高，应保证坑槽的稳定。

（7）堆土不得压盖测量标志、消火栓、煤气、热力井、上水截门井和收水井、电缆井、邮筒等各种设施。

六、运土

（1）有下列情况之一者必须采取运土措施。

① 施工现场狭窄、交通频繁、现场无法堆土时。

② 经钻探已知槽底有河淤或严重流砂段两侧不得堆土。

③ 因其他原因不得堆土时。

（2）运土前，应找好存土点，运土时应随挖随运，并对进出路线、道路、照明、指挥、平土机械、弃土方案、雨季防滑、架空线的改造等预先做好安排。

七、回填土

（1）排水工程的回填土必须严格遵守质量标准，达到设计规定的密实度。

（2）沟槽回填土不得带水回填，应分层夯实。严禁用推土机或汽车将土直接倒入沟槽内。

（3）回填土必须保持构筑物两侧回填土高度均匀，避免因土压力不均导致构筑物位移。

（4）应从距集水井最远处开始回填。

（5）遇有构筑物本身抗浮能力不足的，须回填至有足够抗浮条件后，才能停止降水设备运转，防止漂浮。

（6）回填土超过管顶 0.5m 以上，方可使用碾压机械。回填土应分层压实。严禁管顶上使用重锤夯实，还土质量必须达到设计规定密实度。

（7）回填用土应接近最佳含水量，必要时应改善土壤。

第三节 下管方法

一、 一般规定

（1）下管应以施工安全、操作方便为原则，根据工人操作的熟练程度、管材重量、管长、施工环境、沟槽深浅及吊装设备供应条件等，合理地确定下管方法。

（2）下管的关键是安全问题。下管前应根据具体情况和需要，制定必要的安全措施。下管必须由经验较多的工人担任指挥，以确保施工安全。

（3）起吊管子的下方严禁站人；人工下管时，槽内工作人员必须躲开下管位置。

（4）下管前应对沟槽进行以下检查，并作必要的处理。

① 检查槽底杂物。应将槽底清理干净，给水管道的槽底，如有棺木、粪污、腐朽不洁之物，应妥善处理，必要时应进行消毒。

② 检查地基。地基土壤如有被扰动者，应进行处理，冬期施工应检查地基是否受冻，管道不得铺设在冻土上。

③ 检查槽底高程及宽度。应符合挖槽的质量标准。

④ 检查槽帮。有裂缝及坍塌危险者必须处理。

⑤ 检查堆土。下管的一侧堆土过高过陡者，应根据下管需要进行整理。

（5）在混凝土基础上下管时，除检查基础面高程必须符合质量标准外，同时混凝土强度应达到 5.0MPa 以上。

（6）向高支架上吊装管子时，应先检查高支架的高程及脚手架的安全。

（7）运到工地的管子、管件及闸门等，应合理安排卸料地点，以减少现场搬运。卸料场地应平整。卸料应有专人指挥，防止碰撞损伤。运至下管地点的承插管，承口的排放方向应与管道铺设的方向一致。上水管材的卸料场地及排放场地应清除有碍卫生的脏物。

（8）下管前应对管子、管件及闸门等的规格、质量逐件进行检验，合格者方可使用。

（9）吊装及运输时，对法兰盘面、预应力混凝土管承插口密封工作面、钢管螺纹及金属管的绝缘防腐层，均应采取必要的保护措施，以免损伤；闸门应关好，并不得把钢丝绳捆绑在操作轮及螺孔处。

（10）当钢管组成管段下管时，其长度及吊点距离，应根据管径、壁厚、绝缘种类及下管方法，在施工方案中确定。

（11）下管工具和设备必须安全合用，并应经常进行检查和保养，发现不正常情况，必须及时修理或更换。

二、 吊车下管

（1）采用吊车下管时，应事先与起重人员或吊车司机一起勘察现场，根据沟槽深度、土质、环境情况等，确定吊车距槽边的距离、管材存放位置以及其他配合事宜。吊车进出路线应事先进行平整，清除障碍。

（2）吊车不得在架空输电线路下工作，在架空线路一侧工作时，起重臂、钢丝绳或管子等与线路的垂直、水平安全距离应不小于表5-5所示的规定。

表 5-5　吊车机械与架空线的安全距离

输电线路电压	与吊车机最高处的垂直安全距离/m(不小于)	与吊车机最高处的水平安全距离/m(不小于)
1kV 以下	1.5	1.5
1～20kV	1.5	2.0
20～110kV	2.5	4.0
154kV	2.5	5.0
220kV	2.5	6.0

（3）吊车下管应有专人指挥。指挥人员必须熟悉机械吊装有关安全操作规程及指挥信号。在吊装过程中，指挥人员应精神集中；吊车司机和槽下工作人员必须听从指挥。

（4）指挥信号应统一明确。吊车进行各种动作之前，指挥人员必须检查操作环境情况，确认安全后，方可向司机发出信号。

（5）绑（套）管子应找好重心，以使起吊平稳。管子起吊速度应均匀，回转应平稳，下落应低速轻放，不得忽快忽慢和突然制动。

三、人工下管

（1）人工下管一般采用压绳下管法，即在管子两端各套一根大绳，下管时，把管子下面的半段大绳用脚踩住，必要时并用铁钎锚固，上半段大绳甩手拉住，必要时并用撬棍拨住，两组大绳用力一致，听从指挥，将管子徐徐下入沟槽。根据情况，下管处的槽边可斜立方木两根。钢管组成的管段，则根据施工方案确定的吊点数增加大绳的根数。

（2）直径900mm及大于900mm的钢筋混凝土管采用压绳下管法时，应开挖马道，并埋设一根管柱。大绳下半段固定于管柱，上半段绕管柱一圈，用以控制下管。

管柱一般用下管的混凝土管，使用较小的混凝土管时，其最小管径应遵守表5-6所示的规定。

管柱一般埋深一半，管柱外周应认真填土夯实。

表 5-6　下管的混凝土管柱最小直径　　　　　　　单位：mm

下管的直径	管柱最小直径
≤1100	600
1250～1350	700
1500～1800	800

马道坡度不应陡于1∶1，宽度一般为管长加50cm。如环境限制不能开马道时，可用穿心杠下管，并应采取安全措施。

（3）直径200mm以内的混凝土管及小型金属管件，可用绳勾从槽边吊下。

（4）吊链下管法的操作程序如下。

① 在下管位置附近先搭好吊链架。

② 在下管处横跨沟槽放两根（钢管组成的管段应增多）圆木（或方木），其截面尺寸根据槽宽和管重确定。

③ 将管子推至圆木（或方木）上，两边宜用木楔楔紧，以防管子走动。

④ 将吊链架移至管子上方，并支搭牢固。

⑤ 用吊链将管子吊起，撤除圆木（或方木），管子徐徐下至槽底。

（5）下管用的大绳，应质地坚固、不断股、不糟朽，无夹心。其截面直径应参照表5-7

所示的规定。

表 5-7　下管大绳截面直径　　　　　　　　　单位：mm

管子直径			大绳截面直径
铸铁管	预应力混凝土管	混凝土管及钢筋混凝土管	
≤300	≤200	400	20
350～500	300	500～700	25
600～800	400～500	800～1000	30
900～1000	600	1100～1250	38
1100～1200	800	1350～1500	44
—	—	1600～1800	50

（6）为便于在槽内转管或套装索具，下管时宜在槽底垫以木板或方木。在有混凝土基础或卵石的槽底下管时，宜垫以草袋或木板，以防磕坏管子。

第四节　给水管道铺设

一、一般规定

（1）本节内容适用于工作压力不大于 0.5MPa，试验压力不大于 1.0MPa 的承插铸铁管及承插预应力混凝土管的给水管道工程。

（2）给水管道使用钢管或钢管件时，钢管安装、焊接、除锈、防腐应按设计及有关规定执行。

（3）给水管道铺设质量必须符合下列要求。

① 接口严密坚固，经水压试验合格。

② 平面位置和纵断高程准确。

③ 地基和管件、闸门等的支墩坚固稳定。

④ 保持管内清洁，经冲洗消毒，化验水质合格。

（4）给水管道的接口工序是保证工程质量的关键。接口工人必须经过训练，并必须按照规程认真操作。对每个接口应编号，记录质量情况，以便检查。

（5）安装管件、闸门等，应位置准确，轴线与管线一致，无倾斜、偏扭现象。

（6）管件、闸门等安装完成后，应及时按设计做好支墩及闸门井等。支墩及井不得砌筑在松软土上，侧向支墩应与原土紧密相接。

（7）在给水管道铺设过程中，应注意保持管子、管件、闸门等内部的清洁，必要时应进行洗刷或消毒。

（8）当管道铺设中断或下班时，应将管口堵好，以防杂物进入。并且每日应对管堵进行检查。

二、预应力混凝土管铺设

1. 材料质量要求

（1）预应力混凝土管应无露筋、空鼓、蜂窝、裂纹、脱皮、碰伤等缺陷。

（2）预应力混凝土管承插口密封工作面应平整光滑。必须逐件测量承口内径、插口外径及其椭圆度。对个别间隙偏大偏小的接口，可配用截面直径较大或较小的胶圈。

（3）预应力混凝土管接口胶圈的物理性能，及外观检查，同前述铸铁管所用胶圈的要求。胶圈内环径一般为插口外径的 0.87～0.93 倍，胶圈截面直径的选择，以胶圈滚入接口缝后截面直径的压缩率为 35%～45% 为宜。

2. 铺设准备

（1）安装前应先挖接口工作坑。工作坑长度一般为承口前 60cm，横向挖成弧形，深度以距管外皮 20cm 为宜。承口后可按管形挖成月牙槽（枕坑），使安装时不致支垫管子。

（2）接口前应将承口内部和插口外部的泥土脏物清刷干净，在插口端套上胶圈。胶圈应保持平正，无扭曲现象。

3. 接口

（1）初步对口要求如下。

① 管子吊起不得过高，稍离槽底即可，以使插口胶圈准确地对入承口八字内。

② 利用边线调整管身位置，使管子中线符合设计要求。

③ 必须认真检查胶圈与承口接触是否均匀紧密，不均匀时，用錾子捣击调整，以便接口时胶圈均匀滚入。

（2）安装接口的机械，宜根据具体情况，采用装在特制小车上的顶镐、吊链或卷扬机等。顶拉设备应事先经过设计和计算。

（3）安装接口时，顶、拉速度应缓慢，并应有专人查看胶圈滚入情况，如发现滚入不匀，应停止顶、拉，用錾子调整胶圈位置均匀后，再继续顶、拉，使胶圈到达承插口预定的位置。

（4）管子接口完成后，应立即在管底两侧适当塞土，以使管身稳定。不妨碍继续安装的管段，应及时进行胸腔填土。

（5）预应力混凝土管所使用铸铁或钢制的管件及闸门等的安装，按铸铁管铺设的有关规定执行。

4. 铺设质量标准

（1）管道中心线允许偏差 20mm。

（2）插口插入承口的长度允许偏差 ±5mm。

（3）胶圈滚至插口小台。

三、 硬聚氯乙烯（UPVC）铺设

1. 材料质量要求

（1）硬聚氯乙烯管子及管件，可用焊接、黏结或法兰连接。

（2）硬聚氯乙烯管子的焊接或黏结的表面，应清洁平整，无油垢，并具有毛面。

（3）焊接硬聚氯乙烯管子时，必须使用专用的聚氯乙烯焊条。焊条应符合下列要求：

① 弯曲 180° 两次不折裂，但在弯曲处允许有发白现象。

② 表面光滑，无凸瘤和气孔，切断面的组织必须紧密均匀，无气孔和夹杂物。

（4）焊接硬聚氯乙烯管子的焊条直径应根据焊件厚度，按表 5-8 所示规定。

表 5-8　硬聚氯乙烯管子的选择

焊接厚度/mm	焊接直径/mm
<4	2
4～16	3
>16	4

（5）硬聚氯乙烯管的对焊，管壁厚度大于 3mm 时，其管端部应切成 30°～35°的坡口，坡口一般不应有钝边。

（6）焊接硬聚氯乙烯管子所用的压缩空气，必须不含水分和油脂，一般可用过滤器处理，压缩空气的压力一般应保持在 0.1MPa 左右。焊枪喷口热空气的温度为 220～250℃，可用调压变压器调整。

2. 焊接要求

（1）焊接硬聚氯乙烯管子时，环境气温不得低于 5℃。

（2）焊接硬聚氯乙烯管子时，焊枪应不断上下摆动，使焊条及焊件均匀受热，并使焊条充分熔融，但不得有分解及烧焦现象。焊条的延伸率应控制在 15% 以内，以防产生裂纹。焊条应排列紧密，不得有空隙。

3. 承插连接

（1）如图 5-8 所示，采用承插式连接时，承插口的加工，承口可将管端在约 140℃ 的甘油池中加热软化，然后在预热至 100℃ 的钢模中进行扩口，插口端应切成坡口，承插长度可按表 5-9 所示的规定，承插接口的环形间隙宜在 0.15～0.30mm 之间。

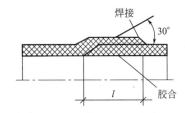

图 5-8　硬聚氯乙烯管承插式连接

（2）承插连接的管口应保持干燥、清洁，黏结前宜用丙酮或二烯管承插式连接氯乙烷将承插接触面擦洗干净，然后涂一层薄而均匀的黏结剂，插口插入承口应插足。黏结剂可用过氯乙烯清漆或过氯乙烯/二氯乙烷（20/80）溶液。

表 5-9　硬聚氯乙烯管承插长度　　　　　单位：mm

管径	25	32	40	50	65	80	100	125	150	200
承插长度	40	45	50	60	70	80	100	125	150	200

4. 管加工

（1）加工硬聚氯乙烯管弯管，应在 130～140℃ 的温度下进行煨制。管径大于 6.5mm 者，煨管时必须在管内填实 100～110℃ 的热砂子。弯管的弯曲半径不应小于管径的 3 倍。

（2）卷制硬聚氯乙烯管子时，加热温度应保持为 130～140℃。加热时间应按表 5-10 所示。

表 5-10　卷制硬聚氯乙烯管的加热时间

板材厚度/mm	加热时间/min	板材厚度/mm	加热时间/min
3～5	5～8	6～10	10～15

（3）聚硬氯乙烯管子和板材，在机械加工过程中，不得使材料本身温度超过 50℃。

5. 质量标准

（1）硬聚氯乙烯管子与支架之间，应垫以毛毡、橡胶或其他柔软材料的垫板，金属支架表面不应有尖棱和毛刺。

（2）焊接的接口，其表面应光滑，无烧穿、烧焦和宽度、高度不匀等缺陷，焊条与焊件之间应有均匀的接触，焊接边缘处原材料应有轻微膨胀，焊缝的焊条间无孔隙。

（3）黏结的接口，连接件之间应严密无孔隙。

（4）煨制的弯管不得有裂纹、鼓泡、鱼肚状下坠和管材分解变质等缺陷。

四、 水压试验

1. 试压后背安装

(1) 给水管道水压试验的后背安装，应根据试验压力、管径大小、接口种类周密考虑，必须保证操作安全，保证试压时后背支撑及接口不被破坏。

(2) 水压试验，一般在试压管道的两端，各预留一段沟槽不开，作为试压后背。预留后背的长度和支撑宽度应进行安全核算。

(3) 预留土墙后背应使墙面平整，并与管道轴线垂直。后背墙面支撑面积根据土质和水压试验压力而定，一般土质可按承压 1.5MPa 考虑。

(4) 试压后背的支撑，用一根圆木时，应支于管堵中心；方向与管中心线一致；使用两根圆木或顶铁时，前后应各放横向顶铁一根，支撑应与管中心线对称，方向与管中心线平行。

(5) 后背使用顶镐支撑时，宜在试压前稍加顶力，对后背预加一定压力，但应注意加力不可过大，以防破坏接口。

(6) 后背土质松软时，必须采取加固措施，以保证试压工作安全进行。

(7) 刚性接口的给水管道，为避免试压时由于接口破坏而影响试压，管径 600mm 及大于 600mm 时，管端宜采用一个或两个胶圈柔口。采用柔口时，管道两侧必须与槽帮支牢，以防走动。管径 1000mm 及大于 1000mm 的管道，宜采用伸缩量较大的特制试压柔口盖堵。

(8) 管径 500mm 以内的承插铸铁管试压，可利用已安装的管段作为后背。作后背的管段长度不宜少于 30m，并必须填土夯实。纯柔性接口管段不得作为试压后背。

(9) 水压试验一般应在管件支墩做完，并达到要求强度后进行。对未做支墩的管件应做临时后背。

2. 试压方法及标准

(1) 给水管道水压试验的管段长度一般不超过 1000m。如因特殊情况，需要超过 1000m 时，应与设计单位、管理单位共同研究确定。

(2) 水压试验前应做好排水设施，以便于试压后管内存水的排除。

(3) 管道串水时，应认真进行排气。如排气不良（加压时常出现压力表表针摆动不稳，且升压较慢），应重新进行排气。一般在管端盖堵上部设置排气孔。在试压管段中，如有不能自由排气的高点，宜设置排气孔。

(4) 串水后，试压管道内宜保持 0.2～0.3MPa 水压（但不得超过工作压力），浸泡一段时间，铸铁管 1 昼夜以上，预应力混凝土管 2～3 昼夜，使接口及管身充分吃水后，再进行水压试验。

(5) 水压试验一般应在管身胸腔填土后进行，接口部分是否填土，应根据接口质量、施工季节、试验压力、接口种类及管径大小等情况具体确定。

(6) 进行水压试验应统一指挥，明确分工，对后背、支墩、接口、排气阀等都应规定专人负责检查，并明确规定发现问题时的联络信号。

(7) 对所有后背、支墩必须进行最后检查，确认安全可靠时、水压试验方可开始进行。

(8) 开始水压试验时，应逐步升压，每次升压以 0.2MPa 为宜，每次升压后，检查没有问题，再继续升压。

(9) 水压试验时，后背、支撑、管端等附近均不得站人，对后背、支撑、管端的检查，应在停止升压时进行。

（10）水压试验压力应按表5-11所示的规定执行。

表 5-11　水压试验压力　　　　　　　　　　　　　　单位：MPa

管材种类	工作压力 P	实验压力
光管	P	P＋0.5 且不应小于 0.9
铸铁及球墨铸铁管	≤0.5	2P
	>0.5	P＋0.5
预应力、自应力混凝土管	≤0.6	1.5P
	>0.6	P＋0.3
现浇钢筋混凝土灌渠	≥0.1	1.5P

（11）水压试验一般以测定渗水量为标准。但直径≤400mm的管道，在试验压力下，如10min内落压不超过0.05MPa时，可不测定渗水量，即为合格。

（12）水压试验采取放水法测定渗水量，实测渗水量不得超过表5-12所示规定的允许渗水量。应对压力表进行检验校正。

表 5-12　压力管道严密性试验允许渗水量

管道内径/mm	允许渗水量/[m³/(24h·km)]		
	钢管	铸铁管、球墨铸铁	预应力（自）混凝土管
100	0.28	0.70	1.40
125	0.35	0.90	1.56
150	0.42	1.05	1.72
200	0.56	1.40	1.98
250	0.70	1.55	2.22
300	0.85	1.70	2.42
350	0.90	1.80	2.62
400	1.00	1.95	2.80
450	1.05	2.10	2.96
500	1.10	2.20	3.14
600	1.20	2.40	3.44
700	1.30	2.55	3.70
800	1.35	2.70	3.96
900	1.45	2.90	4.20
1000	1.50	3.00	4.42
1100	1.55	3.10	4.50
1200	1.65	3.30	4.70
1300	1.70	—	4.90
1400	1.75	—	5.00

（13）管道内径大于表规定时，实测渗水量应不大于按式（5-3）～式（5-6）计算的允许渗水量。

钢管：
$$Q=0.05\sqrt{D} \tag{5-3}$$

铸铁管、球磨铸铁管：
$$Q=0.1\sqrt{D} \tag{5-4}$$

预应力、自应力混凝土管：
$$Q=0.14\sqrt{D} \tag{5-5}$$

现浇钢筋混凝土管渠：
$$Q=0.014\sqrt{D} \tag{5-6}$$

式中　Q——允许渗水量，$m^3/(24h·km)$；

D——管道内径，mm。

五、冲洗消毒

1. 接通旧管

（1）给水接通旧管，无论接预留闸门、预留三通或切管新装三通，均必须事先与管理单位联系，取得配合。凡需停水者，必须于前一天商定准确停水时间，并严格按照执行。

（2）接通旧管前，应做好以下准备工作，需要停水者，应在规定停水时间以前完成。

① 挖好工作坑，并根据需要做好支撑、栏杆和警示灯，以保证安全。

② 需要放出旧管中的存水者，应根据排水量，挖好集水坑，准备好排水机具，清理排水路线，以保证顺利排水。

③ 检查管件、闸门、接口材料、安装设备、工具等，必须规格、质量、品种、数量均符合需要。

④ 如夜间接管，必须装好照明设备，并做好停电准备。

⑤ 切管事先画出锯口位置，切管长度一般按换装管件有效长度（即不包括承口）再加管径的1/10。

（3）接通旧管的工作应紧张而有秩序，明确分工，统一指挥，并与管理单位派至现场的人员密切配合。

（4）需要停水关闸时，关闸、开闸的工作均由管理单位的人员负责操作，施工单位派人配合。

（5）关闸后，应于停水管段内打开消火栓或用户水龙头放水，如仍有水压，应检查原因，采取措施。

（6）预留三通、闸门的侧向支墩，应在停水后拆除。如不停水拆除闸门的支墩时，必须会同管理单位研究防止闸门走动的安全措施。

（7）切管或卸盖堵时，旧管中的存水流入集水坑，应随即排除，并调节从旧管中流出的水量，使水面与管底保持相当距离，以免污染通水管道。切管前，必须将所切管截垫好或吊好，防止骤然下落。调节水量时，可将管截上下或左右缓缓移动。卸法兰盖堵或承堵、插堵时，也必须吊好，并将堵端支好，防止骤然把堵冲开。

（8）接通旧管时，新装闸门及闸门与旧管之间的各项管件，除清除污物并冲洗干净外，还必须用1%～2%的漂粉溶液洗刷两遍，进行消毒后，方可安装。在安装过程中，并应注意防止再受污染。接口用的油麻应经蒸汽消毒，接口用的胶圈和接口工具也均应用漂粉溶液消毒。

（9）接通旧管后，开闸通水时应采取必要的排气措施。

（10）开闸通水后，应仔细检查接口是否漏水，直径400mm及大于400mm的干管，对接口观察应不小于半小时。

（11）新装的管件，应及时按设计标准或管理单位要求做好支墩。

2. 放水冲洗

（1）给水管道放水冲洗前应与管理单位联系，共同商定放水时间、取水样化验时间、用水流量及如何计算用水量等事宜。

（2）管道冲洗水速一般应为1～1.5m/s。

（3）放水前应先检查放水线路是否影响交通及附近建筑物的安全。

（4）放水口四周应有明显标志或栏杆，夜间应点警示灯，以确保安全。

（5）放水时应先开出水闸口，再开来水闸门，并做好排气工作。

（6）放水时间以排水量大于管道总体积的3倍，并使水质外观澄清为度。

（7）放水后，应尽量使来水、出水闸门同时关闭。如做不到，可先关出水闸门，但留一两扣先不关死，待将来水闸门关闭后，再将出水闸门全部关闭。

（8）放水完毕，管内存水达24h后，由管理单位取水样化验。

3. 水管消毒

（1）给水管道经放水冲洗后，检验水质不合格者，应用漂粉溶液消毒。在消毒前两天取得配合。

（2）管道消毒所用漂粉溶液浓度，应根据水质不合格的程度确定，一般溶液内含有游离氯25～50mg/L。

（3）使用前，应进行检验。漂粉纯度以含氯量25%为标准。当含氯量高于或低于25%时，应以实际纯度调整用量。

（4）漂粉保管时，不得受热受潮、日晒和火烤。漂粉桶盖必须密封；取用漂粉后，应随即将桶盖盖好；存放漂粉的室内不得住人。

（5）取用漂粉时应戴口罩和手套，并注意勿使漂粉与皮肤接触。

（6）溶解漂粉时，先将硬块压碎，在小盆中溶解成糊状，直至残渣不能溶化为止，再用水冲入大桶内搅匀。

（7）用泵向管道内压入漂粉溶液时，应根据漂粉的浓度、压入的速度，用闸门调整管内流速，以保证管内的游离氯含量符合要求。

（8）当进行消毒的管段全部冲满漂粉溶液后，关闭所有闸门，浸泡24h以上，然后放净漂粉溶液，再放入自来水，等24h后由管理单位取水样化验。

六、 雨、 冬期施工

1. 雨期施工

（1）雨期施工应严防雨水泡槽，造成漂管事故。除按有关雨期施工的要求，防止雨水进槽外，对已铺设的管道应及时进行胸腔填土。

（2）雨天不宜进行接口。如需要接口时，必须采取防雨措施，确保管口及接口材料不被雨淋。雨天进行灌铅时，防雨措施更应严格要求。

2. 冬期施工

（1）冬期施工进行石棉水泥接口时，应采用热水拌和接口材料，水温不应超过50℃。

（2）冬期施工进行膨胀水泥砂浆接口时，砂浆应用热水拌和，水温不应超过35℃。

（3）气温低于−5℃时，不宜进行石棉水泥及膨胀水泥砂浆接口；必须进行接口时，应采取防寒保温措施。

（4）石棉水泥接口及膨胀水泥砂浆接口，可用盐水拌和的黏泥封口养护，同时覆盖草帘。石棉水泥接口也可立即用不冻土回填夯实。膨胀水泥砂浆接口处，可用不冻土临时填埋，但不得加夯。

（5）在负温度下需要洗刷管子时，宜用盐水。

（6）冬期进行水压试验，应采取以下防冻措施：

① 管身进行胸腔填土，并将填土适当加高。

② 暴露的接口及管段均用草帘覆盖。

③ 串水及试压临时管线均用草绳及稻草或草帘缠包。

④ 各项工作抓紧进行，尽快试压，试压合格后，即将水放出。

⑤ 管径较小，气温较低，预计采取以上措施，仍不能保证水不结冻时，水中可加食盐防冻；一般情况不应使用食盐。

第五节　排水管道铺设

一、一般规定

（1）本节内容指普通平口、企口、承插口混凝土管安装，其中包括浇筑平基、安管、接口、浇筑管座混凝土，闭水闭气试验，支管连接等工序。

（2）铺设所用的混凝土管、钢筋混凝土管及缸瓦管必须符合质量标准并具有出厂合样证，不得有裂纹，管口不得有残缺。

（3）刚性基础、刚性接口管道安装方法，分普通法、四合一法、前三合一法、后三合一法共四种，其简化工序如下。

① 普通法。即平基、安管、接口、管座四道工序分四步进行。

② 四合一法。即平基、安管、接口、管座四道工序连续操作，以缩短施工周期，使管道结构整体性好。

③ 前三合一法。即将平基、安管、接口三道工序连续操作。待闭水（闭气）试验合格后，再浇筑混凝土管座。

④ 后三合一法。即先浇筑平基，待平基混凝土达到一定强度后，再将安管、接口、浇筑管座混凝土三道工序连续进行。

（4）管材必须具有出厂合格证。管材进场后，在下管前应做外观检查（裂缝、缺损、麻面等）。采用水泥砂浆抹带应对管口作凿毛处理（小于$\phi 800mm$外口做处理，等于或大于$\phi 800mm$里口做处理）。

（5）如不采用四合一与后三合一铺管法时，做完接口，经闭水或闭气检验合格后，方能进行浇筑混凝土包管。

（6）倒撑工作必须遵守以下规定。

① 倒撑之前应对支撑与槽帮情况进行检查，如有问题妥善处理后方可倒撑。

② 倒撑高度应距管顶20cm以上。

③ 倒撑的立木应立于排水沟底，上端用撑杠顶牢，下端用支杠支牢。

（7）排水管道安装质量，必须符合下列要求：

① 纵断高程和平面位置准确，对高程应严格要求。

② 接口严密坚固，污水管道必须经闭水试验合格。

③ 混凝土基础与管壁结合严密、坚固稳定。

（8）凡暂时不接支线的预留管口，应砌死，并用水泥砂浆抹严，但同时应考虑以后接支线时拆除的方便。

（9）新建排水管道接通旧排水管道时，必须事先与市政工程管理部门联系，取得配合。

在接通旧污水或合流管道时，必须会同市政工程管理部门制订技术措施，以确保工程质量，施工安全及旧管道的正常运行。进入旧排水管道检查井内或沟内工作时，必须事先和市政工程管理部门联系，并遵守其安全操作的有关规定。

二、 稳管

（1）槽底宽度许可时，槽内运管应滚运；槽底宽度不许可滚运时，可用滚杠或特制的运管车运送。在未打平基的沟槽内用滚杠或运管车运管时，槽底应铺垫木板。

（2）稳管前应将管子内外清扫干净。

（3）稳管时应根据高程线认真掌握高程，高程以量管内底为宜，当管子椭圆度及管皮厚度误差较小时，可量管顶外皮。调整管子高程时，所垫石子石块必须稳固。

（4）对管道中心线的控制，可采用边线法或中线法。采用边线法时，边线的高度应与管子中心高度一致，其位置以距管外皮10mm为宜。

（5）在垫块上稳管时，应注意以下两点。

① 垫块应放置平稳，高程符合质量标准。

② 稳管时管子两侧应立保险杠，防止管子从垫块上滚下伤人。

（6）稳管的对口间隙，管径700mm及大于700mm的管子按10mm掌握，以便于管内勾缝；管径600mm以内者，可不留间隙。

（7）在平基或垫块上稳管时，管子稳好后，应用干净石子或碎石从两边卡牢，防止管子移动。稳管后应及时灌注混凝土管座。

（8）枕基或土基管道稳管时，一般挖弧形槽，并铺垫砂子，使管子与土基接触良好。

（9）稳较大的管子时，宜进入管内检查对口，减少错口现象。

（10）稳管质量标准如下。

① 管内底高程允许偏差10mm。

② 中心线允许偏差10mm。

③ 相邻管内底错口不得大于3mm。

三、 管道安装

（1）管材在施工现场内的倒运要求如下。

① 根据现场条件，管材应尽量沿线分孔堆放。

② 采用推土机或拖拉机牵引运管时，应用滑扛并严格控制前进速度，严禁用推土机铲推管。

③ 当运至指定地点后，对存放的每节管应打眼固定。

（2）平基混凝土强度达到设计强度的50%，且复测高程符合要求后方可下管。

（3）下管常用方法有吊车下管、扒杆下管和绳索溜管等。

（4）下管操作时要有明确分工，应严格遵守有关操作规程的规定施工。

（5）下管时应保证吊车等机具及坑槽的稳定，起吊不能过猛。

（6）槽下运管，通常在平基上通铺草袋和顺板，将管吊运到平基后，再逐节横向均匀摆在平基上，采用人工横推法。操作时应设专人指挥，保障人身安全，防止管之间互相碰撞。当管径大于管长时，不应在槽内运管。

（7）管道安装，首先将管逐节按设计要求的中心线、高程就位，并控制两管口之间距离

（通常为 1.0～1.5cm）。

（8）管径在 500mm 以下普通混凝土管，管座为 90°～120°，可采用四合一法安装；管径在 500mm 以上的管道特殊情况下亦可采用。

（9）管径 500～900mm 普通混凝土管可采用后三合一法进行安装。

（10）管径在 500mm 以下的普通混凝土管，管座为 180°或包管时，可采用前三合一法安管。

四、 水泥砂浆接口

（1）水泥砂浆接口可用于平口管或承插口管，用于平口管者，有水泥砂浆抹带和钢丝网水泥砂浆抹带。

（2）水泥砂浆接口的材料，应选用强度等级为 42.5 的水泥，砂子应过 2mm 孔径的筛子，砂子含泥量不得大于 2%。

（3）接口用水泥砂浆配比应按设计规定，设计无规定时，抹带可采取水泥：砂子为 1：2.5（重量比），水灰比一般不大于 0.5。

（4）抹带应与灌注混凝土管座紧密配合，灌注管座后，随即进行抹带，使带与管座结合成一体；如不能随即抹带时，抹带前管和管口应凿毛、洗净，以利于与管带结合。

（5）管径 700mm 及大于 700mm 的管道，管缝超过 10mm 时，抹带应在管内管缝上部支一垫托（一般用竹片做成），不得在管缝填塞碎石、碎砖、木片或纸屑等。

（6）水泥砂浆抹带操作程序如下。

① 先将管口洗刷干净，并刷水泥浆一道。

② 抹第一层砂浆时，应注意找正，使管缝居中，厚度约为带厚的 1/3，并压实使与管壁黏结牢固，表面划成线槽，管径 400mm 以内者，抹带可一层成活。

③ 待第一层砂浆初凝后；抹第二层，并用弧形抹子捋压成形，初凝后，再用抹子赶光压实。

（7）钢丝网水泥砂浆抹带，钢丝网规格应符合设计要求，并应无锈、无油垢。每圈钢丝网应按设计要求，并留出搭接长度，事先截好。

（8）钢丝网水泥砂浆抹带操作程序如下：

① 管径 600mm 及大于 600mm 的管子，抹带部分的管口应凿毛；管径 500mm 及小于 500mm 的管子应刷去浆皮。

② 将已凿毛的管口洗刷干净，并刷水泥浆一道。

③ 在灌注混凝土管座时，将钢丝网按设计规定位置和深度插入混凝土管座内，并另加适当抹带砂浆，认真捣固。

④ 在带的两侧安装好弧形边模。

⑤ 抹第一层水泥砂浆应压实，使与管壁黏结牢固，厚度为 15mm，然后将两片钢丝网包拢，用 20 号镀锌钢丝将两片钢丝网扎牢。

⑥ 待第一层水泥砂浆初凝后，抹第二层水泥砂浆厚 10mm，同上法包上第二层钢丝网，搭茬应与第一层错开（如只用一层钢丝网时，这一层砂浆即与模板抹平，初凝后赶光压实）。

⑦ 待第二层水泥砂浆初凝后，抹第三层水泥砂浆，与模板抹平，初凝后赶光压实。

⑧ 抹带完成后，一般 4～6h 可以拆除模板，拆时应轻敲轻卸，不可碰坏带的边角。

（9）直径 700mm 及大于 700mm 的管子的内缝，应用水泥砂浆填实抹平，灰浆不得高出管内壁。管座部分的内缝，应配合灌注混凝土时勾抹。管座以上的内缝应在管带终凝后勾抹，也可在抹带以前，将管缝支上内托，从外部将砂浆填满，然后拆去内托，勾环平整。

（10）直径 600mm 以内的管子，应配合灌注混凝土管座，用麻袋球或其他工具，在管内来回拖动，将流入管内的灰浆拉平。

（11）承插管铺设前应将承口内部及插口外部洗刷干净。铺设时应使承口朝着铺设前进方向。第一节管子稳好后，在承口下部满座灰浆，再将第二节管的插口挤入，保持接口缝隙均匀，然后将砂浆填满接口，填捣密实，口部抹成斜面。挤入管内的砂浆应及时抹光或清除。

（12）水泥砂浆各种接口的养护，均宜用草袋或草帘覆盖，并洒水养护。

（13）水泥砂浆接口质量标准。

① 抹带外观不裂缝，不空鼓，外光里实，宽度厚度允许偏差 0～5mm。

② 管内缝平整严实，缝隙均匀。

③ 承插接口填捣密实，表面平整。

五、　止水带施工

止水带用于大型管道需设沉降缝的部位，技术要点如下。

（1）止水带的焊接。分平面焊接和拐角焊接两种形式。焊接时使用特别的夹具进行热合，截口应整齐，两端应对正，拐角处和丁字接头处可预制短块，亦可裁成坡角和 V 形口进行热合焊接，但伸缩孔应对准连通。

（2）止水带的安装。安装前应保持表面清洁无油污。就位时，必须用卡具固定，不得移位。伸缩孔对准油板，呈现垂直，油板与端模固定成一体。

（3）浇筑止水带处混凝土。止水带的两翼板，应分别两次浇筑在混凝土中，镶入顺序与浇筑混凝土一致。

立向（侧向）部位止水带的混凝土应两侧同时浇灌，并保证混凝土密实，而止水带不被压偏。水平（顶或底）部位止水带的下面混凝土先浇灌，保证浇灌饱满密实，略有超存。上面混凝土应由翼板中心向端部方向浇筑，迫使止水带与混凝土之间的气体挤出，以此保证止水带与混凝土成整体。

（4）管口处理。止水带混凝土达到强度后，根据设计要求，为加强变形缝防水能力，可在混凝土的任何一侧，将油板整环剔深 3cm，清理干净后，填充 SWER 水膨胀橡胶胶体或填充 CM-R2 密封膏（也可以用 SWER 条与油板同时镶入混凝土中）。

（5）止水带的材质分为天然橡胶、人工合成橡胶两种，选用时应根据设计文件，或根据使用环境确定。但幅宽不宜过窄，并且有多条止水线为宜。

（6）止水带在安装与使用中，严禁破坏，保证原体完整无损。

六、　支管连接

（1）支管接入干管处如位于回填土之上，应做加固处理。

（2）支、干管接入检查井、收水井时，应插入井壁内，且不得突出井内壁。

七、　闭水试验

（1）凡污水管道及雨、污水合流管道、倒虹吸管道均必须作闭水试验。雨水管道和与雨水性质相近的管道，除大孔性土壤及水源地区外，可不做闭水试验。

（2）闭水试验应在管道填土前进行，并应在管道灌满水后浸泡1～2昼夜再进行。

（3）闭水试验的水位应为试验段上游管内顶以上2m。如检查井高不足2m时，以检查井高为准。

（4）闭水试验时应对接口和管身进行外观检查，以无漏水和无严重渗水为合格。

（5）闭水试验应时实测排水量应不大于表5-13规定的允许渗水量。

（6）混凝土、钢筋混凝土管、陶管及管渠管道内径大于表5-13所示规定的管径时，实测渗水量应小于按式（5-7）计算的允许渗水量。

表5-13　无压力管道严密性试验允许渗水量

管道内径/mm	允许渗水量/[m³/(24h·km)]
200	17.60
300	21.60
400	25.00
500	27.95
600	30.60
700	33.00
800	35.35
900	37.50
1000	39.52
1100	41.45
1200	43.30
1300	45.00
1400	46.70
1500	48.40
1600	50.00
1700	51.50
1800	53.00
1900	54.48
2000	55.90

$$Q = 1.25D \tag{5-7}$$

式中　Q——允许渗水量，m³/（24h·km）；

　　　D——管道内径，mm。

异型截面管道的允许渗水量可按周长折算为圆形管道计。

在水源缺乏的地区，当管道内径大于700mm时，可按井根数量1/3抽验。

八、与已通水管道连接

（1）区域系统的管网施工完毕，并经建设单位验收合格后，即可安排通水事宜。

（2）通水前应做周密安排及编写连接实施方案，做好落实工作。

（3）对相接管道的结构形式、全部高程、平面位置、截面形状尺寸、水流方向量、全日水量变化、有关泵站与管网关系、停水截流降低水位的可能性、原施工情况、内有毒气体与物质等资料，均应作周密调查与研究。

（4）做好截流，降低相接通管道内水位的实际试验工作。

（5）必须做到在规定的断流时间内完成接头、堵塞、拆堵，达到按时通水的要求。

（6）为了保证操作人员的人身安全，除必须采取可靠措施外，并必须事先做好动物试验、防护用具性能试验、明确监护人，并遵守《排水管道维护安全技术规程》。

（7）待人员培训、机具、器材，安全会议已召开，施工方案均具备时，报告上一级安全部门，验收批准后方可动工。

（8）常用几种接头的方式如下。

① 与 φ1500mm 以下圆形混凝土管道连接。在管道相接处，挖开原旧管全部暴露，工作时按检查井开挖预留，而后以旧管外径作井室内宽，顺管道方向仍保持 1m 或略加大些，其他部分仍按检查井通用图砌筑，当井壁砌筑高度高出最高水位，抹面养护 24h 后，即可将井室内的管身上半部砸开，即可拆堵通水。在施工中应注意以下要点：a. 开挖土方至管身两侧时，要求两侧同时下挖，避免因侧向受压造成管身滚动。b. 如管口漏水严重应采取补救措施。c. 要求砸管部位规则、整齐、清堵彻底。

② 管径过大或异型管身相接。a. 如果被接管道整体性好，是混凝土浇筑体时，开挖外露后采用局部砸洞将管道接入。b. 如果构筑物整体性差，不能砸洞时，及新旧管道高程不能连接时，应会同设计和建设单位研究解决。

九、 平、 企口混凝土管柔性接口

（1）排水管道 CM-R2 密封膏接口适用于平口、企口混凝土下水管道；环境温度－20～50℃。管口黏结面应保持干燥。

（2）应用 CM-R2 密封膏进行接口施工时，必须降低地下水位，至少低于管底 150mm，槽底不得被水浸泡。

（3）应用 CM-R2 密封膏接口，需根据季节气温选择 CM-R2 密封膏黏度。其应用范围，见表 5-14。

表 5-14　CM-R2 密封膏黏度应用范围

季节	CM-R2 密封膏黏度/Pa·s
夏季（20～50℃）	65000～75000
春秋季（0～20℃）	60000～65000
冬季（－2～0℃）	55000～60000

（4）当气温较低 CM-R2 密封膏黏度偏大，不便使用时，可用甲苯或二甲苯稀释。并应注意防火安全。

（5）CM-R2 密封膏应根据现场施工用量加工配制，必须将盛有 CM-R2 密封膏的容器封严，存放在阴凉处，不得日晒，环境温度与 CM-R2 密封膏存放期的关系，应符合表 5-15 所示的规定。

（6）在安管前，应用钢丝将 CM-R2 及与管皮交界处清刷干净见新面，并用毛刷将浮尘刷净。管口不整齐，亦应处理。

表 5-15　环境温度与 CM-R2 密封膏存放期的关系

环境温度/℃	20～40	0～20	－20～0
存放期	＜1 个月	＜2 个月	2 个月以上

（7）安装时，沿管口圆周应保持接口间隙 8～12mm。

（8）管道在接口前，间隙需嵌塞泡沫塑料条，成形后间隙深度约为 10mm。

① 直径在 800mm 以上的管道，先在管内，沿管底间隙周长的 1/4 均匀嵌塞泡沫塑料条，两侧分别留 30～50mm 作为搭接间隙。在管外，沿上管口嵌其余间隙，应符合图 5-9 所

示的规定。

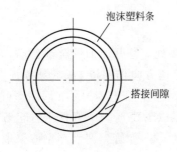

图 5-9　沿上管口嵌其余间隙图

② 直径在 800mm 以下的管道，在管底间隙 1/4 周长范围内，不嵌塞泡沫塑料条。但需在管外底沿接口处的基础上挖一个深 150mm、宽 200mm 的弧形槽，以及做外接口。外接口做完后，要将弧形槽用砂填满。

（9）用注射枪将 CM-R2 密封膏注入管接口间隙，根据施工需要调整注射压力在 0.2～0.35MPa。分两次注入，先做底口，后做上口。

① CM-R2 密封膏一次注入量为注膏槽深的 1/2。且在槽壁两侧均匀粘涂 CM-R2 密封膏，表面风干后用压缝溜子和油工铲抹压修整。

② 24h 后，二次注入 CM-R2 密封膏将槽灌满，表面风干后压实。

（10）上口与底口 CM-R2 密封膏的连接上口与底口 CM-R2 密封膏在管底周长 1/4 衔接，CM-R2 密封膏必须充满搭接间隙并连为一体。

当管道直径小于 800mm 时，底口用载有密封膏的土工布条（宽 80mm）在管外底包贴，必须包贴紧密，并与上口 CM-R2 密封膏衔接密实。

（11）施工注意事项

① 槽内被水浸泡过或雨淋后，接口部位潮湿时，不得进行接口施工，应风干后进行。必要时可用"02"和"03"堵漏灵刷涂处理，再做 CM-R2 密封膏接口。

② 接口时和接口后，应防止管子滚动，以保证 CM-R2 密封膏的黏结效果。

③ 施工人员在作业期间不得吸烟，作业区严禁明火，并应遵照防毒安全操作规程。如进入管道内操作，要有足够通风环境，管道必须有两个以上通风口，并不得有通风死道。

（12）外观检查

① CM-R2 密封膏灌注应均匀、饱满、连续，不得有麻眼、孔洞、气鼓及膏体流淌现象。

② CM-R2 密封膏与注膏槽壁黏结应紧密连为一体，不得出现脱裂或虚贴。

③ 当接口检查不合要求时，应及时进行修整或返工。

（13）闭气检验　闭气检验可按部颁《混凝土排水管道工程闭气检验标准》规定进行。不同管径每个接 CM-R2 密封膏用量参考表 5-16 所示。

表 5-16　密封膏用量

管径/mm	密封膏用量/g	管径/mm	密封膏用量/g
300	560～750	800	1500～2000
400	750～1000	900	1700～2300
500	950～1300	1000	1900～2500
600	1100～1500	1100	2100～2800
700	1300～1800	1200	2300～3000

（14）平口混凝土管柔性接口的管道基础与承插口管道的砂石基础相同。

十、承插口管

（1）采用承插口管材的排水管道工程必须符合设计要求，所用管材必须符合质量标准，并具有出厂合格证。

（2）管材在安装前，应对管口、直径、椭圆度等进行检查。必要时，应逐个检测。

（3）管材在卸和运输时，应保证其完整，插口端用草绳或草袋包扎好，包扎长度不小于25cm，并将管身平放在弧形垫木上，或用草袋垫好、绑牢，防止由于振动，造成管材破坏，装在车上管身在车外，最大悬臂长度不得大于自身长度的1/5。

（4）管材在现场应按类型、规格、生产厂地分别堆放，管径1000mm以上不应码放，管径小于900mm的码垛层数应符合表5-17所示的规定。

表 5-17　堆放层数

管内径/mm	300～400	500～900
堆放层数	4	3

每层管身间在1/4处用支垫隔开，上下支垫对齐，承插端的朝向，应按层次调换朝向。

（5）管材在装卸和运输时，应保证其完整。对已造成管身、管口缺陷又不影响使用，闭水闭气合格的管材，允许用环氧树脂砂浆，或用其他合格材料进行修补。

（6）吊车下管，在高压架空输电线路附近作业时，应严格遵守电业部门的有关规定，起吊平稳。

（7）支撑槽，吊管下槽之前，根据立吊车与管材卸车等条件，一孔之中，选一处倒撑，为了满足管身长度需要，木顺水条可改用工字钢代替，替撑后，其撑杠间距不得小于管身长度0.5m。

（8）管道安装对口时，应保持两管同心插入，胶圈不扭曲，就位正确。

（9）胶圈形式，截面尺寸，压缩率及材料性能，必须符合设计规定，并与管材相配套。

（10）砂石垫层基础施工中，槽底不得有积水、软泥，其厚度必须符合设计要求，垫层与腋角填充。

十一、 雨水、 污水管道

雨水、污水管道施工的程序为：测量放线→分段开挖→砂垫层铺设→测量控制→雨水、污水管安装→分层回填、夯实→检查井砌筑→污水管闭水试验→回填土分层夯实→路面施工。

（1）按设计雨水、污水管的中心线，在管道的两端头设置控制点。开挖后采用J2光学经纬仪测出管道基础底面的中心线，测量频率5m/次。

（2）采用水准仪测量控制基槽底面标高和管中心标高，测量频率为5m/次。误差要求为±10mm内。

（3）定位放线。先按施工图测出管道的坐标及标高后，再按图示方位打桩放线，确定沟槽位置、宽度和深度，应符合设计要求，偏差不得超过质量标准的有关规定。

（4）挖槽。采用机械挖槽或人工挖槽，槽帮必须放坡，定为1：0.33，严禁扰动槽底土，机械挖至槽底上30cm，余土由人工清理，防止扰动槽底原土或雨水泡槽影响基础土质，保证基础良好性，土方堆放在沟槽的一侧，土堆底边有沟边的距离不得小于0.5m。

（5）地沟垫层处理。要求沟底是坚实的自然土层，如果是松土填成的或底沟是块石都需进行处理，松土层应压实，块石则铲掉上部后铺上一层大于150mm厚度的回填土整平压实用后黄砂铺平。

（6）验收。在槽底清理完毕后根据施工图纸检查管沟坐标、深度、平直程度、沟底管基密实度是否符合要求，如果槽底土不符合要求或局部超挖，则应进行换填处理。可用 3∶7 灰土或其他砂石换填，检验合格后进行下道工序。

（7）铺设管道的程序。包括管道中线及高程控制、下管和稳管、管道接口处理。

（8）管道中心及高程控制。利用坡度板上的中心钉和高程钉，控制管道中心和高程必须同时进行，使二者同时符合设计要求。

（9）下管和稳管。采用人工下管中的立管压绳下管法，管道应慢慢落到基础上，且应立即校正找直符合设计的高程和平面位置，将管段承口朝来水方向。

（10）管道接口处理。采用水灰比为 1∶9 的水泥捻口灰拌好后，装在灰盘内放在承插口下部，先填下部，由下而上，边填边捣实，填满后用手锤打实，将灰口打满打平为止。

（11）回填。要求回填土过筛，不允许含有机物质或建筑垃圾及大石头等，分层回填，人工夯实，在回填至管顶上 50cm 后，可用打夯机夯实，每层铺厚度控制在 15～20cm。

十二、 雨、 冬期施工

1. 雨期施工

雨期施工应采取以下措施，防止泥土随雨水进入管道，对管径较小的管道，应从严要求。

（1）防止地面径流雨水进入沟槽。

（2）配合管道铺设，及时砌筑检查井和连接井。

（3）凡暂时不接支线的预留管口，及时砌死抹严。

（4）铺设暂时中断或未能及时砌井的管口，应用堵板或干码砖等方法临时堵严。

（5）已做好的雨水口应堵好围好，防止进水。

（6）必须做好防止漂管的措施。

（7）雨天不宜进行接口，如接口时，应采取必要的防雨措施。

2. 冬期施工

（1）冬期进行水泥砂浆接口时，水泥砂浆应用热水拌和，水温不应超过 80℃，必要可将砂子加热，砂温不应超过 40℃。

（2）对水泥砂浆有防冻要求时，拌和时应掺氯盐。

（3）水泥砂浆接口，应盖草帘养护。抹带者，应用预制木架架于管带上，或先盖松散稻草 10cm 厚，然后再盖草帘。草帘盖 1～3 层，根据气温选定。

第六节　排水工程附属构筑物施工

为了排除污水，除管渠本身外，还需在管渠系统上设置某些附属构筑物。在园林绿地中，这些构筑物常见的有雨水口、检查井、跌水井、闸门井、倒虹管、出水口等。

一、 概述

1. 雨水口

雨水口是在雨水管渠或合流管渠上收集雨水的构筑物，通常由基础、井身、井口、井箅几部分构成（如图 5-10 所示）。其底部及基础可用 C15 混凝土做成，尺寸在 1200mm×900mm×100mm 以上。井身、井口可用混凝土浇制，也可以用砖砌筑，砖壁厚 240mm。为了避免过快的锈蚀和保持较高的透水率，井算应当用铸铁制作，算条宽 15mm 左右，间距 20~30mm。雨水口的水平截面一般为矩形，长 1m 以上，宽 0.8m 以上。竖向深度一般为 1m 左右，井身内需要设置沉泥槽时，沉泥槽的深度应不小于 12cm。雨水管的管口设在井身的底部。

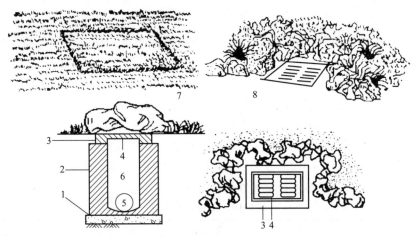

图 5-10 雨水口的构造

1—基础；2—井身；3—井口；4—井算；5—支管；
6—井室；7—草坪窨井盖；8—山石围护雨水口

与雨水管或合流制干管的检查井相接时，雨水口支管与干管的水流方向以在平面上呈 60°交角为好。支管的坡度一般不应小于 1%。雨水口呈水平方向设置时，井算应路低于周围路面及地面 3cm 左右，并与路面或地面顺接，以方便雨水的汇集和泄入。

2. 检查井

对管渠系统做定期检查，必须设置检查井（如图 5-11 所示）。检查井通常设在管渠交汇、转弯、管渠尺寸或坡度改变、跌水等处以及相隔一定的构造距离的直线管渠段上。检查井在直线管渠段上的最大间距，一般可按表 5-18 所示采用。

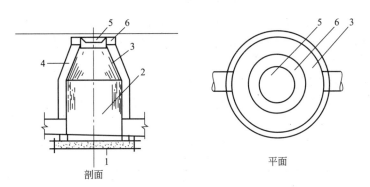

剖面　　　　平面

图 5-11 圆形检查井的构造

1—基础；2—井室；3—肩部；4—井颈；5—井盖；6—井口

表 5-18　检查井的最大间距

管别	管渠或暗渠净高/mm	最大间距/m
污水管道	＜500	40
	500～700	50
	800～1500	75
	＞1500	100
雨水管渠 合流管渠	＜500	50
	500～700	60
	800～1500	100
	＞1500	120

　　建造检查井的材料主要是砖、石、混凝土或钢筋混凝土，检查井的平面形状一般为圆形，大型管渠的检查井也有矩形或扇形的。井下的基础部分一般用混凝土浇筑，井身部分用砖砌成下宽上窄的形状，井口部分形成颈状。检查井的深度，取决于井内下游管道的埋深。为了便于检查人员上、下井室工作，井口部分的大小应能容纳人身的进出。

　　检查井基本上有两类，即雨水检查井和污水检查井，见表 5-19。在合流制排水系统中，只设雨水检查井。由于各地地质、气候条件相差很大，在布置检查井的时候，最好参照全国通用的《给水排水标准图集》和地方性的《排水通用图集》，根据当地的条件直接在图集中选用合适的检查井，而不必再进行检查井的计算和结构设计。

表 5-19　检查井分类表

类别		井室内径/mm	使用管径/mm	备注
雨水检查井	圆形	700	$D \leqslant 400$	
		1000	$D = 200 \sim 600$	
		1250	$D = 600 \sim 800$	
		1500	$D = 1000 \sim 1200$	
		2000	$D = 1200 \sim 1500$	
		2500		表中检查井的设计条件
	矩形	—	$D = 800 \sim 2000$	为：地下水位在 1m 以下，地
污水检查井	圆形	700	$D \leqslant 400$	震烈度为 9 度以下
		1000	$D = 200 \sim 600$	
		1250	$D = 800 \sim 1000$	
		2000	$D = 1000 \sim 1200$	
		2500	$D = 1200 \sim 1500$	
	矩形	—	$D = 800 \sim 2000$	

　　3. 跌水井

　　由于地势或其他因素的影响，使得排水管道在某地段的高程落差超过 1m 时，就需要在该处设置一个具有水力消能作用的检查井，这就是跌水井。根据结构特点来分，跌水井有竖管式和溢流堰式两种形式（如图 5-12 所示）。

　　竖管式跌水井一般适用于管径不大于 400mm 的排水管道上。井内允许的跌落高度，因管径的大小而异。管径不大于 200mm 时，一级的跌落高度不宜超过 6m；当管径为 250～400mm 时，一级的跌落高度不超过 4m。

　　溢流堰式跌水井多用于 400mm 以上大管径的管道上。当管径大于 400mm，而采用溢流堰式跌水井时，其跌水水头高度、跌水方式及井身长度等，都应通过有关水力学公式计算求得。

　　跌水井的井底要考虑对水流冲刷的防护，要采取必要的加固措施。当检查井内上、下游管道的高程落差小于 1m 时，可将井底做成斜坡，不必做成跌水井。

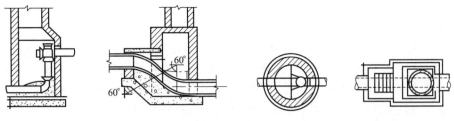

(a)竖管式跌水井；　　　　　　　　　　　　(b)溢流堰式跌水井

图 5-12　两种形式的跌水井

4. 闸门井

由于降雨或潮汐的影响，使园林水体水位增高，可能对排水管形成倒灌；或者为了防止非雨时污水对园林水体的污染，控制排水管道内水的方向与流量，就要在排水管网中或排水泵站的出口处设置闸门井。

闸门井由基础、井室和井口组成。如单纯为了防止倒灌，可在闸门井内设活动拍门。活动拍门通常为铁质、圆形，只能单向开启。当排水管内无水或水位较低时，活动拍门依靠自重关闭，当水位增高后，由于水流的压力而使拍门开启。如果为了既控制污水排放，又防止倒灌，也可在闸门井内设置能够人为启闭的闸门。闸门的启闭方式可以是手动的，也可以是电动的；闸门结构比较复杂，造价也较高。

5. 倒虹管

由于排水管道在园路下布置时有可能与其他管线发生交叉，而它又是一种重力自流式的管道，因此，要尽可能在管线综合中解决好交叉时管道之间的标高关系。但有时受地形所限，如遇到要穿过沟渠和地下障碍物时，排水管道就不能按照正常情况敷设，而不得不以一个下凹的折线形式从障碍物下面穿过，这段管道就成了倒置的虹吸管，即所谓的倒虹管，如图 5-13 所示。

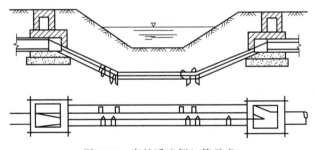

图 5-13　穿越溪流倒虹管示意

倒虹管是由进水井、下行管、平行管、上行管和出水井等部分构成的。倒虹管采用的最小管径为 200mm，管内流速一般为 1.2～1.5m/s，不得低于 0.9m/s，并应大于上游管内流速。平行管与上行管之间的夹角不应小于 150°，要保证管内的水流有较好的水力条件，以防止管内污物滞留。为了减少管内泥砂和污物淤积，可在倒虹管进水井之前的检查井内，设一沉淀槽，使部分泥砂污物在此预沉下来。

6. 出水口

排水管渠的出水口是雨水、污水排放的最后出口，其位置和形式，应根据污水水质、下游用水情况、水体的水位变化幅度、水流方向、波浪情况等因素确定。

在园林中，出水口最好设在园内水体的下游末端，要与给水取水区、游泳区等保持一定的安全距离。

雨水出水口的设置一般为非淹没式的，即排水管出水口的管底高程要安排在水体的常年水位线以上，以防倒灌。当出水口高出水位很多时，为了降低出水对岸边的冲击力，应考虑将其设计为多级的跌水式出水口。污水系统的出水口，则一般布置为淹没式，即把出水管管口布置在水体的水面以下，以使污水管口流出的水能够与河湖水充分混合，以减轻对水体的污染。

二、 砌井方法

（1）砌井前应检查基础尺寸及高程，是否符合图纸规定。

（2）用水冲净基础后，先铺一层砂浆，再压砖砌筑，必须做到满铺满挤，砖与砖间灰缝保持 1cm，拌和均匀，严禁水冲浆。

（3）井身为方形时，采用满丁满条砌法，为圆形时，丁砖砌法，外缝应用砖渣嵌平，平整大面向外。砌完一层后，再灌一次砂浆，使缝隙内砂浆饱满，然后再铺浆砌筑上一层砖，上、下两层砖间竖缝应错开。

（4）砌至井深上部收口时，应按坡度将砖头打成坡茬，以便于井里顺坡抹面。

（5）井内壁砖缝应采用缩口灰，抹面时能抓得牢，井身砌完后，应将表面浮灰残渣扫净。

（6）井壁与混凝土管接触部分，必须坐满砂浆，砖面与管外壁留 $1\sim1.5$cm，用砂浆堵严，并在井壁外抹管箍，以防漏水，管外壁抹箍处应提前洗刷干净。

（7）支管或预埋管应按设计高程、位置、坡度随砌井安好，做法与上条同。管口与井内壁取齐。预埋管应在还土前用干砖堵抹面，不得漏水。

（8）护底、流槽应与井壁同时砌筑。

（9）井身砌完后，外壁应用砂浆搓缝，使所有外缝严密饱满，然后将灰渣清扫干净。

（10）如井身不能一次砌完，在二次接高时，应将原砖面泥土杂物清除干净，然后用水清洗砖面并浸透。

（11）砌筑方形井时，用靠尺线锤检查平直，圆井用轮杆、铁水平检查直径及水平。如墙面有鼓肚，应拆除重砌，不可砸掉。

（12）井室内有踏步，应在安装前刷防锈漆，在砌砖时用砂浆埋固，不得事后凿洞补装，砂浆未凝固前不得踩踏。

三、 砌筑操作

1. 砂浆配制

（1）水泥砂浆配制和应用应符合下列要求。

① 砂浆应按设计配合比配制。

② 砂浆应搅拌均匀，稠度符合施工设计规定。

③ 砂浆拌和后，应在初凝前使用完毕。使用中出现泌水时，应拌和均匀后再用。

（2）水泥砂浆使用的水泥不应低于 32.5 级，使用的砂应为质地坚硬、级配良好而洁净的中粗砂，其含泥量不应大于 3%；掺用的外加剂应符合国家现行标准或设计规定。

（3）砂浆试块留置应符合下列规定。

每砌筑 100m³ 砌体或每砌筑段、安装段、砂浆试块不得少于一组，每组 6 块，当砌体不足 100m³ 时，亦应留置一组试块，6 个试块应取自同盘砂浆。

（4）砂浆试块抗压强度的评定：同强度等级砂浆各组试块强度的平均值不应低于设计规定；任一组试块强度不得低于设计强度标准值的 0.75 倍。

（5）当每单位工程中仅有一组试块时，其测得强度值不应低于砂浆设计强度标准值。

（6）砂浆有抗渗、抗冻要求时，应在配合比设计中加以保证，并在施工中按设计规定留置试块取样检验，配合比变更时应增留试块。

2. 砌砖一般要求

（1）砌筑用砖（或砌块）应符合国家现行标准或设计规定。

（2）砌筑前应将砖用水浸透，不得有干心现象。

（3）混凝土基础验收合格，抗压强度达到 1.2N/mm²，方可铺浆砌筑。

（4）与混凝土基础相接的砌筑面应先清扫，并用水冲刷干净；如为灰土基础，应铲修平整，并洒水湿润。

（5）砌砖前应根据中心线放出墙基线，摆底摆缝，确定砌法。

（6）砖砌体应上下错缝，内外搭接，一般宜采用一顺一丁或三顺一丁砌法，防水沟墙宜采用五顺一丁砌法，但最下一皮砖和最上一皮砖，均应用丁砖砌筑。

（7）清水墙的表面应选用边角整齐、颜色均匀、规格一致的砖。

（8）砌砖时，砂浆应满铺满挤，灰缝不得有竖向通缝，水平灰缝厚度和竖向灰缝宽度一般以 10mm 为标准，误差不应大于 ±2mm。弧形砌体灰缝宽度，凹面宜取 5~8mm。

（9）砌墙如有抹面，应随砌随将挤出的砂浆刮平。如为清水墙，应随砌随搂缝，其缝深以 1cm 为宜，以便勾缝。

（10）半头砖可作填墙心用，但必须先铺砂浆后放砖，然后再用灌缝砂浆将空隙灌平且不得集中使用。

3. 方沟和拱沟的砌筑

（1）砖墙的转角处和交接处应与墙体同时砌筑。如必须留置的临时间断处，应砌成斜茬。接茬砌筑时，应先将斜茬用水冲洗干净，并注意砂浆饱满。

（2）各砌砖小组间，每米高的砖层数应掌握一致，墙高超过 1.2m 的，宜立皮数杆，墙高小于 1.2m 的，应拉通线。

（3）砖墙的伸缩缝应与底板伸缩缝对正，缝的间隙尺寸应符合设计要求，并砌筑齐整，缝内挤出的砂浆必须随砌随刮干净。

（4）反拱砌筑应遵守下列规定。

① 砌砖前按设计要求的弧度制作样板，每隔 10m 放一块。

② 根据样板挂线，先砌中心一列砖，找准高程后，再铺砌两侧，灰缝不得凸出砖面，反拱砌完后砂浆强度达到 25% 时，方准踩压。

③ 反拱表面应光滑平顺，高程误差不应大于 ±10mm。

（5）拱环砌筑应遵守下列规定。

① 按设计图样制作拱胎，拱胎上的模板应按要求留出伸缩缝，被水浸透后如有凸出部分应刨平，凹下部分应填平，有缝隙应塞严，防止漏浆。

② 支搭拱胎必须稳固，高程准确，拆卸简易。

③ 砌拱前应校对拱胎高程，并检查其稳固性，拱胎应用水充分湿润，冲洗干净后，并

在拱胎表面刷脱膜剂。

④ 根据挂线样板，在拱胎表面上画出砖的行列，拱底灰缝宽度宜为5～8mm。

⑤ 砌砖时，自两侧同时向拱顶中心推进，灰缝必须用砂浆填满；注意保证拱心砖位置的正确及灰缝严密。

⑥ 砌拱应用退茬法，每块砖退半块留茬，当砌筑间断，接茬再砌时，必须将留茬冲洗干净，并注意砂浆饱满。

⑦ 不得使用碎砖及半头砖砌拱环，拱环必须当日封顶，环上不得堆置器材。

⑧ 预留户线管应随砌随安，不得预留孔洞。

⑨ 砖拱砌筑后，应及时洒水养护，砂浆达到25％设计强度时，方准在无振动条件下拆除拱胎。

（6）方沟和拱沟的质量标准如下。

① 沟的中心线距墙底的宽度，每侧允许偏差±5mm。

② 沟底高程允许偏差±10mm。

③ 墙高度允许偏差±10mm。

④ 墙面垂直度，每米高允许偏差5mm，全高15mm。

⑤ 墙面平整度（用2m靠尺检查）允许偏差：清水墙5mm；混水墙8mm。

⑥ 砌砖砂浆必须饱满。

⑦ 砖必须浸透（冬期施工除外）。

4. 井室砌筑

（1）砌筑下水井时，对接入的支管应随砌随安，管口应伸入井内3cm。预留管宜用低强度等级水泥砂浆砌砖封口抹平。

（2）井室内的踏步，应在安装前刷防锈漆，在砌砖时用砂浆埋固，不得事后凿洞补；砂浆未凝固前不得踩踏。

（3）砌圆井时应随时掌握直径尺寸，收口时更应注意。收口每次收进尺寸，四面收口不应超过3cm；三面收口的最大可收进4～5cm。

（4）井室砌完后，应及时安装井盖。安装时，砖面应用水冲刷干净，并铺砂浆按设计高程找平。如设计未规定高程时，应符合下列要求：

① 在道路面上的井盖面应与路面平齐。

② 井室设置在农田内，其井盖面一般可高出附近地面4～5层砖。

（5）井室砌筑的质量标准如下。

① 方井的长与宽、圆井直径，允许偏差±20mm。

② 井室砖墙高度允许偏差±20mm。

③ 井口高程允许偏差±10mm。

④ 井底高程允许偏差±10mm。

5. 砖墙勾缝

（1）勾缝前，检查砌体灰缝的搂缝深度应符合要求，如有狭缝应凿开，并将墙面上黏结的砂浆、泥土及杂物等清除干净后，洒水湿润墙面。

（2）勾缝砂浆塞入灰缝中，应压实拉平，深浅一致，横竖缝交接处应平整。凹缝一般比墙面凹入3～4mm。

（3）勾完一段应及时将墙面清扫干净，灰缝不应有搭茬、毛刺、舌头灰等现象。

6. 浆砌块石

（1）浆砌块石应先将石料表面的泥垢和水锈清扫干净，并用水湿润。

（2）块石砌体应用铺浆法砌筑。砌筑时，石块宜分层卧砌（大面向下或向上），上下错缝，内外搭砌。必要时，应设置拉结石。不得采用外面侧立石块中间填心的砌筑方法；不得有空缝。

（3）块石砌体的第一皮及转角处、交叉处和洞口处，应用较大较平整的块石砌筑。在砌筑基础的第一皮块石时，应将大面向下。

（4）块石砌体的临时间断处，应留阶梯形斜茬。

（5）砌筑工作中断时，应将已砌好的石层空隙用砂浆填满，以免石块松动。再砌筑时，石层表面应仔细清扫干净，并洒水湿润。

（6）块石砌体每天砌筑的高度，不宜超过 1.2m。

（7）浆砌块石的质量标准如下。

① 轴线位移允许偏差±10mm。

② 顶面高程允许偏差，料石±10mm；毛石±15mm。

③ 断面尺寸允许偏差±20mm。

④ 墙面垂直度，每米高允许偏差 10mm，全高 20mm。

⑤ 墙面平整度（用 2m 靠尺检查）允许偏差 20mm。

⑥ 砂浆强度符合设计要求，砂浆饱满。

7. 浆砌块石勾缝

（1）勾缝前应将墙面黏结的砂浆、泥土及杂物等清扫干净，并洒水湿润墙面。

（2）块石砌体勾缝的形式及其砂浆强度，应按设计规定；设计无规定时，可勾凸缝或平缝，砂浆强度不得低于 M80。

（3）勾缝应保持砌筑的自然缝。勾凸缝时，要求灰缝整齐，拐弯圆滑，宽度一致，并压光密实，不出毛刺，不裂不脱。

8. 抹面

（1）抹面前先用水浇湿砖面，然后采用三遍法抹面。

① 先用 1:2.5 水泥砂浆打底，厚 0.7cm。必须压入砖缝，与砖面黏结牢固。

② 二遍抹厚 0.4cm 找平。

③ 三遍抹厚 0.4cm 铺顺压光，抹面要一气呵成，表面不得漏砂粒。

（2）如分段抹面时，接缝要分层压茬，精心操作。

（3）抹面完成后，井顶应覆盖草袋，防止干裂。

（4）砌井抹面达到要求强度后方可还土，严禁先还土后抹面。

（5）为了保证抹面三层砂浆整体性好，因此分层时间最好在定浆后，随即抹下一层，更不得过夜，如间隔时间较长，应刷素浆一道，以保证接茬质量。

（6）修复因接管破坏旧井抹面时，应首先将活动起鼓灰面轻轻砸去，并将砖面剔出新碴，用水冲净后，先刷素灰浆一道，然后再分层抹面。

四、 附件安装

1. 安装井盖井箅

（1）在安装或浇筑井圈前，应仔细检查井盖、井箅是否符合设计标准和有无损坏裂纹。

（2）井圈浇筑前，根据实测高程，将井框垫稳，里外模均，必须用定型模板。

（3）检查井、收水井等砌完后，应立即安装井盖井箅。

（4）混凝土井圈与井口，可采用先预制成整体，坐灰安装方法施工。

（5）检查井、收水井宜采用预制安装施工。

（6）检查井位于非路面及农田内时，井盖高程应高出周围地面15cm。

（7）当井身高出地面时，应将井身周围培土。

（8）当井位于永久或半永久的沟渠、水坑中时，井身应里外抹面或采取其他措施处理，防止发生因水位涨落冻害破坏井身，或淹没倒灌。

2. 堵（拆）管道管口、堵（拆）井堵头

（1）凡进行堵（拆）管道管口、井堵头以及进入管道内（包括新建和旧管道）都要遵守《城镇排水管道维护安全技术规程》（CJJ 6—2009）和有关部门的规定。

（2）堵（拆）管堵前，必须查清管网高程，管内流水方向、流量等，确定管堵的位置、结构、尺寸及堵、拆顺序，编制施工方案，严格按方案实施。

（3）堵（拆）管道堵头均应绘制图表（内容包括位置、结构、尺寸、流水方向、操作负责人等），工程竣工后交建设单位存查。

（4）对已使用的管道，堵（拆）管前，必须经有关管理部门同意。

五、 砌体工程雨、 冬期施工

（1）雨期施工，刚砌好的砌体遇下雨时，砌体上面应采取覆盖措施，防止冲刷灰缝。

（2）雨期砌砖沟，应随即安装盖板，以免因沟槽塌方挤坏沟墙。

（3）砂浆受雨水浸泡时，未初凝的，可增加水泥和砂子重新调配使用。

（4）当平均气温低于＋5℃，且最低气温低于－3℃时，砌体工程的施工应符合本节冬期施工的要求。

（5）冬期施工所用的材料应符合下列补充要求：

① 砖及块石不用洒水湿润，砌筑前应将冰、雪清除干净。

② 拌制砂浆所用的砂中，不得含有冰块及大于1cm的冻块。

③ 拌和热砂浆时，水的温度不得超过80℃；砂的温度不得超过40℃。

④ 砂浆的流动性，应比常温施工时适当增大。

⑤ 不得使用加热水的措施来调制已冻的砂浆。

（6）冬期砌筑砖石一般采用抗冻砂浆。抗冻砂浆的食盐掺量可参照表5-20。

表5-20　抗冻砂浆食盐掺量

最低温度/℃	－10以下	－10～－6	－5～0
砌砖砂浆食盐掺量（按水量）/%	5	4	2
砌块石砂浆食盐掺量（按水量）/%	10	8	5

注：最低温度指一昼夜中最低的大气温度。

（7）冬期施工时，砂浆强度等级应以标准条件下养护28天的试块试验结果为依据；每次宜同时制作试块和砌体同条件养护，供核对原设计砂浆强度等级的参考。

（8）浆砌砖石不得在冻土上砌筑，砌筑前对地基应采取防冻措施。

（9）冬期施工砌砖完成一段或收工时，应用草帘覆盖防寒；砌井时并应在两侧管口挂草帘挡风。

六、抹面

1. 一般操作要求

（1）抹面的基层处理

① 砖砌体表面

a. 砌体表面黏结的残余砂浆应清除干净。

b. 如已勾缝的砌体应将勾缝的砂浆剔除。

② 混凝土表面

a. 混凝土在模板拆除后，应立即将表面清理干净，并用钢丝刷刷成粗糙面。

b. 混凝土表面如有蜂窝、麻面、孔洞时，应先用凿子打掉松散不牢的石子，将孔洞四周剔成斜坡，用水冲洗干净，然后涂刷水泥浆一层，再用水泥砂浆抹平（深度大于10mm时应分层操作），并将表面扫成细纹。

（2）抹面前应将混凝土面或砖墙面洒水湿润。

（3）构筑物阴阳角均应抹成圆角。一般阴角半径不大于25mm，阳角半径不大于1.0mm。

（4）抹面的施工缝应留斜坡阶梯形茬，茬子的层次应清楚，留茬的位置应离开交角处150mm以上。接茬时，应先将留茬处均匀地涂刷水泥浆一道，然后按照层次操作顺序层层搭接，接茬应严密。

（5）墙面和顶部抹面时，应采取适当措施将落地灰随时拾起使用。

（6）抹面在终凝后，应做好养护工作：

① 一般在抹面终凝后，白天每隔4h洒水一次，保持表面经常湿润，必要时可缩短洒水时间。

② 对于潮湿、通风不良的地下构筑物，在抹面表面出现大量冷凝水时，可以不必洒水养护；而对出入口部位有风干现象时，应洒水养护。

③ 在有阳光照射的地方，应覆盖湿草袋片等浇水养护。

④ 养护时间，一般以两周为宜。

（7）抹面质量标准

① 灰浆与基层及各层之间，必须紧密黏结牢固，不得有空鼓及裂纹等现象。

② 抹面平整度，用2m靠尺量，允许偏差5mm。

③ 接茬平整，阴阳角清晰顺直。

2. 水泥砂浆抹面

（1）水泥砂浆抹面，设计无规定时，可用M15～M20水泥砂浆。砂浆稠度，砖墙面打底宜用12cm，其他宜用7～8cm，地面宜用干硬性砂浆。

（2）抹面厚度，设计无规定时，可采用15mm。

（3）在混凝土面上抹水泥砂浆，一般先刷水泥浆一道。

（4）水泥砂浆抹面一般分两道抹成。第一道砂浆抹成后，用扛尺刮平，并将表面扫成粗糙面或划出纹道；第二道砂浆应分两遍压实赶光。

（5）抹水泥砂浆地面可一次抹成，随抹随用扛尺刮平，压实或拍实后，用木抹搓平，然后用铁抹分两遍压实赶光。

3. 防水抹面（五层做法）

（1）防水抹面（五层做法）的材料配比

① 水泥浆的水灰比：第一层水泥浆，用于砖墙面的水灰比一般采用 0.8～1.0，用于混凝土面的水灰比一般采用 0.37～0.40。第三、五层水泥浆的水灰比一般采用 0.6。

② 水泥砂浆一般采用 M20，水灰比一般采用 0.5。

③ 根据需要，水泥浆及水泥砂浆均可掺用一定比例的防水剂。

（2）砖墙面防水抹面五层做法

① 第一层刷水泥浆 1.5～2mm 厚，先将水泥浆甩入砖墙缝内，再用刷子在墙面上，先上下，后左右方向，各刷两遍，应刷密实均匀，表面形成布纹状。

② 第二层抹水泥砂浆 5～7mm 厚，在第一层水泥浆初干（水泥浆刷完之后浆表面不显出水光即可），立即抹水泥砂浆，抹时用铁抹子上灰，并用木抹子找面，搓平，厚度均匀，且不得过于用力揉压。

③ 第三层刷水泥浆 1.5～2mm 厚，在第二层水泥砂浆初凝后（不应等得时间过长，以免干皮），即刷水泥浆，刷的次序，先上下，后左右，再上下方向，各刷一遍，应刷密实匀，表面形成布纹状。

④ 第四层抹水泥砂浆 5～7mm 厚，在第三层水泥浆刚刚干时，立即抹水泥砂浆，用铁抹子上灰，并用木抹子找面，搓平，在凝固过程中用铁抹子轻轻压出水光，不得反复大力揉压，以免空鼓。

⑤ 第五层刷水泥浆一道，在第四层水泥砂浆初凝前，将水泥浆均匀地涂刷在第四层表面上，随第四层压光。

（3）混凝土面防水抹面五层做法

① 第一层抹水泥浆 2mm 厚，水泥浆分两次抹成，先抹 1mm 厚，用铁抹子往返刮抹 5～6 遍，刮抹均匀，使水泥浆与基层牢固结合，随即再抹 1mm 厚，找平，在水泥浆初凝前，用排笔蘸水按顺序均匀涂刷一遍。

② 第二、三、四、五层与上条砖墙面防水抹面操作相同。

4. 冬期施工

（1）冬季抹面素水泥砂浆可掺食盐以降低冰点。掺食盐量可参照表 5-21 所示但最大不得超过水重的 8%。

表 5-21　冬期抹面砂浆掺食盐量

最低温度/℃	－8 以下	－8～－7	－6～－4	－3～0
掺食盐量（按水量）/%	8	6	4	2

注：最低温度指一昼夜中最低的大气温度。

（2）抹面应在气温正温度时进行。

（3）抹面前宜用热盐水将墙面刷净。

（4）外露的抹面应盖草帘养护；有顶盖的内墙抹面，应堵塞风口防寒。

七、沥青卷材防水

1. 材料

（1）油毡应符合下列外观要求

① 成卷的油毡应卷紧，玻璃布油毡应附硬质卷芯，两端应平整。

② 断面应呈黑色或棕黑色，不应有尚未被浸透的原纸浅色夹层或斑点。

③ 两面涂盖材料均匀密致。

④ 两面防粘层撒布均匀。

⑤ 毡面无裂纹、孔眼、破裂、折皱、疙瘩和反油等缺陷，纸胎油毡每卷中允许有30mm以下的边缘裂口。

（2）麻布或玻璃丝布做沥青卷材防水时，布的质量应符合设计要求。在使用前先用冷底子油浸透，均匀一致，颜色相同。浸后的麻布或玻璃丝布应挂起晾干，不得粘在一起。

（3）存放油毡时，一般应直立放在阴凉通风的地方，不得受潮湿，亦不得长期曝晒。

（4）铺贴石油沥青卷材，应用石油沥青或石油沥青玛蹄脂；铺贴煤沥青卷材，应用煤沥青或煤沥青玛蹄脂。

2. 沥青玛蹄脂的熬制

（1）石油沥青玛蹄脂熬制程序

① 将选定的沥青砸成小块，过秤后，加热熔化。

② 如果用两种标号沥青时，则应先将较软的沥青加入锅中熔化脱水后，再分散均匀地加入砸成小块的硬沥青。

③ 沥青在锅中熔化脱水时，应经常搅拌，防止油料受热不均和锅底局部过热现象，并用铁丝笊篱将沥青中混入的纸片、杂物等捞出。

④ 当锅中沥青完全熔化至规定温度后，即将干燥的并加热到105～110℃的填充料按规定数量逐渐加入锅中，并应不断地搅拌，混合均匀后，即可使用。

（2）煤沥青玛蹄脂熬制程序

① 如只用硬煤沥青时，熔化脱水方法与熬制石油沥青玛蹄脂相同。

② 若与软煤沥青混合使用时，可采用两次配料法，即将软煤沥青与硬煤沥青分别在两个锅中熔化，待脱水完成后，再量取所需用量的熔化沥青，倒入第三个锅中，搅拌均匀。

③ 掺填充料操作方法与上述石油沥青玛蹄脂熬制程序相同。

（3）熬制及使用沥青或沥青玛蹄脂的温度一般按表5-22所示控制。

表 5-22　沥青或沥青玛蹄脂的温度　　　　　　　　　　　　　　单位：℃

种类	熬制时最高温度		涂抹时最低温度
	常温	冬季	
石油沥青	170～180	180～200	160
煤沥青	140～150	150～160	120
石油沥青玛蹄脂	180～200	200～220	160
煤沥青玛蹄脂	140～150	150～160	120

注：在熬制时应随时测定温度，一般每20min测一次。

（4）熬油锅应经常清理锅底，铲除锅底上的结渣。

（5）选择熬制沥青锅灶的位置，应注意防火安全。其位置应离建筑物10m以外，并应征得现场消防人员的同意。沥青锅应用薄铁板锅盖，同时应准备消防器材。

3. 冷底子油的配制

（1）冷底子油配合比（质量比）一般用沥青30%～40%，汽油70%～60%。

（2）冷底子油一般应用"冷配"方法配制。先将沥青块表面清刷干净，砸成小碎块，按所需重量放入桶内，再倒入所需重量的汽油浸泡，搅拌溶解均匀，即可使用。如加热配制时，应指定有经验的工人进行操作，并采取必要的安全措施。

（3）配制冷底子油，应在距明火和易燃物质远的地方进行，并应准备消防器材，注意防火。

4. 卷材铺贴

（1）地下沥青卷材防水层，内贴法操作程序如下（如图5-14所示）。

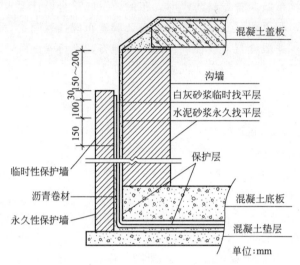

图5-14　地下沥青卷材防水层内贴法

① 基础混凝土垫层养护达到允许砌砖强度后，用水泥砂浆砌筑永久性保护墙，上部卷材搭接茬所需长度，可用白灰砂浆砌筑临时性保护墙，或采取其他保护措施，临时性保护墙墙顶高程以低于设计沟墙顶150～200mm为宜。

② 在基础垫层面上和永久保护墙面上抹水泥砂浆找平层，在临时保护墙面上抹白灰砂浆找平层，在水泥砂浆找平层上刷冷底子油一道（但临时保护墙的白灰砂浆找平层上不刷），随即铺贴卷材。

③ 在混凝土底板及沟墙施工完毕，并安装盖板后，拆除临时保护墙，清理及整修沥青卷材搭茬。

④ 在沟槽外测及盖板上面抹水泥砂浆找平层，刷冷底子油，铺贴沥青卷材。

⑤ 砌筑永久保护墙。

（2）地下卷材防水层外贴法，搭接茬留在保护墙底下，施工操作程序，如图5-15所示。

① 基础混凝土垫层养护达到允许砌砖强度后，抹水泥砂浆找平层，刷冷底子油，随后铺贴沥青卷材。

② 在混凝土底板及沟墙施工完毕，安装盖板后，在沟墙外侧及盖板上面抹水泥砂浆找平层，刷冷底子油，铺贴沥青卷材。

③ 砌筑永久保护墙。

（3）沥青卷材必须铺贴在干燥清洁及平整的表面上。砖墙面，应用不低于M5.0的水泥砂浆抹找平层，厚度一般10～15mm。找平层应抹平压实，阴阳角一律抹成圆角。

（4）潮湿的表面不得涂刷冷底子油，必要时应烤干再涂刷。冷底子油必须刷得薄而均匀，不得有气泡、漏刷等现象。

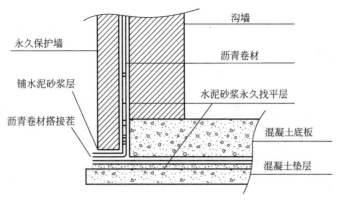

图 5-15　地下卷材防水层外贴法

（5）卷材在铺贴前，应将卷材表面清扫干净，并按防水面铺贴的尺寸，先将卷材裁好。

（6）铺贴卷材时，应掌握沥青或沥青玛蹄脂的温度，浇涂应均匀，卷材应贴紧压实，不得有空鼓、翘起、撕裂或褶皱等现象。

（7）卷材搭接茬处，长边搭接宽度不应小于 100mm，短边搭接宽度不应小于 150mm。接茬时应将留茬处清理干净，做到贴结密实。各层的搭接缝应互相错开。底板与沟墙相交处应铺贴附加层。

（8）拆除临时性保护墙后，对预留沥青卷材防水层搭接茬的处理，可用喷灯将卷材逐层轻轻烤热揭开，清除一切杂物，并在沟墙抹找平层时，采取保护措施，不使损坏。

（9）需要在卷材防水层上面绑扎钢筋时，应在防水层上面抹一层水泥砂浆保护。

（10）砌砖墙时，墙与防水层的间隙必须用水泥砂浆填严实。

（11）管道穿防水墙处，应铺贴附加层，必要时应采取用穿墙法兰压紧，以免漏水。

（12）全部卷材铺贴完后，应全部涂刷沥青或沥青玛蹄脂一道。

（13）砖墙伸缩缝处的防水操作如下。

① 伸缩缝内必须清除干净，缝的两侧面在有条件时，应刷冷底子油一道。

② 缝内需要塞沥青油麻或木丝板条者应塞密实。

③ 灌注沥青玛蹄脂，应掌握温度，用细长嘴沥青壶徐徐灌入，使缝内空气充分排出，灌注底板缝的沥青冷凝后，再灌注墙缝，并应一次连续灌满灌实。

④ 缝外墙面按设计要求铺贴沥青卷材。

（14）冬期涂刷沥青或沥青玛蹄脂，可在无大风的天气进行；当在下雪或挂霜时操作，必须备有防护设备。

（15）夏期施工，最高气温宜在 30℃ 以下，并采取措施，防止铺贴好的卷材曝晒起鼓。

（16）铺贴沥青卷材质量标准：

① 卷材贴紧压实，不得有空鼓、翘起、撕裂或褶皱等现象。

② 伸缩缝施工应符合设计要求。

八、聚合物砂浆防水层

（1）聚合物防水砂浆是水泥、砂和一定量的橡胶乳液或树脂乳液以及稳定剂、消泡剂等助剂经搅拌混合配制而成的。它具有良好的防水性、抗冲击性和耐磨性。其配比如表 5-23 所示。

表 5-23　聚合物水泥砂浆参考配合比

用途	水泥	砂	聚合物	涂层厚度/mm
防水材料	1	2～3	0.3～0.5	5～20
地板材料	1	3	0.3～0.5	10～15
防腐材料	1	2～3	0.4～0.6	10～15
粘接材料	1	0～3	0.2～0.5	—
新旧混凝土接缝材料	1	0～1	0.2 以上	—
修补裂缝材料	1	0～3	0.2 以上	—

（2）拌制乳液砂浆时，必须加入一定量的稳定剂和适量的消泡剂，稳定剂一般采用表面活性剂。

（3）聚合物防水砂浆还有有机硅防水砂浆、阳离子氯丁胶乳防水砂浆、丙烯酸酯共聚乳液防水砂浆。

九、 收水井施工

1. 一般规定

（1）道路收水井是路表水进入雨水支管的构筑物。其作用是排除路面地表水。

（2）道路收水井一般采用单算式及多算式中型或大型平算收水井。收水井为砖砌体，所用砖材不得低于 MU10。铸铁收水井井算、井框必须完整无损，不得翘曲。井身结构尺寸、井算、井框规格尺寸必须符合设计图纸要求。

（3）收水井口基座外边缘与侧石距离不得大于 5cm，并不得伸进侧石的边线。

2. 施工方法

（1）井位放线在顶步灰土（或三合土）完成后，由测量人员按设计图纸放出侧石边线，钉好井位桩橛，其井位内侧桩橛沿侧石方向应设 2 个，并要与侧石吻合，防止井体错位，并定出收水井高程。

（2）班组按收水井位置线开槽，井周每边留出 30cm 的余量，控制设计标高。检查槽深槽宽，清平槽底，进行素土夯实。

（3）浇筑厚为 10cm 的 C10 强度等级的水泥混凝土基础底板，若基底土质软，可打一步 15cm 厚 8％石灰土后，再浇混凝土底板，捣实、养护达一定强度后再砌井体。遇有特殊条件带水作业，经设计人员同意后，可码皱砖并灌水泥砂浆，并将面上用砂浆抹平，总厚度 13～14cm 以代基础底板。

（4）井墙砌筑

① 基础底板上铺砂浆一层，然后砌筑井座。缝要挤满砂浆，已砌完的四角高度应在同一个水平面上。

② 收水井砌井前，按墙身位置挂线，先找好四角符合标准图尺寸，并检查边线与侧石边线吻合后再向上砌筑，砌至一定高度时，随砌随将内墙用 1：2.5 水泥砂浆抹里，要抹两遍，第一遍抹平，第二遍压光，总厚 1.5cm。做到抹面密实光滑平整、不起鼓、不开裂。井外用 1：4 水泥砂浆搓缝，也应随砌随搓。使外墙严密。

③ 常温砌墙用砖要洒水，不准用干砖砌筑，砌砖用 1：4 水泥砂浆。

④ 墙身每砌起 30cm 及时用碎砖还槽并灌 1：4 水泥砂浆，亦可用 C10 水泥混凝土回

填，做到回填密实，以免回填不实使井周路面产生局部沉陷。

⑤ 内壁抹面应随砌井随抹面，但最多不准超过三次抹面，接缝处要注意抹好压实。

⑥ 当砌至支管顶时，应将露在井内的管头与井壁内口相平，用水泥砂浆将管口与井壁接好，周围抹平抹严。墙身砌至要求标高时，用水泥砂浆抹底安装铸铁井框、井算，做到井框四角平稳。其收水井标高控制在比路面低 1.5～3.0cm，收水井沿侧石方向每侧接顺长度为 2m，垂直道路方向接顺长度为 50cm，便利聚水和泄水。要从路面基层开始就注意接顺，不要只在沥青表面层找齐。

⑦ 收水井砌完后，应将井内砂浆碎砖等一切杂物清除干净，拆除管堵。

⑧ 井底用 1：2.5 水泥砂浆抹出坡向雨水管口的泛水坡。

⑨ 多算式收水井砌筑方法和单算式同。水泥混凝土过梁位置必须要放准确。

十、雨水支管安装

1. 一般规定

(1) 雨水支管是将收水井内的集水流入雨水管道或合流管道检查井内的构筑物。

(2) 雨水支管必须按设计图纸的管径与坡度埋设，管线要顺直，不得有拱背、洼心等现象，接口要严密。

2. 施工方法

(1) 挖槽

① 测量人员按设计图上的雨水支管位置、管底高程定出中心线桩橛并标记高程。根据开槽宽度，撒开槽灰线，槽底宽一般采用管径外皮之外每边各边宽 30cm。

② 根据道路结构厚度和支管覆土要求，确定在路槽或一步灰土完成后反开槽，开槽原则是能在路槽开槽就不在一步灰土反开槽，以免影响结构层整体强度。

③ 挖至槽底基础表面设计高程后挂中心线，检查宽度和高程是否平顺，修理合格后再按基础宽度与深度要求，立桩挖土直至槽底做成基础土模，清底至合格高程即可打混凝土基础。

(2) 四合一法施工（即基础、铺管、八字混凝土、抹箍同时施工）

① 基础 浇筑强度为 C10 级水泥混凝土基础，将混凝土表面做成弧形并进行捣固，混凝土表面要高出弧形槽 1～2cm，靠管口部位应铺适量 1：2 挤浆使管口与下一个管口黏结严密，以防接口漏水。

② 铺管 在管子外皮一侧挂边线，以控制下管高程顺直度与坡度，要洗刷管子保持湿润。将管子稳在混凝土基础表面，轻轻揉动至设计高程，注意保持对口和中心位置的准确。雨水支管必须顺直，不得错口，管子间留缝最大不准超过 1cm。灰浆如挤入管内用弧形刷刮除，如出现基础铺灰过低或揉管时下沉过多，应将管子撬起一头或起出管子，铺垫混凝土及砂浆，且重新揉至设计高程。支管接入检查井一端，如果预埋支管位置不准时，按正确位置、高程在检查井上凿好孔洞拆除预埋管，堵密实不合格空洞，支管接入检查井后，支管口应与检查井内壁齐平，不得有探头和缩口现象，用砂浆堵严管周缝隙，并用砂浆将管口与检查井内壁抹严抹平、压光，检查井外壁与管子周围的衔接处，应用水泥砂浆抹严。靠近收水井一端在尚未安收水井时，应用干砖暂时将管口塞堵，以免灌进泥土。

③ 八字混凝土 当管子稳好捣固后按要求角度抹出八字。

④ 抹箍 管座八字混凝土灌好后，立即用 1：2 水泥砂浆抹箍。抹箍的材料规格，水泥

强度等级宜为 32.5 级及以上，砂用中砂，含泥量不大于 5%。接口工序是保证质量的关键，不能有丝毫马虎。抹箍前先将管口洗刷干净，保持湿润，砂浆应随拌随用。抹箍时先用砂浆填管缝压实略低于管外皮，如砂浆挤入管内用弧形刷随时刷净，然后刷水泥素浆一层宽 8～10cm。再抹管箍压实，并用管箍弧形抹子赶光压实。为保证管箍和管基座八字连接一体，在接口管座八字顶部预留小坑，当抹完八字混凝土立即抹箍，管箍灰浆要挤入坑内，使砂浆与管壁黏结牢固，如图 5-16 所示。管箍抹完初凝后，应盖草袋洒水养护，注意勿损坏管箍。

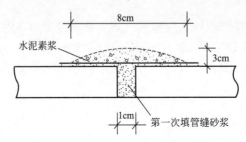

图 5-16　水泥砂浆接口

（3）凡支管上覆土不足 40cm，需上大碾碾压者，应作 360°包管加固。在第一天浇筑基础下管，用砂浆填管缝压实略低于管外皮并做好平管箍后，于次日按设计要求打水泥混凝土包管，水泥混凝土必须插捣振实，注意养护期内的养护，完工后支管内要清理干净。

（4）支管沟槽回填

① 回填应在管座混凝土强度达到 50% 以上方可进行。

② 回填应在管子两侧同时进行。

③ 雨水支管回填要用 8% 灰土预拌回填，管顶 40cm 范围内用人工夯实，压实度要与道路结构层相同。

十一、 升降检查井施工

（1）城市道路在路内有雨污水等各种检查井，在道路施工中，为了保护原有检查井井身强度，一般不准采用砍掉井筒的施工方法。

（2）开槽前用竹竿等物逐个在井位插上明显标记，堆土时要离开检查井 0.6～1.0m 距离，不准推土机正对井筒直推，以免将井筒挤坏。

（3）凡升降检查井取下井圈后，按要求高程升降井筒，如升降量较大，要考虑重新收口，使检查井结构符合设计要求。

（4）井顶高程按测量高程在顺路方向井两侧各 2m，垂直路线方向井每侧各挂十字线稳好井圈、井盖。

（5）检查井升降完毕后，立即将井子内里抹砂浆面，在井内与管头相接部位用 1∶2.5 砂浆抹平压光，最后把井内泥土杂物清除干净。

（6）井周除按原路面设计分层夯实外，在基层部位距检查井外墙皮 30cm 中间，浇筑一圈厚 20～22cm 的 C30 混凝土加固。顶面在路面之下，以便铺筑沥青混凝土面层。

十二、 挖槽工程雨、 冬期施工

1. 雨期施工

（1）雨季挖槽应在槽帮堆叠土埂，严防雨水进入沟槽造成泡槽。

（2）如浇筑管基混凝土过程中遇雨，应立即用草袋将浇好的混凝土全部覆盖。

（3）雨天不宜进行接口抹箍，如必须作业时，要有必要的防雨措施。

（4）砂浆受雨水浸泡，雨停后继续施工时，对未初凝的砂浆可增加水泥，重新拌和使用。

（5）沟槽回填前，槽内积水应抽干，淤泥清除干净，方可回填并分层夯实，防止松土淋雨，影响回填质量。

2. 冬期施工

（1）沟槽当天不能挖够高程者，预留松土，一般厚30cm，并覆盖草袋防冻。

（2）挖够高程的沟槽应用草袋覆盖防冻。

（3）砌砖可不洒水，遇雪要将雪清除干净，砌砖及抹井室水泥砂浆可掺盐水以降低冰点。

（4）抹箍用水泥砂浆应用热水拌和，水温不准超过60℃，必要时，可把砂子加热，砂温不应超过40℃，抹箍结束后，立即覆盖草袋保温。

（5）沟槽回填不得填入冻块。

第七节 园林喷灌工程

喷灌是近年来发展较快的一种先进灌水技术，它是把有压力的水经喷头喷洒到地面，像降雨一样对植被进行灌溉。喷灌与沟灌比较，有省水省工省地的优点，对盐碱土的改良也有一定作用，但基本建设投资高，受风的影响较大，超过3~4级风不宜进行。

一、喷灌的技术要求

对喷灌的技术要求有三条：一是喷灌强度应该小于土壤的入渗（或称渗吸）速度，以避免地面积水或产生径流，造成土壤板结或冲刷；二是喷灌的水滴对作物或土壤的打击强度要小，以免损坏植物；三是喷灌的水量应均匀地分布在喷洒面，以使能获得均匀的水量。下面对喷灌强度、水滴打击强度、喷灌均匀度进行说明。

1. 喷灌强度

单位时间喷洒在控制面的水深称为喷灌强度。喷灌强度的单位常用"mm/h"。计算喷灌强度应大于平均喷灌强度。这是因为系统喷灌的水不可能没有损失地全部喷洒到地面。喷灌时的蒸发、受风后水滴的漂移以及作物茎叶的截留都会使实际落到地面的水量减少。

2. 水滴打击强度

水滴打击强度是指单位受水面积内，水滴对土壤或植物的打击动能。它与喷头喷洒出来的水滴的质量、降水速度和密度（落在单位面积上水滴的数目）有关。由于测量水滴打击强度比较复杂，测量水滴直径的大小也较困难，所以在使用或设计喷灌系统时多用雾化指标法，我国实践证明，质量好的喷头 $P\text{-}d$ 值在2500以上，可适用于一般田作物，而对蔬菜及大田作物幼苗期，$P\text{-}d$ 值应大于3500。园林植物所需要的雾化指标可以参考使用。

3. 喷灌均匀度

喷灌均匀度是指在喷灌面积上水量分布的均匀程度。它是衡量喷灌质量好坏的主要指标之一。它与喷头结构、工作压力、喷头组合形式、喷头间距、喷头转速的均匀性、竖管的倾斜度、地面坡度和风速、风向等因素有关。

二、 喷灌设备及布置

喷灌机主要是由压水、输水和喷头三个主要结构部分构成的。压水部分通常有发动机和离心式水泵，主要是为喷灌系统提供动力和为水加压，使管道系统中的水压保持在一个较高的水平上。输水部分是由输水主管和分管构成的管道系统。

1. 喷头

按照喷头的工作压力与射程来分，可把喷灌用的喷头分为高压远射程、中压中射程和低压近射程三类喷头。而根据喷头的结构形式与水流形状，则可把喷头分为旋转类、漫射类和孔管类三种类型：

（1）旋转类喷头。又称射流式喷头。其管道中的压力水流通过喷头而形成一股集中的射流喷射而出，再经自然粉碎形成细小的水滴洒落在地面。在喷洒过程中，喷头绕竖向轴缓缓旋转，使其喷射范围形成一个半径等于其射程的圆形或扇形。其喷射水流集中，水滴分布均匀，射程达 30m 以上，喷灌效果比较好，所以得到了广泛的应用。这类喷头中，因其转动机构的构造不一样，又可分为摇臂式、叶轮式、反作用式和手持式等四种形式。还可根据是否装有扇形机构而分为扇形喷灌喷头和全圆周喷灌喷头两种形式。

摇臂式喷头是旋转类喷头中应用最广泛的喷头形式（如图 5-17 所示）。这种喷头的结构是由导流器、摇臂、摇臂弹簧、摇臂轴等组成的转动机构，和由定位销、拨杆、挡块、扭簧或压簧等构成的扇形机构，以及喷体、空心轴、套轴、垫圈、防沙弹簧、喷管和喷嘴等构件组成的。在转动机构作用下，可使喷体和空心轴的整体在套轴内转动，从而实现旋转喷水。单喷嘴摇臂式喷头的基本参数见表 5-24。

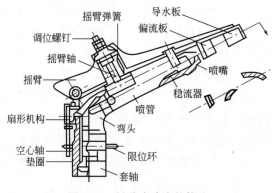

图 5-17　摇臂式喷头的构造

（2）漫射类喷头。这种喷头是固定式的，在喷灌过程中所有部件都固定不动，而水流却是呈圆形或扇形向四周分散开。喷灌系统的结构简单，工作可靠，在公园苗圃或一些小块绿地有所应用。其喷头的射程较短，在 5～10m 之间；喷灌强度大，在 15～20mm/h 以上；但喷灌水量不均匀，近处比远处的喷灌强度大得多。

（3）孔管类喷头。喷头实际上是一些水平安装的管子。在水平管子的顶上分布有一些整齐排列的小喷水孔（如图 5-18 所示）。孔径仅 1～2mm。喷水孔在管子上有排列成单行的，也有排列为两行以上的，可分别叫作单列孔管和多列孔管。

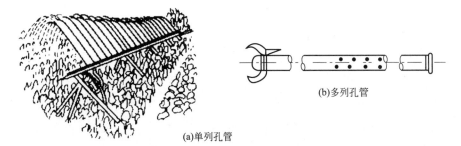

(a)单列孔管　　　(b)多列孔管

图 5-18　孔管式喷头喷灌示意

表 5-24　单喷嘴摇臂式喷头的基本参数

喷头型号	进水口直径			滤嘴直径 d /mm	工作压力 /(kgf/cm²)	喷水量 Q_P /(m³/h)	射程 R/m	喷灌强度 P/(mm/h)
	公称值 /mm	实际尺寸 /mm	接头管螺纹尺寸 /in[①]					
p_y20	20	20	1	6	3.0	2.17	18.0	2.14
					4.0	2.50	19.5	2.10
				7*	3.0	2.96	19.0	2.63
					4.0	3.1	20.5	2.58
				8	3.0	3.94	20.0	3.13
					4.0	4.55	22.0	3.01
				9	3.0	4.55	22.0	3.22
					4.0	5.64	23.5	3.26
p_y30	30	30	1～1/2	9	3.0	4.55	22.0	3.22
					4.0	5.64	23.5	3.26
				10	3.0	6.02	23.5	.3.48
					4.0	6.96	25.5	3.42
				11	3.0	7.30	24.5	3.88
					4.0	8.42	27.0	3.72
p_y40	40	2	2	12	3.0	8.69	26.5	3.04
					4.5	10.5	29.5	3.84
				13	3.0	12.8	29.5	4.68
					4.5	14.5	32.0	4.52
				14	3.0	12.7	29.5	4.68
					4.5	14.5	32.0	4.52
				15	3.0	14.7	30.3	3.03
					4.5	16.6	33.0	4.86
				16	3.0	17.8	34.0	4.92
					5.0	19.9	37.0	4.65
p_y50	52	52	2～1/2	16	4.0	17.8	34.0	4.92
					5.0	19.9	37.0	4.65
				17	4.0	20.2	35.5	5.12
					5.0	22.4	38.5	4.81
				18	4.0	22.6	36.5	5.42
					5.0	25.2	39.5	5.12
				19	4.0	25.2	37.5	5.72
					5.0	28.2	40.5	5.49

续表

喷头型号	进水口直径			滤嘴直径 d /mm	工作压力 /(kgf/cm²)	喷水量 Q_P /(m³/h)	射程 R/m	喷灌强度 P/(mm/h)
	公称值 /mm	实际尺寸 /mm	接头管螺纹尺寸 /in[①]					
p_y60	60	60	3	20	4.0	27.9	38.5	5.99
					5.0	31.2	41.5	5.77
				50	5.0	31.2	42.5	5.51
					6.0	31.2	45.5	5.23
				22	5.0	37.6	44.0	6.20
					6.0	41.2	47.0	5.85
				24	5.0	44.8	46.5	6.59
					6.0	49.1	50.5	6.15
p_y80	80	80	4	26	6.0	57.6	51.5	6.91
					7.0	62.4	54.5	6.72
				28	6.0	66.9	53.0	7.55
					7.0	72.0	56.0	7.31
				30	7.0	83.0	57.0	8.15
					8.0	88.5	60.0	7.85
				32	7.0	74.4	60.5	8.21
					8.0	101.0	63.5	7.95
				34	7.0	106.0	64.0	8.23
					8.0	114.0	68.0	7.89

① 标准喷嘴直径（1in＝2.54cm）。

注：1. 表中喷嘴直径后均有两行数据，第一行为起始工作压力及相应各参数，第二行为设计工作压力及相应各参数。

2. 表中喷灌强度一项系指单喷头全圆喷洒时的计算喷灌强度。

2. 喷头的布置

喷灌系统喷头的布置形式有矩形、正方形、正三角形和等腰三角形四种。在实际工作中采用什么样的喷头布置形式，主要取决于喷头的性能和拟灌溉的地段情况。

三、 工程设施

1. 水源工程

（1）喷灌渠道宜作防渗处理。行喷式喷灌系统，其工作渠内水深必须满足水泵吸水要求；定喷式喷灌系统，其工作渠内水深不能满足要求时，应设置工作池。工作地尺寸应满足水泵正常吸水和清淤要求；对于兼起调节水量作用的工作池，其容积应通过水量平衡计算确定。

（2）机行道应根据喷灌机的类型在工作渠旁设置。对于平移式喷灌机，其机行道的路面应平直、无横向坡度；若主机跨渠行进，渠道两旁的机行道，其路面高程应相等。

（3）喷灌系统中的暗渠或暗管在交叉、分支及地形突变处应设置配水井，其尺寸应满足清淤、检修要求，在水泵抽水处应设置工作井，其尺寸应满足清淤、检修及水泵正常吸水要求。

2. 泵站

（1）自河道取水的喷灌泵站，应满足防淤积、防洪水和防冲刷的要求。

（2）喷灌泵站设置的水泵（及动力机）数，宜为2～4台。当系统设计流量较小时，可只设置一台水泵（及动力机），但应配备足够数量的易损零件。喷灌泵站不宜设置备用泵（及动力机）。

（3）泵站的前池或进水池内应设置拦污栅，并应具备良好的水流条件。前池水流平面扩散角：对于开敞型前池，应小于 40°；对于分室型前池，各室扩散角应不大于 20°。总扩散角不宜大于 60°；前池底部纵坡不应大于 1/5。进水池容积应按容纳不少于水泵运行 5min 的水量确定。

（4）水泵吸水管直径应不小于水泵口径。当水泵可能处于自灌式充水时，其吸水管道上应设检修阀。

（5）水泵的安装高程，应根据减少基础开挖量，防止水泵产生汽蚀，确保机组正常运行的原则，经计算确定。

（6）水泵和动力机基础的设计，应按现行《动力机器基础设计规范》（GB 50040—1996）的有关规定执行。

（7）泵房平面布置及设计要求，可按现行《室外给水设计规范》（GB 50013—2006）的有关规定执行。对于半固定管道式或移动管道式喷灌系统，当不设专用仓库时，应在泵房内留出存放移动管道的面积。

（8）出水管的设置，每台水泵宜设置一根，其直径不应小于水泵出口直径。当泵站安装多台水泵且出水管线较长时，出水管宜并联，并联后的根数及直径应合理确定。

（9）泵站的出水池，水流应平顺，与输水渠应采用渐变段连接。渐变段长度，应按水流平面收缩角不大于 50°确定。出水池和渐变段应采用混凝土或浆砌石结构，输水渠首应采用砌体加固。出水管口应设在出水池设计水位以下。出水管口或池内宜设置断流设施。

（10）装设柴油机的喷灌泵站，应设置能够储存 10～15 天燃料油的储油设备。

（11）喷灌系统的供电设计，可按现行电力建设的有关规范执行。

3. 管网

（1）喷灌管道的布置，应遵守下列规定。

① 应符合喷灌工程总体设计的要求。

② 应使管道总长度短，有利于水锤的防护。

③ 应满足各用水单位的需要，管理方便，有利于组织轮灌和迅速分散流量。

④ 在垄作田内，应使支管与作物种植方向一致。在丘陵山区，应使支管沿等高线布置。在可能的条件下，支管宜垂直于主风向。

⑤ 管道的纵剖面应力求平顺，减少折点；有起伏时应避免产生负压。

（2）自压喷灌系统的进水口和机压喷灌系统的加压泵吸水管底端，应分别设置拦污栅和滤网。

（3）在各级管道的首端应设进水阀或分水阀。在连接地埋管和地面移动管的出地管上，应设给水栓。当管道过长或压力变化过大时，应在适当位置设置节制阀。在地埋管道的阀门处应建阀门井。

（4）在管道起伏的高处应设排气装置；对自压喷灌系统在进水阀后的干管上应设通气管，其高度应高出水源水面高程。在管道起伏的低处及管道末端应设泄水装置。

（5）固定管道的末端及变坡、转弯和分叉处宜设镇墩。当温度变化较大时，宜设伸缩装置。

（6）固定管道应根据地形、地基和直径、材质等条件来确定其敷设坡度以及对管基的处理。

（7）在管网压力变化较大的部位，应设置测压点。

（8）地埋管道的埋设深度应根据气候条件、地面荷载和机耕要求等确定。

4. 施工球

（1）喷灌工程施工、安装应按已批准的设计进行，修改设计或更换材料设备应经设计部门同意，必要时需经主管部门批准。

（2）工程施工，应符合下列程序和要求：

① 施工放样　施工现场应设置施工测量控制网，并将它保存到施工完毕；应定出建筑物的主轴线或纵横轴线、基坑开挖线与建筑物轮廓线等；应标明建筑物主要部位和基坑开挖的高程。

② 基坑开挖　必须保证基坑边坡稳定。若基坑挖好后不能进行下道工序，应预留 15～30cm 土层不挖，待下道工序开始前再挖至设计标高。

③ 基坑排水　应设置明沟或井点排水系统，将基坑积水排走。

④ 基础处理　基坑地基承载力小于设计要求时，必须进行基础处理。

⑤ 回填　砌筑完毕，应待砌体砂浆或混凝土凝固达到设计强度后回填；回填土应干湿适宜，分层夯实，与砌体接触密实。

（3）在施工过程中，应做好施工记录。对于隐蔽工程，必须填写《隐蔽工程记录》，经验收合格后方能进入下道工序施工。全部工程施工完毕后应及时编写竣工报告。

5. 泵站施工

（1）泵站机组的基础施工，应符合下列要求。

① 基础必须浇筑在未经松动的基坑原状土上，当地基土的承载力小于 0.5MPa（5kgf/cm²）时，应进行加固处理。

② 基础的轴线及需要预埋的地脚螺栓或二期混凝土预留孔的位置应正确无误。

③ 基础浇筑完毕拆模后，应用水平尺校平，其顶面高程应正确无误。

（2）中心支轴式喷灌机的中心支座采用混凝土基础时，应按设计要求于安装前浇筑好。浇筑混凝土基础时，在平地上，基础顶面应呈水平；在坡地上，基础顶面应与坡面平行。

（3）中心支轴式喷灌机中心支座的基础与水井或水泵的相对位置不得影响喷灌机的拖移。当喷灌机中心支座与水泵相距较近时，水泵出水口与喷灌机中心线应保持一致。

6. 管网施工

（1）管道沟槽开挖，应符合下列要求。

① 应根据施工放样中心线和标明的槽底设计标高进行开挖，不得挖至槽底设计标高以下。如局部超挖则应用相同的土壤填补夯实至接近天然密实度。沟槽底宽应根据管道的直径与材质及施工条件确定。

② 沟槽经过岩石、卵石等容易损坏管道的地方应将槽底至少再挖 15cm，并用砂或细土回填至设计槽底标高。

③ 管子接口槽坑应符合设计要求。

（2）沟槽回填应符合下列要求。

① 管及管件安装完毕，应填土定位，经试压合格后尽快回填。

② 回填前应将沟槽内一切杂物清除干净，积水排净。

③ 回填必须在管道两侧同时进行，严禁单侧回填，填土应分层夯实。

④ 塑料管道应在地面和地下温度接近时回填；管周填土不应有直径大于 2.5cm 的石子及直径大于 5cm 的土块，半软质塑料管道回填时还应将管道充满水，回填土可加水灌筑。

四、管道及管道附件安装

1. 管道安装方法

管道的安装因管道类型的不同而不同，下面介绍几种安装方法。

（1）孔洞的预留与套管的安装。在绿地喷灌及其他设施工程中，地层上安装管道应在钢筋绑扎完毕时进行。工程施工到预留孔部位时，参照模板标高或正在施工的毛石、砖砌体的轴线标高确定孔洞模具的位置，并加以固定。遇到较大的孔洞，模具与多根钢筋相碰时，须经土建技术人员校核，采取技术措施后进行安装固定。对临时性模具应便于拆除，永久性模具应进行防腐处理。预留孔洞不能适应工程需要时，要进行机械或人工打孔洞，尺寸一般比管径大两倍左右。钢管套管应在管道安装时及时套入，放入指定位置，调整完毕后固定。铁皮套管在管道安装时套入。

（2）管道穿基础或孔洞。应校验符合设计要求，室内装饰的种类确定后，可以进行室内地下管道及室外地下管道的安装。安装前对管材、管件进行质量检查并清除污物，按照各管段排列顺序、长度，将地下管道试安装，然后动工，同时按设计的平面位置、与墙面间的距离分出立管接口。

（3）立管的安装应在土建主体的基础上完成、沟槽按设计位置和尺寸留好。检验沟槽，然后进行立管安装，栽立管卡，最后封沟槽。

（4）横支管安装。在立管安装完毕、卫生器具安装就位后可进行横支管安装。

2. 管架制作安装

（1）放样。在正式施工或制造之前，制作成所需要的管架模型，作为样品。

（2）画线。检查核对材料多在材料上画出切割、刨、钻孔等加工位置；打孔、标出零件编号等。

（3）截料。将材料按设计要求进行切割。钢材截料的方法有氧割、机切、冲模落料和锯切等。

（4）平直。利用矫正机将钢材的弯曲部分调平。

（5）钻孔。将经过画线的材料利用钻机在作有标记的位置制孔。有冲击和旋转两种制孔方式。

（6）拼装。把制备完成的半成品和零件按图纸的规定，装成构件或部件，然后经过焊接或铆接等工序使之成为整体。

（7）焊接。将金属熔融后对接为一个整体构件。

（8）成品矫正。将不符合质量要求的成品经过再加工后达到标准，即为成品矫正。一般有冷矫正、热矫正和混合矫正三种。

3. 金属管道安装

（1）金属管道安装前应进行外观质量和尺寸偏差检查，并宜进行耐水压试验，其要求应符合《排水用柔性接口铸铁管、管件及附件》（GB/T 12772—2008）、《低压流体输送用镀锌焊接钢管》（GB/T 3091—2008）、《喷灌用金属薄壁管》（GB/T 24672—2009）等现行标准的规定。

（2）镀锌钢管安装应按现行《工业管道工程施工及验收规范》（GB 50235—2010）

执行。

（3）镀锌薄壁钢管、铝管及铝合金管安装，应按安装使用说明书的要求进行。

（4）铸铁管的安装应按下列规定进行：

① 安装前，应清除承口内部及插口外部的沥青块及飞刺、铸砂和其他杂质；用小锤轻轻敲打管子，检查有无裂缝；如有裂缝，应予更换。

② 铺设安装时，对口间隙、承插口环形间隙及口转角，应符合表5-25所示的规定。

表 5-25　对口间隙、承插口环形间隙及接口转角值

名称	对口最小间隙 /mm	对口最大间隙/mm		承口标准环形间隙/mm				每个接口允许转角/(°)
		$DN100\sim$ $DN250$	$DN300\sim$ $DN350$	$DN100\sim DN200$		$DN250\sim DN350$		
				标准	允许偏差	标准	允许偏差	
沿直线铺设安装	3	5	5	10	+3 -2	11	+4 -2	—
沿曲线铺设安装	3	7～13	10～14	—	—	—	—	2

注：DN 为管公称内径。

③ 安装后，承插口应填塞，填料可采用膨胀水泥、石棉水泥和油麻等。

a. 采用膨胀水泥和石棉水泥时，填塞深度应为接口深度的 $1/2\sim2/3$；填塞时应分层捣实、压平，并及时湿养护。

b. 采用油麻时，应将麻拧成辫状填入，麻辫中麻段搭接长度应为 $0.1\sim0.15\text{m}$。麻辫填塞时应仔细打紧。

4. 塑料管道安装

（1）塑料管道安装前应进行外观质量和尺寸偏差的检查，并应符合《建筑排水用硬聚氯乙烯管材》（GB 5836—2006）、《冷热水用聚丙烯管道系统》（GB/T 18742—2002）、《喷灌用低密度聚乙烯管材》（GB/T 3803—1999）等现行标准的规定。对于涂塑软管，不应有划伤、破损，不得夹有杂质。

（2）塑料管道安装前宜进行爆破压力试验，并应符合下列规定：

① 试样长度采用管外径的 5 倍，但不应小于 250mm。

② 测量试样的平均外径和最小壁厚。

③ 按要求进行装配，并排除管内空气。

④ 在 1min 内迅速连续加压至爆破，读取最大压力值。

⑤ 瞬时爆破环向应力按式（5-8）计算，其值不得低于表 5-26 的规定。

$$\sigma = P_{\max}\frac{D - e_{\min}}{2e_{\min}} - K_t(20 - t) \tag{5-8}$$

式中　σ——塑料管瞬时爆破环向应力，MPa 或 kgf/cm^2；

$P_{\max}$——最大表压力，MPa 或 kgf/cm^2；

D——管平均外径，m 或 mm；

$e_{\min}$——管最小壁厚，m 或 mm；

K_t——温度修正系数，MPa/℃ $[\text{kgf/}(\text{cm}^2\cdot℃)]$，硬聚氯乙烯为 0.625（6.25），共聚聚丙烯为 0.30（3.0），低密度聚乙烯为 0.18（1.8）；

t——试验温度，℃，一般为 $5\sim35$℃。

表 5-26　塑料管瞬时爆破环向应力 σ 值

名称	硬聚氯乙烯管	聚丙烯管	低密度聚乙烯管
σ/MPa(kgf/cm²)	45(450)	22(220)	9.6(96)

⑥ 对于软塑管，其爆破压力不得低于表 5-27 所示的规定。

表 5-27　软塑料管爆破压力值

工作压力/MPa(kgf/cm²)	爆破压力/MPa(kgf/cm²)
0.4(4)	1.3(13)
0.6(6)	1.8(18)

（3）塑料管黏结连接，应符合下列要求。

① 黏结前。按设计要求，选择合适的胶黏剂。按黏结技术要求，对管或管件进行预加工和预处理。按黏结工艺要求，检查配合间隙，并将接头去污、打毛。

② 黏结。管轴线应对准，四周配合间隙应相等。胶黏剂涂抹长度应符合设计规定。胶黏剂涂抹应均匀，间隙应用胶黏剂填满，并有少量挤出。

③ 黏结后。固化前管道不应移位，使用前应进行质量检查。

（4）塑料管翻边连接，应符合下列要求。

① 连接前。翻边前应将管端锯正、锉平、洗净、擦干。翻边应与管中心线垂直，尺寸应符合设计要求。翻边正反面应平整，并能保证法兰和螺栓或快速接头自由装卸。翻边根部与管的连接处应熔合完好，无夹渣、穿孔等缺陷；飞边、毛刺应剔除。

② 连接。密封圈应与管同心。拧紧法兰螺栓时扭力应符合标准。各螺栓受力应均匀。

③ 连接后。法兰应放入接头坑内；管道中心线应平直，管底与沟槽底面应贴合良好。

（5）塑料管套筒连接，应符合下列要求。

① 连接前。配合间隙应符合设计和安装要求。密封圈应装入套筒的密封槽内，不得有扭曲、偏斜现象。

② 连接。管子插入套筒深度应符合设计要求。安装困难时，可用肥皂水作润滑剂；可用紧线器安装，也可隔一木块轻敲打入。

③ 连接后。密封圈不得移位、扭曲、偏斜。

（6）塑料管热熔对接，应符合下列要求。

① 对接前。热熔对接管子的材质、直径和壁厚应相同。按热熔对接要求对管子进行预加工，清除管端杂质、污物。管端按设计温度加热至充分塑化而不烧焦；加热板应清洁、平整、光滑。

② 对接。加热板的抽出及两管合拢应迅速，两管端面应完全对齐；四周挤出的树脂应均匀；冷却时应保持清洁；自然冷却应防止尘埃侵入；水冷却应保持水质清净。

③ 对接后。两管端面应熔接牢固，并按 10% 进行抽检。若两管对接不齐应切开重新加工对接。完全冷却前管道不应移动。

5. 水泥制品管道安装

（1）水泥制品管道安装前应进行外观质量和尺寸偏差的检查，并应进行耐水压试验，其要求应符合现行《自应力钢筋混凝土输水管用塑料嵌件》（JC/T 516—1993）标准的规定。

（2）安装时应符合下列要求：

① 承口应向上。

② 套胶圈前，承插口应刷净，胶圈上不得粘有杂物，套在插口上的胶圈不得扭曲、偏斜。

③ 插口应均匀进入承口，回弹就位后，仍应保持对口间隙10～17cm。

（3）在沟槽土壤或地下水对胶圈有腐蚀性的地段，管道覆土前应将接口封闭。

（4）水泥制品管配用的金属管件应进行防锈、防腐处理。

6. 螺纹阀门安装

（1）螺纹阀门安装

① 场内搬运。场内搬运包括从机器制造厂把机器搬运到施工现场的过程。在搬运中注意人身和设备安全，严格遵守操作规范，防止意外事故发生及机器损坏、缺失。

② 外观检查。外观检查是从外观上观察，看机器设备有无损伤、油漆剥落、裂缝、松动及不固定的地方，有效预防才能使施工过程顺利进行，并及时更换、检修缺损之处。

（2）螺纹法兰阀门安装

① 加垫。加垫指在阀门安装时，因为管材和其他方面的原因，在螺纹固定时，需要垫上一定形状或大小的铁或钢垫，这样有利于固定和安装。垫料要按不同情况而定，其形状因需要而定，确保加垫之后，安装连接处没有缝隙。

② 螺纹法兰。螺纹法兰即螺纹方式连接的法兰。这种法兰与管道不直接焊接在一起，而是以管口翻边为密封接触面，套法兰起紧固作用，多用于铜、铅等有色金属及不锈耐酸管道上。其最大优点是法兰穿螺栓时非常方便，缺点是不能承受较大的压力。也有的是螺纹与管端连接起来，有高压和低压两种。其安装执行活头连接项目。

（3）焊接法兰阀门安装

① 螺栓。在拧紧过程中，螺母朝一个方向（一般为顺时针）转动，直到不能再转动为止，有时还需要在螺母与钢材间垫上一垫片，有利于拧紧，防止螺母与钢材磨损及滑丝。

② 阀门安装。阀门是控制水流、调节管道内的水重和水压的重要设备。阀门通常放在分支管处、穿越障碍物和过长的管线上。配水干管上装设阀门的距离一般为400～1000m，并不应超过3条配水支管。阀门一般设在配水支管的下游，以便关阀门时不影响支管的供水。在支管上也设阀门。配水支管上的阀门不应隔断5个以上消防栓。阀门的直径一般和水管的直径相同。给水用的阀门包括闸阀和蝶阀。

7. 水表安装

水表是一种计量建筑物或设备用水量的仪表。室内给水系统中广泛使用流速式水表。流速式水表是根据在管径一定时，通过水表的水流速度与流量成正比的原理来量测的。

（1）流速式水表按叶轮构造不同，分旋翼式和螺翼式两种。旋翼式的叶轮转轴与水流方向垂直，阻力较大，启步流量和计量范围较小，多为小口径水表，用以测量较小流量。

螺翼式水表叶轮转轴与水流方向平行，阻力较小，启步流量和计量范围比旋翼式水表大，适用于流量较大的给水系统。

① 旋翼式水表按计数机件所处的状态又分为干式和湿式两种。干式水表的计数机件和表盘与水隔开，湿式水表的计数机件和表盘浸没在水中，机件较简单，计量较准确，阻力比干式水表小，应用较广泛，但只能用于水中无固体杂质的横管上。湿式旋翼式水表，按材质又分为塑料表与金属表等。

② 螺翼式水表依其转轴方向又分为水平螺翼式和垂直螺翼式两种，前者又分为干式和湿式两类，但后者只有干式一种。湿式叶轮水表技术规格有具体规定。

（2）水表安装应注意表外壳上所指示的箭头方向与水流方向一致，水表前后需装检修门，以便拆换和检修水表时关断水流；对于不允许断水或设有消防给水系统的，还需在设备旁设水表检查水龙头（带旁通管和不带旁通管的水表）。水表安装在查看方便、不受曝晒、不致冻结和不受污染的地方。一般设在室内或室外的专门水表井中，室内水表井及安装在资料上有详细图示说明。为了保证水表计量准确，螺翼式水表的上游端应有 8～10 倍水表公称直径的直径管段；其他型水表的前后应有不小于 300mm 的直线管段。水表口径的选择如下：对于不均匀的给水系统，以设计流量选定水表的额定流量，来确定水表的直径；用水均匀的给水系统，以设计流量选定水表的额定流量，确定水表的直径；对于生活、生产和消防统一的给水系统，以总设计流量不超过水表的最大流量决定水表的口径。住宅内的单户水表，一般采用公称直径为 15mm 的旋翼式湿式水表。

五、　管道水压试验

1. 一般规定

（1）施工安装期间应对管道进行分段水压试验，施工安装结束后应进行管网水压试验。试验结束后，均应编写水压试验报告。对于较小的工程可不做分段水压试验。

（2）水压试验应选用 0.35 或 0.4 级标准压力表。被测管网应设调压装置。

（3）水压试验前应进行下列准备工作如下。

① 检查整个管网的设备状况。阀门启闭应灵活，开度应符合要求；排、进气装置应通畅。

② 检查地理管道填土定位情况。管道应固定，接头处应显露并能观察清楚渗水情况。

③ 通水冲洗管道及附件。按管道设计流量连续进行冲洗，直到出水口水的颜色与透明度和进口处目测一致。

2. 耐水压试验

（1）管道试验段长度不宜大于 1000m。

（2）管道注满水后，金属管道和塑料管道经 24h、水泥制品管道经 48h 后，方可进行耐水压试验。

（3）试验宜在环境温度 5℃以上进行，否则应有防冻措施。

（4）试验压力不应小于系统设计压力的 1.25 倍。

（5）试验时升压应缓慢，达到试验压力后，保压 10min，无泄漏、无变形即为合格。

3. 渗水量试验

（1）在耐水压试验保压 10min 期间，如压力下降大于 0.05MPa（0.5kgf/cm²），则应进行渗水量试验。

（2）试验时应先充水，排净空气，然后缓慢升压至试验压力，立即关闭进水阀门，记录下降 0.1MPa（1kgf/cm²）压力所需的时间 T_1（min）；再将水压升至试验压力，关闭进水阀并立即开启放水阀，往量水器中放水，记录下降 0.1MPa（1kgf/cm²）压力所需的时间 T_2（min），测量在 T_2 时间内的放水量 W（L）。按式（5-9）计算实际渗水量：

$$q_B = \frac{W}{T_1 - T_2} \times \frac{1000}{L} \tag{5-9}$$

式中　q_B——1000m 长管道实际渗水量，L/min；

　　　L——试验管段长度，m。

（3）实际渗水量按式（5-10）计算：

$$q_B = K_B \sqrt{d} \tag{5-10}$$

式中　q_B——1000m 长管道允许渗水量，L/min；

　　　　K_B——渗水系数，钢管为 0.05，硬聚氧乙烯管、聚丙烯管为 0.08，铸铁管为 0.10，
　　　　　　　聚乙烯管为 0.12，钢筋混凝土管、钢丝网水泥管为 0.14；

　　　　　d——天数。

（4）实际渗水量小于允许渗水量即为合格；实际渗水量大于允许渗水量时，应修补后重测，直至合格为止。

六、 工程验收

1. 一般规定

（1）喷灌工程验收前应提交下列文件：全套设计文件、施工期间验收报告、管道水压试验报告、试运行报告、工程决算报告、运行管理办法、竣工图纸和竣工报告。

（2）对于较小的工程，验收前只需提交设计文件、竣工图纸和竣工报告。

2. 施工期间验收

（1）喷灌系统的隐蔽工程，必须在施工期间进行验收，合格后方可进行下道工序。

（2）应检查水源工程、泵站及管网的基础尺寸和高程，预埋铁件和地脚螺栓的位置及深度，孔、洞、沟以及沉陷缝、伸缩缝的位置和尺寸等是否符合设计要求；地埋管道的沟槽深度、底宽、坡向及管基处理，施工安装质量等是否符合设计要求和规范的规定。并应对管道进行水压试验。

（3）隐蔽工程检查合格后，应有签证和验收报告。

3. 竣工验收

（1）应审查技术文件是否齐全、正确。

（2）应检查土建工程是否符合设计要求和规范的规定。

（3）应检查设备选择是否合理，安装质量是否达到规范的规定，并应对机电设备进行启动试验。

（4）应进行全系统的试运行，并宜对各项技术参数进行实测。

（5）竣工验收结束后，应编写竣工验收报告。

园林水景工程施工

第一节 概述

　　水景工程是园林工程中涉及面最广、项目组成最多的专项工程之一。狭义上水景包括湖泊、水池、水塘、溪流、水坡、水道、瀑布、水帘、跌水、水墙和喷泉等多种水景。当然就工程的角度而言，对水景的设计施工实际上主要是对盛水容器及其相关附属设施的设计与施工。为了实现这些景观，需要修建诸如小型水闸、驳岸、护坡和水池等工程构筑物以及必要的给排水设施和电力设施等。从而涉及到土木工程、防水工程、给排水工程、供电与照明工程、假山工程、种植工程、设备安装工程等一系列相关工程。

一、园林水景工程的作用

1. 美化环境空间

　　人造水景是建筑空间和环境创作的一个组成部分，主要由各种形态的水流组成。水流的基本形态有镜池、溪流、叠流、瀑布、水幕、喷泉、涌泉、冰塔、水膜、水雾、孔流、珠泉等，若将上述基本形态加以合理组合，又可构成不同姿态的水景。水景配以音乐、灯光形成千姿百态的动态声光立体水流造型，不但能装饰、衬托和加强建筑物、构筑物、艺术雕塑和特定环境的艺术效果和气氛，而且有美化生活环境的作用。

2. 改善小区气候

　　水景工程可起到类似大海、森林、草原和河湖等净化空气的作用，使景区的空气更加清洁、新鲜、湿润，使游客心情舒畅、精神振奋、消除烦躁，这是由于：

　　① 水景工程可增加附近空气的湿度，尤其在炎热干燥的地区，其作用更加明显。

　　② 水景工程可增加附近空气中的负离子的浓度，减少悬浮细菌数量，改善空气的卫生状况。

　　③ 水景工程可大大减少空气中的含尘量，使空气清新洁净。

3. 综合利用资源

　　进行水景工程的策划时，除充分发挥前述作用外，还应统揽全局、综合考虑、合理布局，尽可能发挥以下作用。

① 利用各种喷头的喷水降温作用，使水景工程兼作循环冷却池。

② 利用水池容积较大，水流能起充氧防止水质腐败的作用，使之兼作消防水池或绿化贮水池。

③ 利用水流的充氧作用，使水池兼作养鱼池。

④ 利用水景工程水流的特殊形态和变化，适合儿童好动、好胜、亲水的特点，使水池兼作儿童戏水池。

⑤ 利用水景工程可以吸引大批游客的特点，为公园、商场、展览馆、游乐场、舞厅、宾馆等招徕顾客进行广告宣传。

⑥ 水景工程本身也可以成为经营项目，进行各种水景表演。

二、园林理水

园林理水原指中国传统园林的水景处理，今泛指各类园林中水景处理。在中国传统的自然山水园中，水和山同样重要，以各种不同的水形，配合山石、花木和园林建筑来组景，是中国造园的传统手法，也是园林工程的重要组成部分。水是流动的、不定形的，与山的稳重、固定恰成鲜明对比。水中的天光云影和周围景物的倒影，水中的碧波游鱼、荷花睡莲等，使园景生动活泼，所以有"山得水而活，水得山而媚"之说。园林中的水面还可以划船、游泳，或作其他水上活动，并有调节气温、湿度、滋润土壤的功能，又可用来浇灌花木和防火。由于水无定形，它在园林中的形态是由山石、驳岸等来限定的，掇山与理水不可分，所以《园冶》一书把池山、溪涧、曲水、瀑布和埋金鱼缸等都列入"掇山"一章。理水也是排泄雨水、防止土壤冲刷、稳固山体和驳岸的重要手段。

模拟自然的园林理水，常见类型有以下几种。

（1）泉瀑。泉为地下涌出的水，瀑是断崖跌落的水，园林理水常把水源做成这两种形式。水源或为天然泉水，或园外引水或人工水源（如自来水）。泉源的处理，一般都做成石窦之类的景象，望之深邃黝暗，似有泉涌。瀑布有线状、帘状、分流、跌落等形式，主要在于处理好峭壁、水口和递落叠石。水源现在一般用自来水或用水泵抽汲池水、井水等。苏州园林中有导引屋檐雨水的，雨天才能观瀑。

（2）渊潭。小而深的水体，一般在泉水的积聚处和瀑布的承受处。岸边宜做叠石，光线宜幽暗，水位宜低下，石缝间配置斜出、下垂或攀缘的植物，上用大树封顶，造成深邃气氛。

（3）溪涧。泉瀑之水从山间流出的一种动态水景。溪河宜多弯曲以增长流程，显示出源远流长，绵延不尽。多用自然石岸，以砾石为底，溪水宜浅，可数游鱼，又可涉水。游览小径须时缘溪行，时踏汀步，两岸树木掩映，表现山水相依的景象，如杭州"九溪十八涧"。有时造成河床石骨暴露，流水激湍有声，如无锡寄畅园的"八音涧"。曲水也是溪涧的一种，今绍兴兰亭的"曲水流觞"就是用自然山石以理涧法做成的。

（4）河流。河流水面如带，水流平缓，园林中常用狭长形的水池来表现，使景色富有变化。河流可长可短，可直可弯，有宽有窄，有收有放。河流多用土岸，配置适当的植物；也可造假山插入水中形成"峡谷"，显出山势峻峭。两旁可设临河的水榭等，局部用整形的条石驳岸和台阶。水上可划船，窄处架桥，从纵向看，能增加风景的幽深和层次感。例如旧北京颐和园后湖、扬州瘦西湖等。

（5）池塘、湖泊。指成片汇聚的水面。池塘形式简单，平面较方整，没有岛屿和桥梁，岸线较平直而少叠石之类的修饰，水中植荷花、睡莲、荇、藻等观赏植物或放养观赏鱼类，再现林野荷塘、鱼池的景色。湖泊为大型开阔的静水面，但园林中的湖，一般比自然界的湖泊小得多，基本上只是一个自然式的水池，因其相对空间较大，常作为全园的构图中心。

（6）其他。规整的理水中常见的有喷泉、几何型的水池、叠落的跌水槽等，多配合雕塑、花池，水中栽植睡莲，布置在现代园林的入口、广场和主要建筑物前。

三、 园林驳岸

园林驳岸是起防护作用的工程构筑物，由基础、墙体、盖顶等组成。驳岸是园林水景的重要组成部分，修筑时要求坚固和稳定，同时，要求其造型要美观，并同周围景色协调。

园林驳岸按断面形状可分为整形式和自然式两类。对于大型水体和风浪大、水位变化大的水体以及基本上是规则式布局的园林中的水体，常采用整形式直驳岸，用石料、砖或混凝土等砌筑整形岸壁。对于小型水体和大水体的小局部，以及自然式布局的园林中水位稳定的水体，常采用自然式山石驳岸，或有植被的缓坡驳岸。自然式山石驳岸可做成岩、矶、崖、岫等形状，采取上伸下收、平挑高悬等形式。

驳岸多以打桩或柴排沉褥作为加强基础的措施。选坚实的大块石料为砌块，也有采用断面加宽的灰土层作基础，将驳岸筑于其上。驳岸最好直接建在坚实的土层或岩基土。如果地基疲软，须作基础处理。近年来中国南方园林构筑驳岸，多用加宽基础的方法以减少或免除地基处理工程。驳岸常用条石、块石混凝土、混凝土或钢筋混凝土作基础；用浆砌条石、浆砌块石勾缝、砖砌抹防水砂浆、钢筋混凝土以及用堆砌山石作墙体；用条石、山石、混凝土块料以及植被作盖顶。在盛产竹、木材的地方也有用竹、木、圆条和竹片、木板经防腐处理后作竹木桩驳岸。驳岸每隔一定长度要有伸缩缝。其构造和填缝材料的选用应力求经济耐用，施工方便。寒冷地区驳岸背水面需作防冻胀处理。方法有：填充级配砂石、焦砟等多孔隙易滤水的材料；砌筑结构尺寸大的砌体，夯填灰土等坚实、耐压、不透水的材料。

四、 园林护坡

在园林中，自然山地的陡坡、土假山的边坡、园路的边坡和湖池岸边的陡坡，有时为了顺其自然不做驳岸，而是改用斜坡伸向水中做成护坡。护坡主要是防止滑坡，减少水和风浪的冲刷，以保证岸坡的稳定。即通过坚固坡面表土的形式，防止或减轻地表径流对坡面的冲刷，使坡地在坡度较大的情况下也不至于坍塌，从而保护了坡地，维持了园林的地形地貌。护坡的主要类型有以下几种。

（1）块石护坡。在岸坡较陡、风浪较大的情况下，或因为造景的需要，在园林中常使用块石护坡。护坡的石料，最好选用石灰岩、砂岩、花岗岩等顽石。在寒冷的地区还要考虑石块的抗冻性。

（2）园林绿地护坡

① 草皮护坡。当岸壁坡角在自然安息角以内，水面上缓坡在1：（5～20）间起伏变化是很美的。这时水面以上部分可用草皮护坡，即在坡面种植草皮或草丛，利用密布土中的草根来固土，使土坡能够保持较大的坡度而不滑坡。

② 花坛式护坡。将园林坡地设计为倾斜的图案、文字类模纹花坛或其他花坛形式，既美化了坡地，又起到了护坡的作用。

（3）石钉护坡。在坡度较大的坡地上，用石钉均匀地钉入坡面，使坡面土壤的密实度增长，抗坍塌的能力也随之增强。

（4）预制框格护坡。一般是用预制的混凝土框格，覆盖、固定在陡坡坡面，从而固定、保护了坡面；坡面上仍可种草种树。当坡面很高、坡度很大时，采用这种护坡方式的优点比较明显。因此，这种护坡最适于较高的道路边坡、水坝边坡、河堤边坡等的陡坡。

（5）截水沟护坡。为了防止地表径流直接冲刷坡面，而在坡的上端设置一条小水沟，以阻截、汇集地表水，从而保护坡面。

（6）编柳抛石护坡。采用新截取的柳条十字交叉编织。编柳空格内抛填厚 0.4～0.44m 的块石，块石下设厚 10～20cm 的砾石层以利于排水和减少土壤流失。柳格平面尺寸为 1m×1m 或 0.3m×0.3m，厚度为 30～50cm。柳条发芽便成为较坚固的护坡设施。

五、 园林喷泉

园林中的喷泉，一般是为了造景的需要，人工建造的具有装饰性的喷水装置。喷泉可以湿润周围空气，减少尘埃，降低气温。喷泉的细小水珠同空气分子撞击，能产生大量的负氧离子。因此，喷泉有益于改善城市面貌和增进居民身心健康。

喷泉有很多种类和形式，如果进行大体上的区分，可以分为如下几类。

（1）普通装饰性喷泉。是由各种普通的水花图案组成的固定喷水型喷泉。

（2）与雕塑结合的喷泉。喷泉的各种喷水花与雕塑、水盘、观赏柱等共同组成景观。

喷泉的水源应为无色、无味、无有害杂质的清洁水。喷泉可用城市自来水作为水源，也可用地下水；其他如冷却设备和空调系统的废水也可作为喷泉的水源。

喷泉的给水方式有下述几种，如图 6-1 所示。

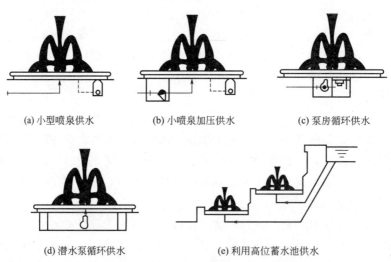

(a) 小型喷泉供水　　(b) 小喷泉加压供水　　(c) 泵房循环供水

(d) 潜水泵循环供水　　(e) 利用高位蓄水池供水

图 6-1　喷泉的给水方式

（1）自来水直接给水。流量在 2～3L/s 以内的小型喷泉，可直接由城市自来水供水。使用后的水排入园林雨水管网。

（2）泵房加压用后排掉。为了确保喷水有稳定的高度和射程，给水需经过特设的水泵页房加压，喷出后的水仍排入雨水管网。

（3）泵房加压，循环供水。为了确保水具有必要的、稳定的压力，同时节约用水，减少开支，对于大型喷泉，一般采用循环供水。循环供水的方式可以设水泵房。

（4）潜水泵循环供水。将潜水泵直接放置于喷水池中较隐蔽处或低处，直接抽取池水向喷水管及喷头循环供水。这种供水方式的水量有一定限度，因此一般适用于小型喷泉。

（5）高位水体供水。在有条件的地方，可以利用高位的天然水塘、河渠、水库等作为水源向喷泉供水，水用过后排放掉。

为了确保喷水池的卫生，大型喷泉还可设专用水泵，以供喷水池水的循环，使水池的水不断流动；并在循环管线中设过滤器和消毒设备，以消除水中的杂物、藻类和病菌。

喷水池的水应定期更换。在园林或其他公共绿地中，喷水池的废水可以和绿地喷灌或地面洒水等结合使用，作水的二次使用处理。

六、 小型水闸

水闸是控制水流出入某段水体的水工构筑物，常设于园林水体的进出水口。水闸在风景名胜区和城市园林中应用比较广泛，主要作用是蓄水和泄水。

（1）水闸按其专门使用的功能可分为以下几种。

① 进水闸。设于水体入口，起联系上游和控制进水量的作用。

② 节制闸。设于水体出口，起联系下游和控制出水量的作用。

③ 分水闸。用于控制水体支流出水。

（2）水闸结构由下到上可分为地基、水闸底层结构和水闸上层建筑三部分。

1）地基。为天然土层经加固处理而成。水闸基础必须保证当承受上部压力后不发生超限度和不均匀沉陷。

2）水闸底层结构。即闸底，为闸身与地基相联系部分。闸底必须承受由于上下游水位差造成跌水急流的冲力，减免由于上下游水位差造成的地基土壤管涌和经受渗流的浮托力。因此闸底要有一定的厚度和长度。

3）水闸的上层建筑。水闸的上层建筑又可分为以下三部分：

① 闸墙。亦称边墙，位于闸门之两侧，构成水流范围，形成水槽并支撑岸土使之不坍塌。

② 翼墙。与闸墙相接、转折如翼的部分，便于与上下游河道边坡平顺衔接。

③ 闸墩。分隔闸孔和安装闸门的支墩，亦可支架工作桥及交通桥。多用坚固的石材制造，也可用钢筋混凝土制成。闸墩的外形影响水流的通畅程度。

第二节 园林水景工程常用的材料

一、 驳岸工程常用材料

驳岸的类型主要有浆砌块石驳岸、桩基驳岸和混合驳岸等。

园林中常见的驳岸材料有花岗石、虎皮石、青石、浆砌块石、毛竹、混凝土、木材、碎石、钢筋、碎砖、碎混凝土块等。

桩基材料有木桩、石桩、灰土桩和混凝土桩、竹桩、板桩等。

（1）木桩。要求耐腐、耐湿、坚固、无虫蛀，如柏木、松木、橡树、榆树、杉木等。

桩木的规格取决于驳岸的要求和地基的土质情况，一般直径 10～15cm，长 1～2m，弯曲度（d/Z）小于 1‰。

（2）灰土桩。适用于岸坡水淹频繁而木桩又容易腐蚀的地方。混凝土桩坚固耐久，但投资比木桩大。

（3）竹桩、板桩。竹篱驳岸造价低廉，取材容易，如毛竹、大头竹、勒竹、撑篙竹等均可采用。

二、护坡材料

在园林中常用的护坡材料有柳条、块石、草皮预制框格等。

1. 编柳抛石护坡

采用新截取的柳条成十字交叉编织。编柳空格内抛填厚 0.2～0.4m 的块石，块石下设厚 10～20cm 的砾石层以利于排水和减少土壤流失。柳格平面尺寸为 1m×1m 或 0.3m×0.3m。

2. 块石护坡

护坡石料要求相对密度应不小于 2，如火成岩吸水率超过 1‰或水成岸吸水率超过 1.5‰（以重量计）则应慎用；较强的抗冻性，如花岗岩、砂岩、砾岩、板岩等石料，其中以块径 18～25cm、边长比 1∶2 的长方形石料为最好。

3. 植被护坡

植被层的厚度随采用的植物种类不同而有所不同。采用草皮护坡方式的，植被层厚 15～45cm；用花坛护坡的，植被层厚 25～60cm；用灌木丛护坡，则灌木层厚 45～180cm。植被层一般不用乔木做护坡植物，因乔木重心较高，有时可因树倒而使坡面坍塌。

4. 预制框格护坡

预制框格有混凝土、塑料、铁件、金属网等材料制作的，其每一个框格单元的设计形状和规格大小都可以有许多变化。框格一般是预制生产的，在边坡施工时再装配成各种简单的图形。用锚和矮桩固定后，再往框格中填满肥沃壤土，土要填得高于框格，并稍稍拍实，以免下雨时流水渗入框格下面，冲刷走框底泥土，使框格悬空。图 6-2 是预制混凝土框格的参考形状及规格尺寸举例。

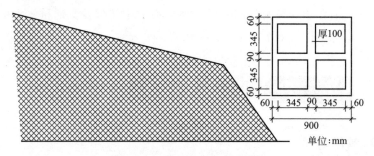

图 6-2　预制混凝土框格的设计

三、喷水池材料

1. 结构材料

喷水池的结构与人工水景池相同，也由基础、防水层、池底、压顶等部分组成。

（1）基础材料。基础是水池的承重部分，由灰（3∶7灰土）和C10混凝土层组成。

（2）防水层材料。水池防水材料种类较多。按材料分，主要有沥青类、塑料类、橡胶类、金属类、砂浆、混凝土及有机复合材料等。钢筋混凝土水池还可采用抹五层防水砂浆水泥中加入防水粉的做法。临时性水池则可将吹塑纸、塑料布、聚苯板组合使用，均有很好的防水效果。

（3）池底材料。多用现浇钢筋混凝土池底，厚度应大于20cm，如果水池容积大，要配双层钢筋网，也可用土工膜作为池底防渗材料。

（4）池壁材料。池壁一般有砖砌池壁、块石池壁和钢筋混凝土池壁三种。池壁厚视水池大小而定，砖砌池壁采用标准砖，M7.5水泥砂浆砌筑，壁厚≥240mm。钢筋混凝土池壁宜配直径8mm、12mm钢筋，C20混凝土。

（5）压顶材料。压顶材料常用混凝土及块石。

（6）管网材料。喷水池中还必须配套有供水管、补给水管、泄水管和溢水管等管网。

2. 衬砌材料

衬砌材料的常见种类有聚乙烯、聚氯乙烯（PVC）、异丁烯橡胶、三元乙丙橡胶（EPDM）薄膜底层衬垫等。目前国外庭园中常用水池衬砌材料特性见表6-1。

表6-1 目前国外庭园中常用水池衬砌材料特性

种类	价格	持久性	是否易于安装	设计灵活性	是否易于修理	评价
标准的聚乙烯衬料	便宜	不好	比较容易	好	难	脆，容易破碎，难以钻洞
PVC材料	比较便宜	较好	容易	很好	可能（如还有弹性）	
丁基衬料	适中	很好	容易	特别好	任何时候都有可能	表面光滑
预塑浇筑法	稍贵	一般或很好（视材料而定）	一般	一般	大部分材料都有可能	
标准浇铸法	稍贵	一般或特别好（视材料而定）	很难	很好	难	非常坚固，需要黏合
丁基面浇铸法	贵	很好	较难	很好	可能	非常坚固，不需要黏合
丁基夹层浇铸法	很贵	很好	难	很好	非常难	非常适合于公共场合，需黏合

四、管材及附件

1. 管材

对于室外喷水景观工程，我国常用的管材是镀锌钢管（白铁管）和非镀锌钢管（黑铁管）。一般埋地管道管径在70mm以上时用铸铁管。对于屋内工程和小型移动式水景；可采用塑料管（硬聚氯乙烯）。

在采用非镀锌钢管时，必须做防腐处理。防腐的方法，最简单的为刷油法，即先将管道表面除锈，刷防锈漆两遍（如红丹漆等），再刷银粉。如管道需要装饰或标志时，可刷调和漆打底，再加涂所需的色彩油漆。埋于地下的铸铁管，外管一律要刷沥青防腐，明露部分可刷红丹漆及银粉。

2. 控制附件

控制附件用来调节水量、水压、关断水流或改变水流方向。在喷水景观工程管路常用的控制附件主要有闸阀、截止阀、逆止阀、电磁阀、电动阀、气动阀等。

（1）闸阀。作隔断水流，控制水流道路的启、闭之用。

（2）截止阀。起调节和隔断管中的水流的作用。

（3）逆止阀。又称单向阀，用来限制水流方向，以防止水的倒流。

（4）电磁阀。是由电信号来控制管道通断的阀门，作为喷水工程的自控装置。另外，也可以选择电动阀、气动阀来控制管路的开闭。

第三节　驳岸与护坡施工

园林驳岸和护坡是起防护作用的工程构筑物，由基础、墙体、盖顶等组成，修筑时要求坚固和稳定。选坚实的大块石料为砌块，也有采用断面加宽的灰土层作基础，将驳岸筑于其上。驳岸和护坡最好直接建在坚实的土层或岩基上。如果地基疲软，需做基础处理。

驳岸和护坡每隔一定长度要有伸缩缝。其构造和填缝材料的选用应力求经济耐用、施工方便。寒冷地区驳岸背水面需做防冻胀处理。方法有：填充级配砂石、焦砟等多孔隙易滤水的材料；砌筑结构尺寸大的砌体，夯填灰土等坚实、耐压、不透水的材料。

一、 施工准备

（1）驳岸与护坡的施工属于特殊的砌体工程，施工时应遵循砌体工程的操作规程与施工验收规范，同时应注意驳岸和护坡的施工必须放干湖水，亦可分段堵截逐一排空。采用灰土基础以在干旱季节为宜，否则会影响灰土的固结。

（2）为防止冻凝，岸坡应设伸缩缝并兼作沉降缝。伸缩缝要做好防水处理，同时也可采用结合景观的设计使岸坡曲折有度，这样既丰富岸坡的变化，又减少伸缩缝的设置，使岸坡的整体性更强。

（3）为排除地面渗水或地面水在岸墙后的滞留，应考虑设置泄水孔。泄水孔可等距离分布，平均3～5m处可设置一处。在孔后可设倒滤层，以防阻塞（如图6-3所示）。

二、 驳岸施工

园林中的各种水体需要有稳定、美观的岸线，并使陆地与水面之间保持一定的比例关系，防止因水岸坍塌而影响水体，因而应在水体的边缘修筑驳岸或进行护坡处理。

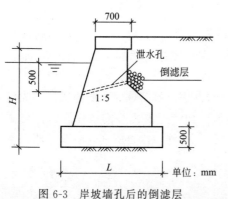

图6-3　岸坡墙孔后的倒滤层

由于园林中驳岸高度一般不超过2.5m，可以根据经验数据来确定各部分的构造尺寸，而省去繁杂的结构计算。园林驳岸的构造及名称如下：

① 压顶。驳岸之顶端结构，一般向水面有所悬挑。

② 墙身。驳岸主体，常用材料为混凝土、毛石、砖等，还有用木板、毛竹板等材料作为临时性的驳岸材料。

③ 基础。驳岸的底层结构，作为承重部分，厚度常用 400mm，宽度在高度的 0.6～0.8 倍范围内。

④ 垫层。基础的下层，常用材料如矿渣、碎石、碎砖等整平地坪，以保证基础与土层均匀接触。

⑤ 基础桩。增加驳岸的稳定性，是防止驳岸滑移或倒塌的有效措施，同时也兼起加强地基承载能力的作用。材料可以用木桩、灰土桩等。

⑥ 沉降缝。由于墙高不等、墙后土压力、地基沉降不均匀等的变化差异时所必须考虑设置的断裂缝。

⑦ 伸缩缝。避免因温度等变化引起的破裂而设置的缝。一般 10～25m 设置一道，宽度一般采用 10～20mm，有时也兼做沉降缝用。

浆砌块石基础在施工时石头要砌得密实，缝穴尽量减少。如有大间隙应以小石填实。灌浆务必饱满，使渗进石间空隙，北方地区冬季施工可在水泥砂浆中加入 3%～5% 的 $CaCl_2$ 或 $NaCl$，按质量比兑入水中拌匀以防冻，使之正常凝固。倾斜的岸坡可用木制边坡样板校正。浆砌块石缝宽 2～3cm，勾缝可稍高于石面，也可以与石面平或凹进石面。块石护岸由下往上铺砌石料。石块要彼此紧贴。用铁锤打掉过于突出的棱角并挤压上面的碎石使其密实地压入土中。铺后可以在上面行走，试一下石块的稳定性。如人在上面行走石头仍不动，说明质量是好的，否则要用碎石嵌垫石间空隙。

图 6-4 表明驳岸的水位关系。由图可见，驳岸可分为湖底以下部分，常水位至低水位部分、常水位与高水位之间部分和高水位以上部分。高水位以上部分是不淹没部分，主要受风浪撞击和淘刷、日晒风化或超重荷载，致使下部坍塌，造成岸坡损坏。

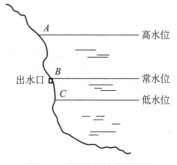

图 6-4 驳岸的水位关系

常水位至高水位部分（$B—A$）属周期性淹没部分，多受风浪拍击和周期性冲刷，使水岸土壤遭冲刷淤积水中，损坏岸线，影响景观。

常水位到低水位部分（$B—C$）是常年被淹部分，其主要是湖水浸渗冻胀，剪力破坏，风浪淘刷。我国北方地区因冬季结冻，常造成岸壁断裂或移位。有时因波浪淘刷，土壤被淘空后导致坍塌。以下部分是驳岸基础，主要影响地基的强度。

1. 驳岸的造型

按照驳岸的造型形式将驳岸分为规则式驳岸、自然式驳岸和混合式驳岸三种。

规则式驳岸指用块石、砖、混凝土砌筑的几何形式的岸壁，如常见的重力式驳岸、半重力式驳岸、扶壁式驳岸等（如图 6-5 所示）。规则式驳岸多属永久性的，要求较好的砌筑材料和较高的施工技术。其特点是简洁规整，但缺少变化。

扶壁式驳岸构造要求：

① 在水平荷重时 $B = 0.45H$；在超重荷载时 $B = 0.65H$；在水平又有道路荷载时 $B = 0.75H$。

② 墙面板、扶壁的厚度 ≥20～25cm，底板厚度 ≥25cm。

自然式驳岸是指外观无固定形状或规格的岸坡处理，如常用的假山石驳岸、卵石驳岸。这种驳岸自然堆砌，景观效果好。

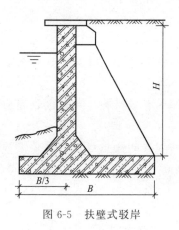

图 6-5　扶壁式驳岸

混合式驳岸是规则式与自然式驳岸相结合的驳岸造型。一般为毛石岸墙，自然山石岸顶。混合式驳岸易于施工，具有一定装饰性，适用于地形许可且有一定装饰要求的湖岸。

2. 砌石类驳岸

砌石类驳岸是指在天然地基上直接砌筑的驳岸，埋设深度不大，但基址坚实稳固。如块石驳岸中的虎皮石驳岸、条石驳岸、假山石驳岸等。此类驳岸的选择应根据基址条件和水景景观要求确定，既可处理成规则式，也可做成自然式。

图 6-6 是砌石驳岸的常见构造，它由基础、墙身和压顶三部分组成。基础是驳岸承重部分，通过它将上部重量传给地基。因此，驳岸基础要求坚固，埋入湖底深度不得小于50cm，基础宽度 B 则视土壤情况而定，砂砾土为（0.35～0.4）H，砂壤土为0.45H，湿砂土为（0.5～0.6）H，饱和水壤土为0.75H。墙身处于基础与压顶之间，承受压力最大，包括垂直压力、水的水平压力及墙后土壤侧压力。因此，墙身应具有一定的厚度，墙体高度要以最高水位和水面浪高来确定，岸顶应以贴近水面为好，便于游人亲近水面，并显得蓄水丰盈饱满。压顶为驳岸最上部，宽度 30～50cm，用混凝土或大块石做成。其作用是增强驳岸稳定，美化水岸线，阻止墙后土壤流失。图 6-7 所示是重力式驳岸结构尺寸图，与表 6-2 配合使用。

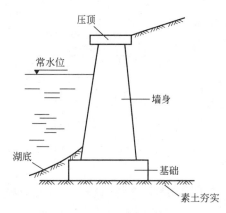

图 6-6　砌石驳岸的构造

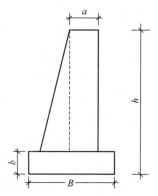

图 6-7　重力式驳岸结构尺寸

如果水体水位变化较大，即雨季水位很高，平时水位很低，为了岸线景观起见，则可将岸壁迎水面做成台阶状，以适应水位的升降。

表 6-2　常见块石驳岸选用表　　　　　　　　　单位：cm

h	a	B	b
100	30	40	30
200	50	80	30
250	60	100	50
300	60	120	70
350	60	140	70
400	60	160	70
500	60	200	70

驳岸施工前应进行现场调查，了解岸线地质及有关情况，作为施工时的参考。施工程序

如下。

（1）放线。布点放线应依据设计图上的常水位线，确定驳岸的平面位置，并在基础两侧各加宽 20cm 放线。

（2）挖槽。一般由人工开挖，工程量较大时采用机械开挖。为了保证施工安全，对需要放坡的地段，应根据规定进行放坡。

（3）夯实地基。开槽后应将地基夯实。遇土层软弱时需进行加固处理。

（4）浇筑基础。一般为块石混凝土，浇筑时应将块石分隔，不得互相靠紧，也不得置于边缘。

（5）砌筑岸墙。浆砌块石岸墙的墙面应平整、美观；砌筑砂浆饱满，勾缝严密。每隔 25～30m 做伸缩缝，缝宽 3cm，可用板条、沥青、石棉绳、橡胶、止水带或塑料等防水材料填充。填充时应略低于砌石墙面，缝用水泥砂浆勾满。如果驳岸有高差变化，则应做沉降缝，确保驳岸稳固。驳岸墙体应于水平方向 2～4m、竖直方向 1～2m 处预留泄水孔，口径为 120mm×120mm，便于排除墙后积水、保护墙体。也可于墙后设置暗沟，填置砂石排除积水。

（6）砌筑压顶。可采用预制混凝土板块压顶，也可采用大块方整石压顶。顶石应向水中至少挑出 5～6cm，并使顶面高出最高水位 50cm 为宜。砌石类驳岸结构做法，如图 6-8 所示。

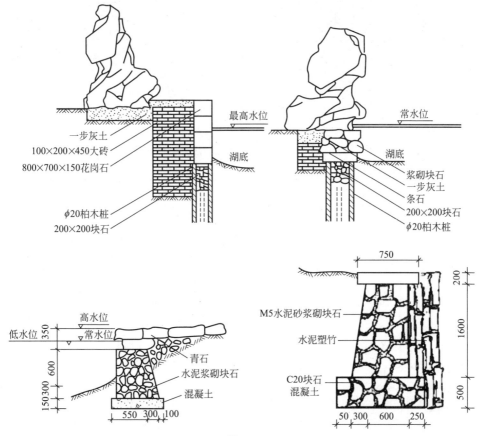

图 6-8

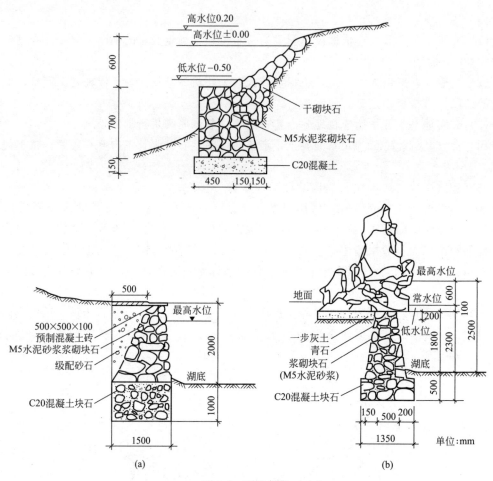

图 6-8　驳岸做法

3. 桩基类驳岸

桩基是我国古老的水工基础做法，在水利建设中得到广泛应用，直至现在仍是常用的一种水工地基处理手法。当地基表面为松土层且下层为坚实土层或基岩时最宜用桩基。其特点是：基岩或坚实土层位于松土层下，桩尖打下去，通过桩尖将上部荷载传给下面的基岩或坚实土层；若桩打不到基岩，则利用摩擦桩，借摩擦桩侧表面与泥土间的摩擦力将荷载传到周围的土层中，以达到控制沉陷的目的。

图 6-9 所示是桩基驳岸结构示意，它由桩基、卡裆石、盖桩石、混凝土基础、墙身和压顶等几部分组成。卡裆石是桩间填充的石块，起保持木桩稳定作用。盖桩石为桩顶浆砌的条石，作用是找平桩顶以便浇灌混凝土基础。基础以上部分与砌石类驳岸相同。

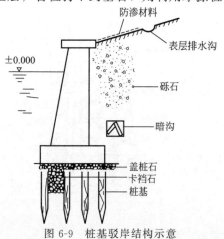

图 6-9　桩基驳岸结构示意

4. 竹篱驳岸、板墙驳岸

竹桩、板桩驳岸是另一种类型的桩基驳岸。驳岸打桩后，基础上部临水面墙身由竹篱（片）或板片镶嵌而成，适于临时性驳岸。竹篱驳岸造价低廉、取材容易、施工简单、工期短，能使用一定年限，凡盛产竹子，如毛竹、大头竹、勒竹、撑篙竹的地方都可采用。施工时，竹桩、竹篱要涂上一层柏油，目的是防腐。竹桩顶端由竹节处截断以防雨水积聚，竹片镶嵌直顺紧密牢固，如图6-10、图6-11所示。

由于竹篱缝很难做得密实，这种驳岸不耐风浪冲击、淘刷和游船撞击，岸土很容易被风浪淘刷，造成岸篱分开，最终失去护岸功能。因此，此类驳岸适用于风浪小、岸壁要求不高、土壤较黏的临时性护岸地段。

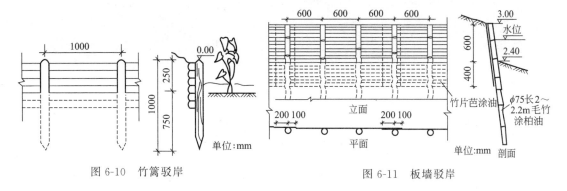

图6-10　竹篱驳岸　　　　　　　　　　图6-11　板墙驳岸

三、护坡施工

护坡在园林工程中得到广泛应用，原因在于水体的自然缓坡能产生自然、亲水的效果。护坡方法的选择应依据坡岸用途、构景透视效果、水岸地质状况和水流冲刷程度而定。护坡不允许土壤从护面石下面流失。为此应做过滤层，并且护坡应预留排水孔，每隔25m左右做1个伸缩缝。

对于小水面，当护面高度在1m左右时，护坡的做法比较简单，也可以用大卵石等护坡，以表现海滩等的风光。当水面较大，坡面较高，一般在2m以上时，则护坡要求较高，多用于砌石块，用M7.5水泥砂浆勾缝。压顶石用MU20浆砌块石，坡脚石一定要坐在湖底下。

石料要求相对密度大、吸水率小。先整理岸坡，选用10～25cm直径的块石。最好是边长比为1∶2的长方形石料，块石护坡还应有足够的透水性，以减少土壤从护坡上面流失。这就需要块石下面设倒滤层垫底，并在护坡坡脚设挡板。

1. 铺石护坡

当坡岸较陡，风浪较大或因造景需要时，可采用铺石护坡，如图6-12所示。铺石护坡由于施工容易，抗冲刷力强，经久耐用，护岸效果好，还能因地造景，灵活随意，是园林常见的护坡形式。

护坡石料要求吸水率低（不超过1%）、密度大（大于2t/m³）和较强的抗冻性，如石灰岩、砂岩、花岗石等岩石，以块径1.8～25cm、长宽比为1∶2的长方形石料最佳。

铺石护坡的坡面应根据水位和土壤状况确定，一般常水位以下部分坡面的坡度小于1∶4，常水位以上部分采用1∶（1.5～5）。

施工方法如下：首先把坡岸平整好，并在最下部挖一条梯形沟槽，槽沟宽40～50cm，深50～60cm。铺石以前先将垫层铺好，垫层的卵石或碎石要求大小一致，厚度均匀，铺石时由下至上铺设。下部要选用大块的石料，以增加护坡的稳定性。铺时石块摆成丁字形，与岸坡平行，一行一行往上铺，石块与石块之间要紧密相贴，如有突出的棱角，应用铁锤将其

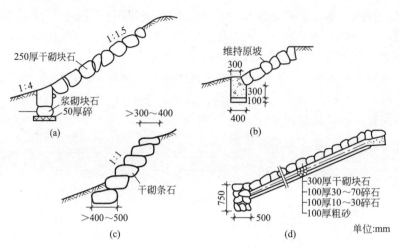

图 6-12　铺石护坡

敲掉。铺后检查一下质量，即当人在铺石上行走时铺石是否移动，如果不移动，则施工质量合乎要求。下一步就是用碎石嵌补铺石缝隙，再将铺石夯实即成。

2. 灌木护坡

灌木护坡较适于大水面平缓的坡岸。由于灌木有韧性，根系盘结，不怕水淹，能削弱风浪冲击力，减少地表冲刷，因而护岸效果较好。护坡灌木要具备速生、根系发达、耐水湿、株矮常绿等特点，可选择沼生植物护坡。施工时可直播，可植苗，但要求较大的种植密度。若因景观需要，强化天际线变化，可适量植草和乔木，如图 6-13 所示。

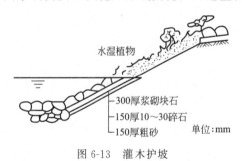

图 6-13　灌木护坡

3. 草皮护坡

草皮护坡适于坡度在 1：（5～20）之间的湖岸缓坡。护坡草种要求耐水湿，根系发达，生长快，生存力强，如假俭草、狗牙根等。护坡做法按坡面具体条件而定，如果原坡面有杂草生长，可直接利用杂草护坡，但要求美观。也有直接在坡面上播草种，加盖塑料薄膜，如图 6-14 在正方砖、六角砖上种草，然后用竹签

四角固定作护坡。最为常见的是块状或带状种草护坡，铺草时沿坡面自下而上呈网状铺草，用木方条分隔固定，稍加压踩。若要增加景观层次，丰富地貌，加强透视感，可在草地散置山石，配以花灌木。

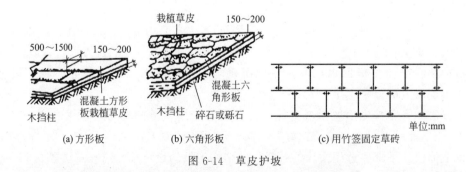

图 6-14　草皮护坡

第四节　水池施工

水池在园林中的用途很广泛，可用作处理广场中心、道路尽端以及和亭、廊、花架等各种建筑，形成富于变化的各种组合。这样可以在缺乏天然水源的地方开辟水面以改善局部的小气候条件，为种植、饲养有经济价值和观赏价值的水生动植物创造生态条件，并使园林空间富有生动活泼的景观。常见的喷水池、观鱼池、海兽池及水生植物种植池都属于这种水体类型。水池平面形状和规模主要取决于园林总体与详细规划中的观赏与功能要求，水景中水池的形态种类众多，深浅和池壁、池底结构及材料也各不相同。目前国内较为常见的池底结构有以下几种。

（1）灰土层池底。当池底的基土为黄土时，可在池底做 40～45cm 厚的 3∶7 灰土层，并每隔 20m 留 1 个伸缩缝，如图 6-15（a）所示。

（2）聚乙烯薄膜防水层池底。当基土微漏，可采用聚乙烯防水薄膜池底做法，如图 6-15（b）所示。

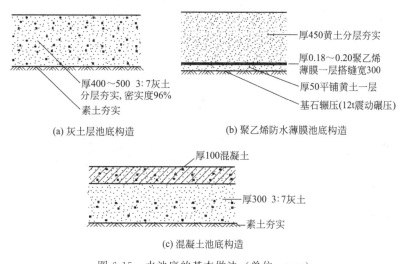

图 6-15　水池底的基本做法（单位：mm）

（3）混凝土池底。当水面不大，防漏要求又很高时，可以采用混凝土池底结构。这种结构的水池，如其形状比较规整，则 50m 内可不做伸缩缝。如其形状变化较大，则在其长度约 20m 并在其断面狭窄处，应做伸缩缝。一般池底可贴蓝色瓷砖或加入水泥，进行色彩上的变化，增加景观美感，如图 6-15（c）所示。

常用的水池材料分刚性材料和柔性材料两种。刚性材料以钢筋混凝土、砖、石等为主；而柔性材料则有各种改性橡胶防水卷材、高分子防水薄膜、膨润土复合防水垫等。刚性材料宜用于规则式水池，柔性材料则用于自然式水池较为合适。

一、　刚性材料水池

刚性材料水池做法如图 6-16～图 6-18 所示，其一般施工工艺如下。

（1）放样。按设计图纸要求放出水池的位置、平面尺寸、池底标高对桩位。

(a) 堆砌山石水池池壁(岸)处理

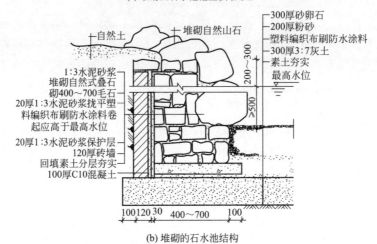

(b) 堆砌的石水池结构

图 6-16　水池做法（一）（单位：mm）

(a) 混凝土铺底水池池壁(岸)处理

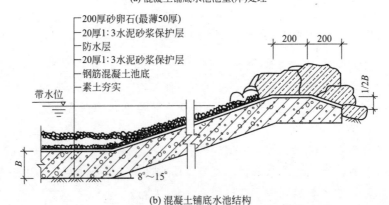

(b) 混凝土铺底水池结构

图 6-17　水池做法（二）（单位：mm）

（2）开挖基坑。一般可采用人工开挖，如水面较大也可采用机挖；为确保池底基土不受扰动破坏，机挖必须保留 200mm 厚度，由人工修整。需设置水生植物种植槽的，在放样时

(a) 混凝土铺底水池池壁(岸)处理

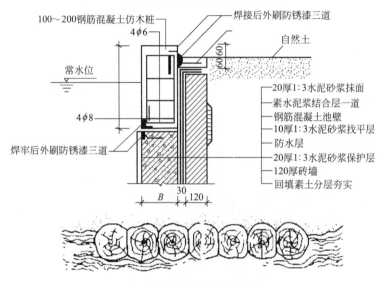

(b) 混凝土仿木桩池岸平石

图 6-18　水池做法（三）（单位：mm）

应明确，以防超挖而造成浪费；种植槽深度应视设计种植的水生植物特性决定。

（3）做池底基层。一般硬土层上只需用 C10 素混凝土找平约 100mm 厚，然后在找平层上浇捣刚性池底；如土质较松软，则必须经结构计算后设置块石垫层、碎石垫层、素混凝土找平层后，方可进行池底浇捣。

（4）池底、壁结构施工。按设计要求，用钢筋混凝土作结构主体的，必须先支模板，然后扎池底、壁钢筋；两层钢筋间需采用专用钢筋撑脚支撑，已完成的钢筋严禁踩踏或堆压重物。

浇捣混凝土需先底板、后池壁；如基底土质不均匀，为防止不均匀沉降造成水池开裂，可采用橡胶止水带分段浇捣；如水池面积过大，可能造成混凝土收缩裂缝的，则可采用后浇带法解决。

如要采用砖、石作为水池结构主体的，必须采用 M7.5～M10 水泥砂浆砌筑底，灌浆饱满密实，在炎热天要及时洒水养护砌筑体。

（5）水池粉刷。为保证水池防水可靠，在作装饰前，首先应做好蓄水试验，在灌满水24h 后未有明显水位下降后，即可对池底、壁结构层采用防水砂浆粉刷，粉刷前要将池水放干清洗，不得有积水、污渍，粉刷层应密实牢固，不得出现空鼓现象。

二、 柔性材料水池

柔性材料水池的结构，如图 6-19～图 6-21 所示，其一般施工工序如下。

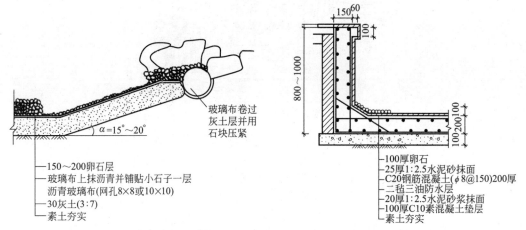

图 6-19　玻璃布沥青防水池结构（单位：mm）　　　图 6-20　油毡防水层水池结构（单位：mm）

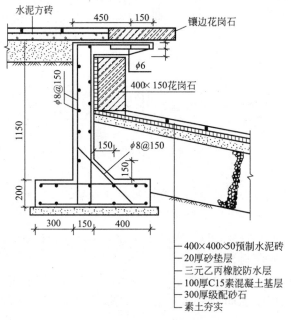

图 6-21　三元乙丙橡胶防水层水池结构（单位：mm）

（1）放样、开挖基坑。要求与刚性水池相同。

（2）池底基层施工。在地基土条件极差（如淤泥层很深，难以全部清除）的条件下，才有必要考虑采用刚性水池基层的做法。

不做刚性基层时，可将原土夯实整平，然后在原土上回填 300～500mm 的黏性黄土压实，即可在其上铺设柔性防水材料。

（3）水池柔性材料的铺设。铺设时应从最低标高开始向高标高位置铺设；在基层面应先按照卷材宽度及搭接长度要求弹线，然后逐幅分割铺贴，搭接也要用专用胶黏剂满涂后压紧，防止出现毛细缝。卷材底空气必须排出，最后在每个搭接边再用专用自粘式封口条封闭。一般搭接边长边不得小于 80mm，短边不得小于 150mm。

如采用膨润土复合防水垫，铺设方法和一般卷材类似，但卷材搭接处需满足搭接 200mm 以上，且搭接处按 0.4kg/m 铺设膨润土粉压边，防止渗漏产生。

（4）柔性水池完成后，为保护卷材不受冲刷破坏，一般需在面上铺压卵石或粗砂作保护。

三、 水池防渗

水池防渗一般包括池底防渗和岸墙防渗两部分。池底由于不外露，又低于水平面，一般采用铺防水材料上覆土或混凝土的方法进行防渗，而池岸处于立面，又有一部分露出水面，要兼顾美观，因此岸墙防渗较之池底防渗要复杂些。

（1）常用的防渗方法有以下几种。

① 新建重力式浆砌石墙，土工膜绕至墙背后的防渗方法。其断面图如图 6-22 所示。

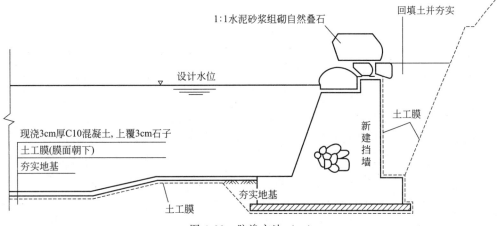

图 6-22　防渗方法（一）

这种方法的施工要点是将复合土工膜铺入浆砌石墙基槽内并预留好绕至墙背后的部分，然后在其上浇筑垫层混凝土，砌筑浆砌石墙。若土工膜在基槽内的部分有接头，应做好焊接，并检验合格后方可在其上浇筑垫层混凝土。为保护绕至背后的土工膜，应将浆砌石墙背后抹一层砂浆，形成光滑面与土工膜接触，土工膜背后回填土。土工膜应留有余量，不可太紧。

这种防渗方法主要适用于新建的岸墙。它将整个岸墙用防渗膜保护，伸缩缝位置不需经过特殊处理，若土工膜焊接质量好，土工膜在施工过程中得到良好的保护，这种岸墙防渗方法效果相当不错。

② 在原浆砌石挡墙内侧再砌浆砌石墙，土工膜绕至新墙与旧墙之间的防渗方法。这种方法适用于旧岸墙防渗加固。其断面图如图 6-23 所示。

这种方法中，新建浆砌石墙背后土工膜与旧浆砌石墙接触，土工膜在新旧浆砌石墙之间，与前述方法相比，土工膜的施工措施更为严格。施工时应着重采取措施保护土工膜，以免被新旧浆砌石墙破坏。旧浆砌石墙应清理干净，上面抹一层砂浆形成光面，然后贴上土工膜。新墙应逐层砌筑，每砌一层应及时将新墙与土工膜之间的缝隙填上砂浆，以免石块扎破土工膜。

此方法在池岸防渗加固中造价要低于混凝土防渗墙，但由于浆砌石墙宽度较混凝土墙

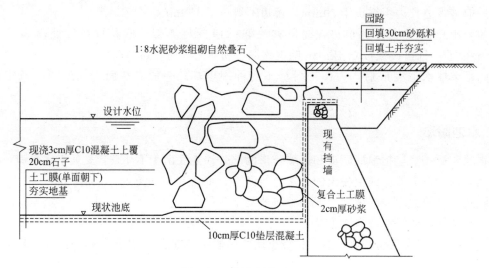

图 6-23 防渗方法（二）

大，因此会侵占池面面积。

以上介绍的两种方法都是应用土工膜进行防渗，土工膜是主要的防渗材料，因此保证土工膜的质量是采用这两种方法防渗效果好坏的关键。而保证土工膜的质量除严把原材料质量关，杜绝不合格产品外，保证土工膜的焊接质量是一个非常重要的因素。焊接部位是整个土工膜的薄弱环节，焊接质量直接影响着土工膜的防渗效果。

③ 做混凝土防渗墙上砌料石的方法进行防渗。适用于原有浆砌石岸墙的旧池区改造。断面如图 6-24 所示。

将原浆砌石岸墙勾缝剔掉，清理，在其内侧浇筑 30cm 厚抗冻抗渗强度等级的混凝土，在水面以上外露部分砌花岗岩料石，以保证美观。这种岸墙防渗方法最薄弱的部位是伸缩缝处。在伸缩缝处应设止水带，止水带上部应高于设计常水位，下部与池底防渗材料固定连接，以保证无渗漏通道。这种方法主要用于旧池区的防渗加固，较之浆砌石墙后浇土工膜的方法，这种方法可以减少占用的池区面积，保证防渗加固后池区的蓄水能力和水面面积不会大量减少。

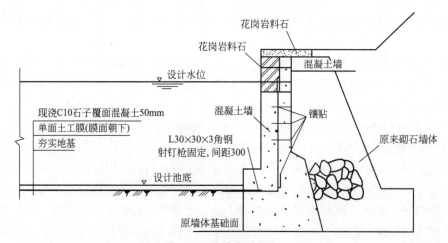

图 6-24 防渗方法（三）

这种方法的防渗材料其实就是混凝土，因此混凝土的质量好坏直接影响着该方法的防渗效果。所以在施工中一定要采取多种措施来保证混凝土的质量。另外料石也有一部分处于设计水位以下，其质量不但影响着美观，在一定程度上也影响着防渗效果。因此保证料石的砌筑质量也是保证岸墙防渗效果的一个重要方面。

（2）保证土工膜焊接质量应注意以下几个问题。

① 施工前应注意调节焊膜机至最佳工作状态，保证焊接过程中不出现故障而影响焊接效果，在施工过程中还应注意随时调整和控制焊膜机工作温度、速度。

② 将要焊接部位的土工膜清理干净，保证无污垢。

③ 出现虚焊、漏焊时必须切开焊缝，使用热熔挤压机对切开损伤部位用大于破损直径一倍以上的母材补焊。

④ 土工膜焊接后，应及时对焊接质量进行检测，检测方法采用气压式检测仪。经过 10 天的现场实测，湖水位一昼夜平均下降 12mm。

（3）保证混凝土的质量应注意以下问题。

① 混凝土入仓前应检查混凝土的和易性，和易性不好的混凝土不得入仓。混凝土入仓时，应避免骨料集中，设专人平仓、摊开、布匀。

② 基础和墙体混凝土浇筑时，高程控制应严格掌握，由专人负责挂线找平。

③ 对于斜支模板，支模时把钢筋龙骨与地脚插筋每隔 2m 点焊一道，防止模板在混凝土浇筑过程中上升。

④ 支模前用腻子刀和砂纸对模板进行仔细清理，不干净的模板不允许使用。

⑤ 混凝土入仓前把模板缝，尤其是弯道处的模板立缝堵严，防止漏浆。入仓前用清水润湿基础混凝土面，并摊铺 2cm 厚砂浆堵缝。砂浆要用混凝土原浆。混凝土平仓后及时振捣，振捣由专人负责，明确责任段，严格保证振捣质量。混凝土振捣间距应为影响半径的1/2，即 30 型振捣棒振捣间距为 15cm，50 型振捣棒振捣间距为 25cm，避免漏振和过振。振捣时应注意紧送缓提，避免过快提振捣棒。

⑥ 模板的加固应使用勾头螺栓，不得用铅丝代替。

（4）保证料石的砌筑质量应注意以下几个方面。

① 墙身砌筑前，混凝土墙顶表面清理干净，凿毛并洒水润湿，经验收合格后，进行墙身料石砌筑。

② 料石砌筑每 10m 一个仓，每仓两端按设计高程挂线控制高程。仓与仓间设油板，外抹沥青砂浆。平缝与立缝均设 2cm 宽，2cm 深。料石要压缝砌筑，但缝隙错开，缝宽缝深符合设计要求；要求砂浆饱满，石与石咬砌，不出现通缝，保证墙身平顺。

③ 料石后旧岸墙与料石间的缝隙必须浇筑抗冻抗渗混凝土，以防止料石后的渗漏。混凝土浇筑前应将旧岸墙表面破损的砂浆勾缝剔除，将旧墙表面清理干净，局部旧浆砌石；岸墙损坏较严重处应拆除重新砌筑后再砌筑料石、浇筑混凝土。

④ 在伸缩缝处，应保证止水带位置，若料石与止水带位置冲突，可将料石背后凿去一块，保证止水带不弯曲、移位，浇筑混凝土时应特别注意将止水带部位振捣密实。

四、 水池壁与底板施工缝处理

施工缝采用中 3 厚钢板止水带，留设在底板上 $H = 300mm$ 处，如图 6-25 所示。施工前先凿去缝内混凝土浮浆及杂物并用水冲洗干净。混凝土浇捣时，应加强接缝处的振捣，使新旧混凝土结合充分密实。

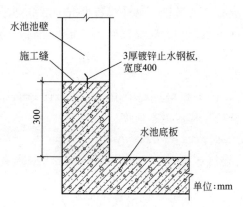

图 6-25　水池池壁施工缝的留置

五、 水池的给排水系统

1. 给水系统

水池的给排水系统主要有直流给水系统、陆上水泵循环给水系统、潜水泵循环给水系统和盘式水景循环给水系统等四种形式。

（1）直流给水系统。直流给水系统，如图 6-26 所示。将喷头直接与给水管网连接，喷头喷射一次后即将水排至下水道。这种系统构造简单、维护简单且造价低，但耗水量较大。直流给水系统常与假山、盆景配合，作小型喷泉、瀑布、孔流等，适合在小型庭院、大厅内设置。

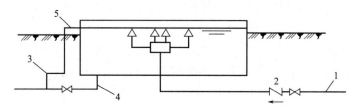

图 6-26　直流给水系统

1—给水管；2—止回隔断阀；3—排水管；4—泄水管；5—溢流管

（2）陆上水泵循环给水系统。陆上水泵循环给水系统，如图 6-27 所示。该系统设有贮水池、循环水泵房和循环管道，喷头喷射后的水多次循环使用，具有耗水量少、运行费用低的优点。但系统较复杂，占地较多，管材用量较大，投资费用高，维护管理麻烦。此种系统适合各种规模和形式的水景，一般用于较开阔的场所。

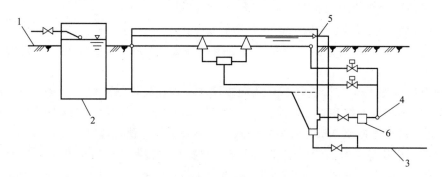

图 6-27　陆上水泵循环给水系统

1—给水管；2—补给水井；3—排水管；4—溢流管；5—溢流管；6—过滤器

（3）潜水泵循环给水系统。潜水泵循环给水系统，如图 6-28 所示。该系统设有贮水池，将成组喷头和潜水泵直接放在水池内作循环使用。这种系统具有占地少，投资低，维护管理简单，耗水量少的优点，但是水姿花形控制调节较困难。潜水泵循环给水系统适用于各种形式的中型或小型喷泉、水塔、涌泉、水膜等。

（4）盘式水景循环给水系统。盘式水景循环给水系统，如图 6-29 所示。该系统设有集水盘、集水井和水泵房。盘内铺砌踏石构成甬路。喷头设在石隙间，适当隐蔽。人们可在喷

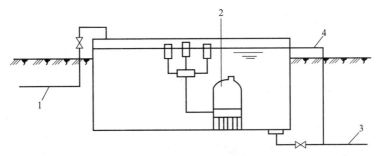

图 6-28 溜水泵循环给水系统
1—给水管；2—潜水泵；3—排水管；4—溢流管

泉间穿行，满足人们的亲水感、增添欢乐气氛。该系统不设贮水池，给水均循环利用，耗水量少，运行费用低，但存在循环水易被污染、维护管理较麻烦的缺点。

上述几种系统的配水管道宜以环状形式布置在水池内，小型水池也可埋入池底，大型水池可设专用管廊。一般水池的水深采用 $0.4 \sim 0.5m$，超高为 $0.25 \sim 0.3m$。水池充水时间按 $24 \sim 48h$ 考虑。配水管的水头损失一般为 $5 \sim 10mmH_2O/m$ 为宜。配水管道接头应严密平滑，转弯处应采用大转弯半径的光滑弯头。每个喷头前应有不小于 20 倍管径的直线管段；每组喷头应有调节装置，以调节射流的高度或形状。循环水泵应靠近水池，以减少管道的长度。

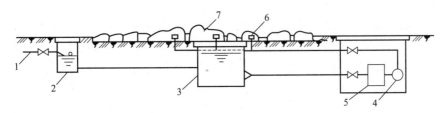

图 6-29 盘式水景循环给水系统
1—改水管；2—补给水井；3—集水井；4—循环泵；5—过滤器；6—喷头；7—踏石

2. 排水系统

为维持水池水位和进行表面排污，保持水面清洁，水池应有溢流口。常用的溢流形式有堰口式、漏斗式、管口式和连通管式等，如图 6-30 所示。大型水池宜设多个溢流口，均匀布置在水池中间或周边。溢流口的设置不能影响美观，并要便于清除积污和疏通管道，为防止漂浮物堵塞管道，溢流口要设置格栅，格栅间隙应不大于管径的 1/4。

为便于清洗、检修和防止水池停用时水质腐败或池水结冰，影响水池结构，池底应有 0.01 的坡度，坡向泄水口。若采用重力泄水有困难时，在设置循环水泵的系统中，也可利用循环水泵泄水，并在水泵吸水口上设置格栅，以防水泵装置和吸水管堵塞，一般栅条间隙不大于管道直径的 1/4。

六、 工程质量要求

（1）砖壁砌筑必须做到横圆竖直，灰浆饱满。不得留踏步式或马牙茬。砖的强度等级不低于 MU10，砌筑时要挑选，砂浆配合比要称量准确，搅拌均匀。

（2）钢筋混凝土壁板和壁槽灌缝之前，必须将模板内杂物清除干净，用水将模板湿润。

（3）池壁模板不论采用无支撑法还是有支撑法，都必须将模板紧固好，防止混凝土浇筑时，模板发生变形。

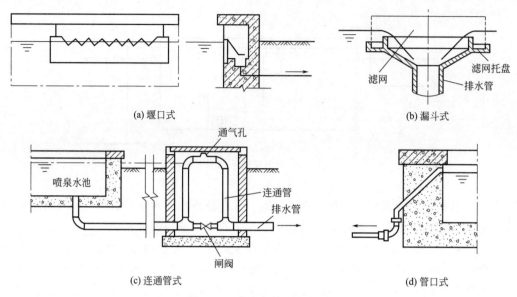

图 6-30　水池各种溢流水口

（4）防渗混凝土可掺用素磺酸钙减水剂，掺用减水剂配制的混凝土，耐油、抗渗性好，而且节约水泥。

（5）矩形钢筋混凝土水池，由于工艺需要，长度较长，在底板、池壁上设有伸缩缝。施工中必须将止水钢板或止水胶皮正确固定好，并注意浇灌，防止止水钢板、止水胶皮移位。

（6）水池混凝土强度的好坏，养护是重要的一环。底板浇筑完后，在施工池壁时，应注意养护，保持湿润。池壁混凝土浇筑完后，在气温较高或干燥情况下，过早拆模会引起混凝土收缩产生裂缝。因此，应继续浇水养护，底板、池壁和池壁灌缝的混凝土的养护期应不少于 14 天。

七、 试水

试水工作应在水池全部施工完成后方可进行。试水的主要目的是检验结构安全度，检查施工质量。试水时应先封闭管道孔，由池顶放水入池，一般分几次进水，根据具体情况，控制每次进水高度。从四周上下进行外观检查，做好记录，如无特殊情况，可继续灌水到储水设计标高。同时要做好沉降观察。灌水到设计标高后，停 1 天，进行外观检查，并做好水面高度标记，连续观察 7 天，外表面无渗漏及水位无明显降落方为合格。

水池施工中还涉及许多其他工种与分项工程，如假山工程、给排水工程、电气工程、设备安装工程等，可参考本书相关章节和其他有关书籍。

八、 室外水池防冻

在我国北方冰冻期较长，对于室外园林地下水池的防冻处理，就显得十分重要了。若为小型水池，一般是将池水排空，这样池壁受力状态是：池壁顶部为自由端，池壁底部铰接（如砖墙池壁）或固接（如钢筋混凝土池壁）。空水池壁外侧受土层冻胀影响，池壁承受较大的冻胀推力，严重时会造成水池池壁产生水平裂缝或断裂。

冬季池壁防冻，可在池壁外侧采用排水性能较好的轻骨料如矿渣、焦砟或砂石等，并应解决地面排水，使池壁外回填土不发生冻胀情况，如图 6-31 所示，池底花管可解决池壁外积水（沿纵向将积水排除）。

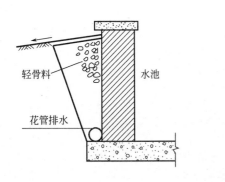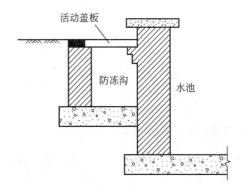

图 6-31 池壁防冻措施

在冬季，大型水池为了防止冻胀推裂池壁，可采取冬季池水不撤空，池中水面与池外地坪相持平，使池水对池壁压力与冻胀推力相抵消。因此为了防止池面结冰，胀裂池壁，在寒冬季节，应将池边冰层破开，使池子四周为不结冰的水面。

第五节 喷泉工程

一、喷泉的形式

喷泉是园林理水造景的重要形式之一。喷泉常应用于城市广场、公共建筑庭园、园林广场，或作为园林的小品，广泛应用于室内外空间。

喷泉有很多种类和形式，如图 6-32 所示，大体可以分为如下四类。

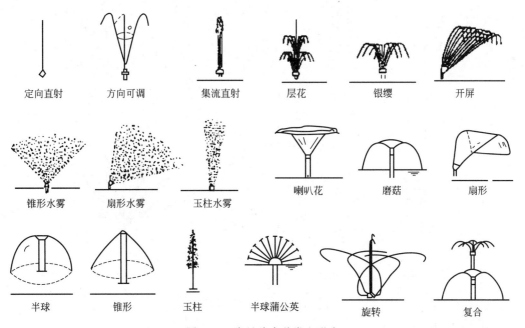

图 6-32 常见喷泉种类和形式

（1）普通装饰性喷泉。是由各种普通的水花图案组成的固定喷水型喷泉。

（2）与雕塑结合的喷泉。喷泉的各种喷水花型与雕塑、水盘、观赏柱等共同组成景观。

（3）水雕塑。用人工或机械塑造出各种抽象的或具象的喷水水形，其水形呈某种艺术性"形体"的造型。

（4）自控喷泉。是利用各种电子技术，按设计程序来控制水、光、音、色的变化，从而形成变幻多姿的奇异水景。

二、 喷泉对环境的要求

喷泉的布置，首先要考虑喷泉对环境的要求，见表6-3。

表 6-3　喷泉对环境的要求

喷泉环境	参考的喷泉设计
开朗空间(如广场、车站前、公园入口、轴线交叉中心)	宜用规则式水池，水池要高，水姿丰富，适当照明，铺装宜宽、规整，配盆花
半围合空间(如街道转角、多幢建筑物前)	多用长形或流线形，水量宜大，喷水优美多彩，层次丰富，照明华丽，铺装精巧，常配雕塑
喧闹空间(如商厦、游乐中心、影剧院)	流线形水池，线形优美，喷水多姿多彩，水形丰富，音、色、姿结合，简洁明快，山石背景，雕塑衬托
幽静空间(如花园小水面、古典园林中、浪漫茶座)	自然式水池，山石点缀，铺装细巧，喷水朴素，充分利用水声，强调意境
庭院空间(如建筑中、后庭)	装饰性水池，圆形、半月形、流线形，喷水自由，可与雕塑、花台结合，池内养观赏鱼，水姿简洁，山、石、树、花相间

三、 常用喷头的种类

喷头是喷射各种水柱的设备，其种类繁多，可根据不同的要求选用。常用喷头的形式，如图6-33所示。

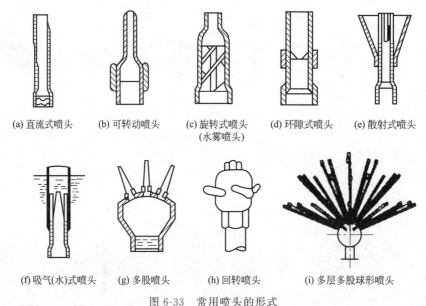

(a) 直流式喷头　　(b) 可转动喷头　　(c) 旋转式喷头　　(d) 环隙式喷头　　(e) 散射式喷头
　　　　　　　　　　　　　　　　　　(水雾喷头)

(f) 吸气(水)式喷头　(g) 多股喷头　　(h) 回转喷头　　(i) 多层多股球形喷头

图 6-33　常用喷头的形式

1. 直流式喷头

直流式喷头使水流沿圆筒形或渐缩形喷嘴直接喷出，形成较长的水柱，是形成喷泉射流的喷头之一。这种喷头内腔类似于消防水枪形式，构造简单，造价低廉，应用广泛。如果制成球铰接合，还可调节喷射角度，称为"可转动喷头"。

2. 旋流式喷头

旋流式喷头由于离心作用使喷出的水流散射成蘑菇圆头形或喇叭花形。这种喷头有时也用于工业冷却水池中。旋流式喷头，也称"水雾喷头"，其构造复杂，加工较为困难，有时还可采用消防使用的水雾喷头代替。

3. 环隙式喷头

环隙式喷头的喷水口是环形缝隙，是形成水膜的一种喷头，可使水流喷成空心圆柱，使用较小水量获得较大的观赏效果。

4. 散射式喷头

散射式喷头使水流在喷嘴外经散射形成水膜，根据喷头散射体形状的不同可喷成各种形状的水膜，如牵牛花形、马蹄莲形、灯笼形、伞形等。

5. 吸气（水）式喷头

吸气（水）式喷头是可喷成冰塔形态的喷头。它利用喷嘴射流形成的负压，吸入大量空气或水，使喷出的水中掺气，增大水的表观流量和反光效果，形成白色粗大水柱，形似冰塔，非常壮观，景观效果很好。

6. 组合式喷头

用几种不同形式的喷头或同一形式的多个喷头组成组合式喷头，可以喷射出极其美妙壮观的图案。常用喷头的技术参数见表6-4。

表6-4 常用喷头的技术参数

序号	品名	规格	技术参数				水面立管高度/m	接管
			工作压力/MPa	喷水量/(m³/h)	喷射高度/m	覆盖区直径/m		
1	可调直流喷头	G1/2″	0.05～0.15	0.7～1.6	3～7		+2	外丝
2		G3/4″	0.05～0.15	1.2～3	3.5～8.5		+2	外丝
3		G1″	0.05～0.15	3～5.5	4～11		+2	外丝
4	半球喷头	G″	0.01～0.03	1.5～3	0.2	0.7～1	+15	外丝
5		G11/2″	0.01～0.03	2.5～4.5	0.2	0.9～1.0	+20	外丝
6		G2″	0.01～0.03	3～6	0.2	1～1.4	+25	外丝
7	牵牛花喷头	G1″	0.01～0.03	1.5～3	0.5～0.8	0.5～0.7	+10	外丝
8		G11/2″	0.01～0.03	2.5～4.5	0.7～1.0	0.7～0.9	+10	外丝
9		G2″	0.01～0.03	3～6	0.9～1.2	0.9～1.1	+10	外丝
10	树冰型喷头	G1″	0.10～0.20	4～8	4～6	1～2	−10	内丝
11		G11/2″	0.15～0.30	6～14	6～8	1.5～2.5	−15	内丝
12		G2″	0.20～0.40	10～20	5～10	2～3	−20	内丝
13	鼓泡喷头	G1″	0.15～0.25	3～5	0.5～1.5	0.4～0.6	−20	内丝
14		G11/2″	0.2～0.3	8～10	1～2	0.6～0.8	−25	内丝
15	加气鼓泡喷头	G11/2″	0.2～0.3	8～10	1～2	0.6～0.8	−25	外丝
16		G2″	0.3～0.4	10～20	1.2～1.5	0.8～1.2	−25	外丝
17	加气喷头	G2″	0.1～0.25	6～8	2～4	0.8～1.1	−25	外丝

续表

序号	品名	规格	技术参数				水面立管高度/m	接管
			工作压力/MPa	喷水量/(m³/h)	喷射高度/m	覆盖区直径/m		
18	花柱喷头	G1″	0.05～0.1	4～6	1.5～3	2～4	+2	内丝
19		G11/2″	0.05～0.1	6～10	2～4	4～5	+2	内丝
20		G2″	0.05～0.1	10～14	3～5	6～8	+2	内丝
21	旋转喷头	G1″	0.03～0.05	2.5～3.5	1.5～2.5	1.5～2.5	+2	内丝
22		G11/2″	0.03～0.05	3～5	2～4	2～3	+2	外丝
23	摇摆喷头	G11/2″	0.05～0.15	0.7～1.6	3～7			外丝
24		G3/4	0.05～0.15	1.2～3	3.5～8.5			外丝
25	水下接线器	6头						
26		8头						

四、 喷泉的供水

1. 直流式供水

直流式供水形式，如图6-34所示。直流式供水特点是自来水供水管直接接入喷水池内与喷头相接，给水喷射一次后即经溢流管排走。其优点是供水系统简单，占地小，造价低，管理简单。缺点是给水不能重复利用，耗水量大，运行费用高，不符合节约用水要求；同时由于供水管网水压不稳定，水形难以保证。直流式供水常与假山盆景结合，可做小型喷泉、孔流、涌泉、水膜、瀑布、壁流等，适合于小庭院、室内大厅和临时场所。

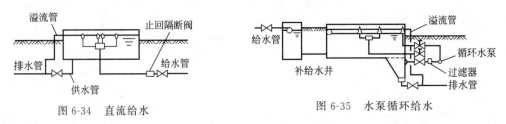

图6-34 直流给水 　　　　　图6-35 水泵循环给水

2. 水泵循环供水

水泵循环供水形式，如图6-35所示。水泵循环供水特点是另设泵房和循环管道，水泵将池水吸入后经加压送入供水管道至水池中，水经喷头喷射后落入池内，经吸水管再重新吸入水泵，使水得以循环利用。其优点是耗水量小，运行费用低，符合节约用水要求；在泵房内即可调控水形变化，操作方便，水压稳定。缺点是系统复杂，占地大，造价高，管理麻烦。水泵循环供水适合于各种规模和形式的水景工程。

3. 潜水泵供水

潜水泵供水形式，如图6-36所示。潜水泵供水特点是潜水泵安装在水池内与供水管道相连，水经喷头喷射后落入池内，直接吸入泵内循环利用。其优点是布置灵活，系统简单，占地小，造价低，管理容易，耗水量小，运行费用低，符合节约用水要求。缺点是水形调整困难。潜水泵循环供水适合于中小型水景工程。

随着科学技术的日益发展，大型自控喷泉不断出现，为适应水形变化的需要，常常采取水泵和潜水泵结合供水，充分发挥各自特点，保证供水的稳定性和灵活性，并可简化系统，便于管理。图 6-37 为一般喷泉的供水方式框图。

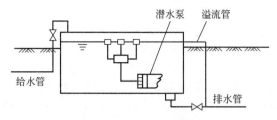

图 6-36 潜水泵循环供水

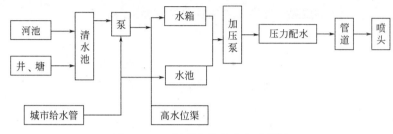

图 6-37 一般喷泉的供水方式框图

五、 喷泉管道布置

（1）喷泉管道要根据实际情况布置。装饰性小型喷泉，其管道可直接埋入土中或用山石、矮灌木遮盖。大型喷泉，分主管和次管，主管要敷设在可通行人的地沟，为了便于维修应设检查井；次管直接置于水池内。管网布置应排列有序，整齐美观。

（2）环形管道最好采用十字形供水，组合式配水管宜用分水箱供水，其目的是要获得稳定等高的喷流。

（3）为了保持喷水池正常水位，水池要设溢水口。溢水口面积应是进水口面积的 2 倍，要在其外侧配备拦污栅，但不得安装阀门。溢水管要有 3% 的顺坡，直接与泄水管连接。

（4）补给水管的作用是启动前的注水及弥补池水蒸发和喷射的损耗，以保证水池正常水位。补给水管与城市供水管相连，并安装阀门控制。

（5）泄水口要设于池底最低处，用于检修和定期换水时的排水。管径 100mm 或 150mm，也可按计算确定，安装单向阀门，与公园水体和城市排水管网连接。

（6）连接喷头的水管不能有急剧变化，要求连接管至少有其管径长度的 20 倍。如果不能满足时，需安装整流器。

（7）喷泉所有的管线都要具有不小于 2% 的坡度，便于停止使用时将水排空；所有管道均要进行防腐处理；管道接头要严密，安装必须牢固。

（8）管道安装完毕后，应认真检查并进行水压试验，保证管道安全，一切正常后再安装喷头。为了便于水形的调整，每个喷头都应安装阀门控制。

六、 喷水池施工

水池由基础、防水层、池底、池壁、压顶等部分组成，如图 6-38 所示。

1. 基础

基础是水池的承重部分，由灰土和混凝土层组成。施工时先将基础底部素土夯实（密实度不得小于 85%）；灰土层一般厚 30cm（3 份石灰，7 份中性黏土）；C10 混凝土垫层厚

$10 \sim 15 \text{cm}$。

2. 防水层

水池工程中，防水工程质量的好坏对水池安全使用及其寿命有直接影响，因此正确选择和合理使用防水材料是保证水池质量的关键。

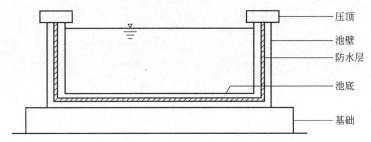

图6-38　水池结构示意图

目前，水池防水材料种类较多，如按材料分，主要有沥青类、塑料类、橡胶类、金属类、砂浆、混凝土及有机复合材料等；如按施工方法分，有防水卷材、防水涂料、防水嵌缝油膏和防水薄膜等。

（1）沥青材料。主要有建筑石油沥青和专用石油沥青两种。专用石油沥青可在音乐喷泉的电缆防潮防腐中使用。建筑石油沥青与油毡结合形成防水层。

（2）防水卷材。品种有油毡、油纸、玻璃纤维毡片、三元乙丙再生胶及603防水卷材等。其中油毡应用最广，三元乙丙再生胶用于大型水池、地下室、屋顶花园作防水层效果较好。603防水卷材是新型防水材料，具有强度高、耐酸碱、防水防潮、不易燃、有弹性、寿命长、抗裂纹等优点，且能在$-50 \sim 80 \text{℃}$环境中使用。

（3）防水涂料。常见的有沥青防水涂料和合成树脂防水涂料两种。

（4）防水嵌缝油膏。主要用于水池变形缝防水填缝，种类较多。按施工方法的不同分为冷用嵌缝油膏和热用灌缝胶泥两类。

（5）防水剂和注浆材料。防水剂常用的有硅酸钠防水剂、氯化物金属盐防水剂和金属皂类防水剂。注浆材料主要有水泥砂浆、水泥玻璃浆液和化学浆液3种。

水池防水材料的选用，可根据具体要求确定，一般水池用普通防水材料即可。钢筋混凝土水池也可采用抹5层防水砂浆（水泥加防水粉）做法。临时性水池还可将吹塑纸、塑料布、聚苯板组合起来使用，也有很好的防水效果。

3. 池底

池底直接承受水的竖向压力，要求坚固耐久。多用钢筋混凝土池底，一般厚度大于20cm；如果水池容积大，要配双层钢筋网。施工时，每隔20m选择最小断面处设变形缝（伸缩缝、防震缝），变形缝用止水带或沥青麻丝填充；每次施工必须由变形缝开始，不得在中间留施工缝，以防漏水，如图6-39～图6-41所示。

4. 池壁

池壁是水池的竖向部分，承受池水的水平压力，水愈深容积愈大，压力也愈大。池壁一般有砖砌池壁、块石池壁和钢筋混凝土池壁3种，如图6-42所示。壁厚视水池大小而定，砖砌池壁一般采用标准砖、M7.5水泥砂浆砌筑，壁厚不小于240mm。砖砌池壁虽然具有施工方便的优点，但红砖多孔，砌体接缝多，易渗漏，不耐风化，使用寿命短。块石池壁自然朴素，要求垒砌严密，勾缝紧密。混凝土池壁用于厚度超过400mm的水池，C20混凝土现场浇筑。钢筋混凝土池壁厚度多小于300mm，常用150～200mm，宜配 $\phi8mm$、$\phi12mm$ 钢筋，中心距多为200mm，如图6-43所示。

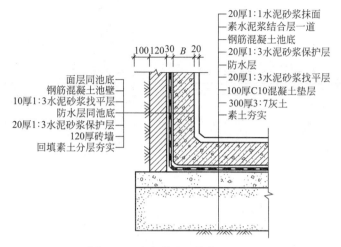

图 6-39　池底做法（单位：mm）

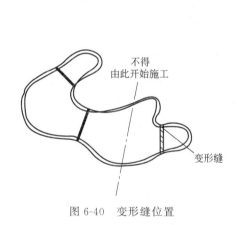

图 6-40　变形缝位置

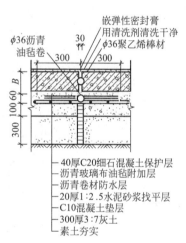

图 6-41　伸缩缝做法（单位：mm）

5. 压顶

属于池壁最上部分，其作用为保护池壁，防止污水泥沙流入池中，同时也防止池水溅出。对于下沉式水池，压顶至少要高于地面5～10cm；而当池壁高于地面时，压顶做法必须考虑环境条件，要与景观相协调，可做成平顶、拱顶、挑伸、倾斜等多种形式。压顶材料常用混凝土和块石。

完整的喷水池还必须设有供水管、补给水管、泄水管、溢水管及沉泥池。其布置如图6-44、图6-45所示。

如图6-46所示，管道穿过水池时，必须安装止水环，以防漏水。供水管、补给水管安装调节阀；泄水管配单向阀门，防止反向流水污染水池；溢水管无需安装阀门，连接于泄水管单向阀后直接与排水管网连接（具体见管网布置部分）。沉泥池应设于水池的最低处并加过滤网。

图6-47是喷水池中管道穿过池壁的常见做法。图6-48内设置集水坑，以节省空间。集水坑有时也用作沉泥池，此时，要定期清淤，且于管口处设置格栅。图6-49是为防淤塞而设置的挡板。

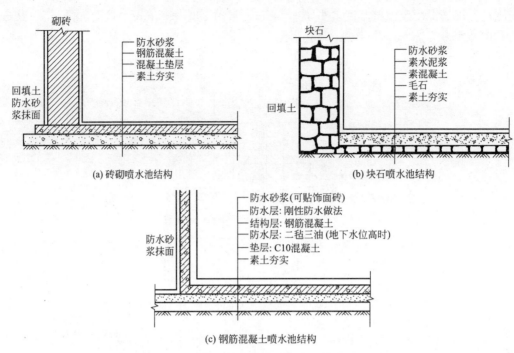

(a) 砖砌喷水池结构

砌砖

防水砂浆
钢筋混凝土
混凝土垫层
素土夯实

回填土
防水砂
浆抹面

(b) 块石喷水池结构

块石

防水砂浆
素水泥浆
素混凝土
毛石
素土夯实

回填土

(c) 钢筋混凝土喷水池结构

防水砂浆(可贴饰面砖)
防水层: 刚性防水做法
结构层: 钢筋混凝土
防水层: 二毡三油(地下水位高时)
垫层: C10混凝土
素土夯实

防水砂
浆抹面

图 6-42　喷水池池壁（底）构造

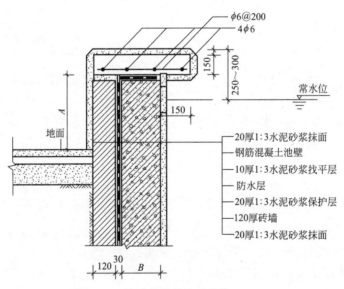

20厚1:3水泥砂浆抹面
钢筋混凝土池壁
10厚1:3水泥砂浆找平层
防水层
20厚1:3水泥砂浆保护层
120厚砖墙
20厚1:3水泥砂浆抹面

图 6-43　池壁常见做法（单位：mm）

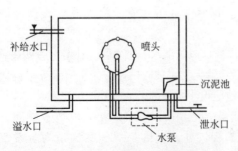

图 6-44　水泵压喷泉管示意图

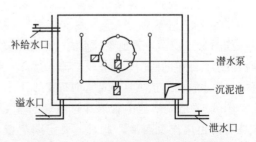

图 6-45　潜水泵加压喷泉管口示意图

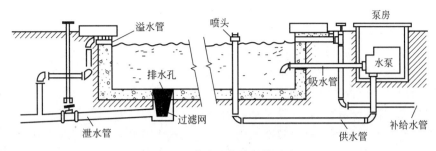

图 6-46　喷水池管线系统示意

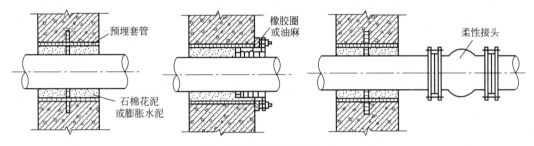

图 6-47　管道穿池壁做法

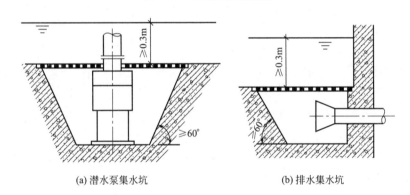

(a) 潜水泵集水坑　　　　　　(b) 排水集水坑

图 6-48　水池内设置集水坑

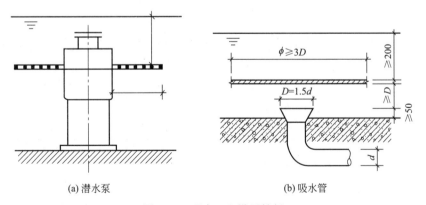

(a) 潜水泵　　　　　　　　　(b) 吸水管

图 6-49　吸水口上设置挡板

七、喷泉的控制方式

喷泉喷射水量、时间和喷水图样变化的控制，主要有以下 3 种方式。

（1）手阀控制。这是最常见和最简单的控制方式，在喷泉的供水管上安装手控调节阀，用来调节各管段中水的压力流量，形成固定的水姿。

（2）继电器控制。通常用时间继电器按照设计时间程序控制水系、电磁阀、彩色灯等的起闭，从而实现可以自动变换的喷水水姿。

（3）音响控制。声控喷泉是利用声音来控制喷泉水形变化的一种自控泉。它一般由声电转换、放大装置、执行机构、动力设备和其他设备（如管路、过滤器、喷头等）组成。

声控喷泉的原理是将声音信号转变为电信号，经放大及其他一些处理，推动继电器或其电子式开关，再去控制设在水路上的电磁阀的启闭，从而控制喷头水流的通断。这样，随着声音的起伏，人们可以看到喷泉大小、高矮和形态的变化。它能把人们的听觉和视觉结合起来，使喷泉喷射的水花随着音乐优美的旋律而翩翩起舞。这样的喷泉因此也被喻为"音乐喷泉"或"会跳舞的喷泉"。

八、 喷泉的照明

（1）水上照明灯具多安装于邻近的水上建筑设备上，此方式可使水面照度分布均匀，但往往使人们眼睛直接或通过水面反射间接地看到光源，使眼睛产生眩光，此时应加以调整。

（2）水下照明灯具多置于水中，导致照明范围有限。灯具为隐蔽和发光正常，安装于水面以下 100～300mm 为佳。水下照明可以欣赏水面波纹，并且由于光是从喷泉下面照射的，因此当水花下落时，可以映出闪烁的光。

1. 灯具

喷泉常用的灯具，从外观和构造来分类可以分为灯在水中露明的简易型灯具和密闭型灯具两种。

（1）简易型灯具的颈部电线进口部分备有防水机构，使用的灯泡限定为反射型灯泡，而且设置地点也只限于人们不能进入的场所。其特点是采用小型灯具，容易安装。

（2）密闭型灯具有多种光源的类型，而且每种灯具限定了所使用的灯。例如，有防护型灯、反射型灯、汞灯、金属卤化物灯等光源的照明灯具等。

2. 滤色片

当需要进行色彩照明时，在滤色片的安装方法上有固定在前面玻璃处的，一般使用固定滤色片的方式。

国产的封闭式灯具用无色的灯泡装入金属外壳。外罩采用不同颜色的耐热玻璃，而耐热玻璃与灯具间用密封橡胶圈密封，调换滤色玻璃片可以得到红、黄（琥珀）、绿、蓝、无色透明等五种颜色。灯具内可以安装不同光束宽度的封闭式水下灯泡，从而得到几种不同光强。不同光束宽度的结果、性能见表 6-5。

表 6-5　配用不同封闭式水下灯泡后灯具的性能

光束类型	编号	工作电压 /V	光源功率 /W	轴向光束 /cd	光束发散角 /(°)	平均寿命/h
狭光束	Fsd200～300（N）	220		≥40000	25<水平<60	1500
宽光束	Fsd220～300（W）	220	300	≥80000	垂直<10	1500
狭光束	Fsd220～300（H）	220		≥70000	25>水平 3>0	750
宽光束	Fsd12～300（N）	12		≥10000	垂直>15	1000

注：光束发散角的定义是当光轴两边光强降至中心最大光强的 1/10 时的角度。

3. 施工要点

（1）照明灯具应密封防水并具有一定的机械强度，以抵抗水浪和意外的冲击。

（2）水下布线，应满足水下电气设备施工相关技术规程规定，为防止线路破损漏电，需常检验。严格遵守先通水浸没灯具、后开灯，再先关灯、后断水的操作规程。

（3）灯具要易于清扫和检验，防止异物随浮游生物的附着积淤。宜定期清扫换水，添加灭藻剂。

（4）灯光的配色，要防止多种色彩叠加后得到白色光，造成消失局部的彩色。当在喷头四周配置各种彩灯时，在喷头背后色灯的颜色要比近在游客身边灯的色彩鲜艳得多。所以要将透射比高的色灯（黄色、玻璃色）安放到水池边近游客的一侧，同时也应相应调整灯对光柱照射部位，以加强表演效果。

（5）电源输入方式　电源线用水下电缆，其中一根应接地，并要求有漏电保护。在电源线通过镀锌铁管在水池底接到需要装灯的地方，将管子端部与水下接线盒输入端直接连接，再将灯的电缆穿入接线盒的输出孔中密封即可。

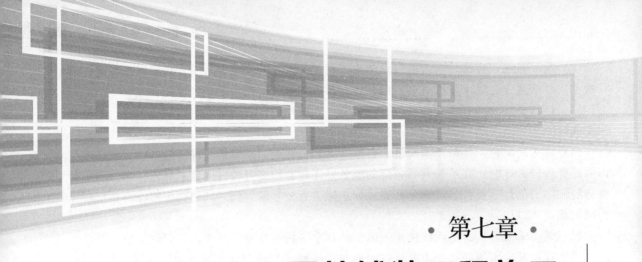

第七章

园林铺装工程施工

园林铺装是指在园林工程中采用天然或人工铺地材料，如砂石、混凝土、沥青、木材、瓦片、青砖等，按一定的形式或规律铺设于地面上，又称铺地。园林铺装不仅包括路面铺装，还包括广场、庭院、停车场等场地的铺装。园林的铺装有别于一般纯属于交通的道路铺装，它虽然也要保证人流疏导，但并不以捷径为原则，并且其交通功能从属于游览需求。因此，园林铺装的色彩更为丰富。同时大多数园林道路承载负荷较低，在材料的选择上也更多样化。

第一节 概述

一、铺装结构

铺装一般由地面、地基和附属工程三部分组成。

1. 地面

铺地地面的结构形式是多种多样的。在园林中，无论是园路、庭院还是场地，其地面结构比城市道路要简单，典型的地面结构，如图 7-1 所示。

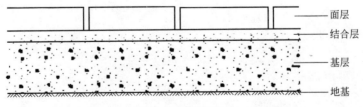

图 7-1 地面结构

（1）面层。是铺在最上面的一层，要求其坚固、平稳、耐磨耗，具有一定的粗糙度、少尘性、便于清扫。

（2）基层。一般在土基之上，起承重作用。一般由碎（砾）石、灰土和各种工业废渣等构成。

（3）结合层。在采用块料铺筑面层时，在面层和基层之间，为了结合和找平而设置的一层。一般用 3～5cm 的粗砂、水泥砂浆或石灰砂浆即可。

（4）垫层。在路基排水不良或有冻胀、翻浆的路段上为了排水、隔温、防冻的需要，用煤渣土、石灰土等构成。在园林中可以用加强基层的办法，而不另设此层。

2. 地基

地基是地面的基础，它能够为铺地提供一个平整的基面，承受地面传下来的荷载，也是保证地面强度和稳定性的重要条件之一。一般砂土或黏性土开挖后用蛙式夯夯实 3 遍，如无特殊要求，就可直接作为路基。对于未压实的下层填土，经过雨季被水浸润后能使其自身沉陷稳定。

3. 附属工程

（1）道牙、边条、槽块。安置在铺地的两侧或四周，使铺地与周围在高程上起衔接作用，并能保护地面，便于排水。道牙一般分为立道牙和平道牙两种形式。园林中道牙可做成多种式样，如用砖、瓦、大卵石等嵌成各种花纹以装饰路缘。边条具有与道牙相同的功能，所不同者，仅用于较轻的荷载处，且在尺度上较小，特别适用于限定步行道、草地或铺砌地面的边界。槽块一般紧靠道牙设置，且地面应稍高于槽块，以便将地面水迅速、充分排除。

（2）明渠及雨水井。明渠是园林中常用的排除雨水的渠道。多设置在园路的两侧，园林中它常成为道路的拓宽。明渠在园林中常用铁箅子、混凝土预制铺装，有时还用缝形铺装。另需注意的是步行道、广场上的"U"形边沟，应选择较细的排水口，以方便行人的安全。

雨水井是收集路面水的构筑物，在园林中常用砖块砌成，并多为矩形。

雨水口是园林铺装中具有功能要求的一个部分，它经常因为有碍观赏而被刻意用一些小品等加以遮挡掩饰，但如果将其精心装饰，便可以作为铺装的点缀而成景。如一花砖地面孔盖收口一改往常传统的铁箅子形式，将铺装纹样直接延伸到雨水盖上，既美观统一，又改变了美丽的铺装地纹与突兀的铁箅子不协调的现象。

（3）踏步、坡道、礓磋及蹬道

① 踏步。当地面坡度超过 12°时就应设置踏步（俗称台阶）。在园林中根据造景的需要，踏步可以用天然山石、预制混凝土做成木纹板、树桩等各种形式，装饰园景。为了夸张山势，造成高耸的感觉，踏步的高度也可增 15cm 以上，以增加趣味，如图 7-2 所示。

② 坡道。在地面坡度较大之处，本应设踏步，但因通行车辆，又考虑到老年人、儿童和残疾人的车辆、轮椅的行驶而特意设计成坡道。

③ 礓磋。当坡面较陡时，一般纵坡超过 15％时为了防滑，可将坡面做成浅阶的坡道，称为礓磋。

④ 蹬道。其基本形式及尺寸与踏步基本相同。在地形陡峭的地段，可结合地形或利用露岩设置蹬道，当其纵坡大于 60％时，应做防滑处理，并设扶手栏杆等。

（4）树池和格栅。在有铺装的地面上栽种树木时，树木的周围保留一块铺装的土地，通常把它叫作树池，设置树池和格栅，对于树木尤其是对于大树、古树、名贵树木的生长是非常必要的。据研究证实，土壤的密度过高，透水、透气性不良，是古树衰弱的根本原因；另外，土壤的机械阻抗升高、夏季土温过高等也是影响树木正常生长的因素，而导致这一切的

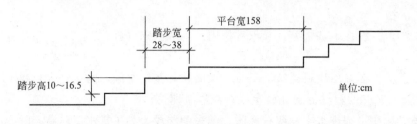

(a) 台阶及适宜尺寸

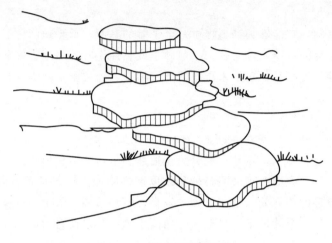

(b) 自然石板的台阶

图 7-2　台阶

主导因素是大量游人的践踏。因此，设置树池和格栅是十分必要的。常见树池的形状有方形、圆形、多角形或不规则形等，树池的直径根据需要可大可小，形式可以分为平树池和高树池两大类。

格栅是设在树池之上的算子，其作用是覆盖在树池之上，以保护池内的土壤不被践踏。格栅多用铸铁算子，也可用钢筋混凝土或木条制成。格栅纹样要美观，花格缝隙大小要适度，以防止人脚误入。

（5）步石与汀石。步石是置于地上的石块，多在草坪、林间、岸边或庭院等较小的空间使用。可由天然的大小石块或整形的人工石块布置而成，与自然环境相协调。汀石是设置在水中的步石，一般可在浅滩、溪、涧设置。步石与汀石形式是多种多样的，如图 7-3 所示。

二、　铺装材料

园林铺装材料除沥青之外，还有一些材料被广为使用，如水泥，大理石、花岗岩等天然石材，木材，陶瓷材料，丙烯树脂、环氧树脂等高分子材料。

（1）沥青。可铺成各种曲线形式的整体路面，如：①沥青路面（车道、人行道、停车场等）；②透水性沥青路面（人行道、停车场等）；③彩色沥青路面（人行道、广场等）。

（2）混凝土。吸收热量较低，可适用各种曲线形式，坚固耐久的表面可获得多种饰面、大量的颜色和不同的质地，如：①混凝土路面（车道、人行道、停车场、广场等）；②水洗小砾石路面（园路、人行道、广场等）；③卵石铺砌路面（园路、人行道、广场等）；④混凝土板路面（人行道等）；⑤彩板路面（人行道、广场等）；⑥水磨平板路面（人行道、广场

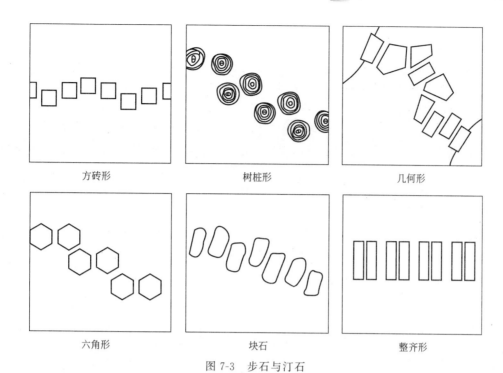

| 方砖形 | 树桩形 | 几何形 |
| 六角形 | 块石 | 整齐形 |

图 7-3　步石与汀石

等）；⑦仿石混凝土预制板路面（人行道、广场等）；⑧混凝土平板瓷砖铺面路面（人行道、广场等）；⑨嵌锁形砌块路面（干道、人行道、广场等）。

（3）砖。表面有防滑性、不易产生眩光、颜色范围广、比例好、易维修，但难清洗、易风化。砖铺的路面主要有普通黏土砖路面和砖砌块路面，如：①普通黏土砖路面（人行道、广场等）；②砖砌块路面（人行道、广场等）；③澳大利亚砖砌块路面（人行道、广场等）。

（4）花砖。主要有釉面砖、陶瓷砖、透水性花砖，这些铺装材料色泽丰富、装饰性强，式样与造型的自由度大，容易营造出欢快、华丽的气氛。如：①釉面砖路面（人行道、广场等）；②陶瓷锦砖路面（人行道、广场等）；③透水性花砖路面（人行道、广场等）。

（5）天然石。主要有小料石、花岗岩、天然块石、大理石、铺路石板等材料；其中花岗岩坚固耐久，坚硬质密能支持重量级的交通，但难加工；而铺路石板坚固耐久，但颜色和图案较难满足艺术上的要求，如：①小料石路面（骰石路面）（人行道、广场、池畔等）；②铺石路面（人行道、广场等）；③天然石砌路面（人行道、广场等）。

（6）砂砾。主要有现浇无缝环氧沥青塑料，机械碎石或砂石、石灰岩、圆卵石、铺路砾石等铺装材料。

机械碎石是用机械将石头碾碎后，再根据碎石的尺寸进行分级，它凹凸的表面会给行人带来不便，但将它铺装在斜坡上却比圆卵石稳固。圆卵石是一种在河床和海底被水冲击而成的小鹅卵石；铺路砾石是一种尺寸为 15～25mm，由碎石和细鹅卵石织成的天然材料，铺在黏土中或嵌入基础层中，如：①现浇环氧沥青塑料路面（人行道、广场等）；②砂石铺面（步行道、广场等）；③碎石路面（停车场等）；④石灰岩粉路面（公园广场等）。

（7）砂土。用砂土铺装的路面常用在自然的园路上。

（8）土。主要有黏土路面和改善土的路面，质地较松软。

（9）木。主要有木砖二木条、木屑等铺装材料。这种材料的铺装对周围的环境以及游人均有较强的亲和力，如：①木砖路面（园路、游乐场等）；②木地板路面（园路、露台等）；③木屑路面（园路等）。

（10）草。主要有嵌草铺装和草皮铺装。嵌草铺装即缝间带草的砌块，草种要选用耐践踏、排水性好的品种。因其稳定性强，能承受轻载的车辆，多用于停车场和广场的局部；还有的用在建筑的天井中。

（11）合成树脂。主要有人工草皮、弹性橡胶、合成树脂等材料。①人工草皮路面（露台、屋顶广场等）；②弹性橡胶路面（露台、屋顶广场、过街天桥等）；③合成树脂路面（体育用）。

三、 园路的铺装结构

园林道路是园林的组成部分，起着组织空间、引导游览、联系交通并提供散步休憩场所的作用，既是交通线，又是风景线，园林路网系统把园林的各个景区连成整体，园路本身又是园林风景不可分割的组成部分，所以在考虑道路时，要充分利用地形地貌、植物群落及园路的线形、铺装等要素造景。

1. 园路的作用

园路是贯穿园林的交通脉络，是联系若干个景区和景点的纽带，是构成园景的重要因素，其具体作用如下。

（1）引导游览。园路能组织园林风景的动态序列，它能引导人们按照设计的意愿、路线和角度来欣赏景物的最佳画面、能引导人们到达各功能分区。

（2）组织交通。园路对于园林绿化、维修养护、商业服务、消防安全、职工生活、园务管理等方面的交通运输作用也是必不可少的。

（3）组织空间，构成景色。园林中各个功能分区、景色分区往往是以园路作为分界线。园路有优美的曲线、丰富多彩的路面铺装，两旁有花草树木，还有山、水、建筑、石等，构成一幅幅美丽的画面。

（4）奠定水电工程的基础。园林中的给排水、供电系统常与园路相结合，所以在园路施工时，也要考虑到这些因素。

2. 园路的类型

一般绿地的园路分为以下几种。

（1）主要道路。联系园内各个景区、主要风景点和活动设施的路。通过它对园内外景色进行剪辑，以引导游人欣赏景色。主要道路联系全园，必须考虑通行、生产、救护、消防、游览车辆。道宽7～8m。

（2）次要道路（支路）。设在各个景区内的路，它联系各个景点、建筑，对主路起辅助作用。考虑到游人的不同需要，在园路布局中，还应为游人由一个景区到另一个景区开辟捷径。要求能通轻型车辆及人力车。道宽3～4m。

（3）小路。又叫游步道，是深入到山间、水际、林中、花丛供人们漫步游赏的路。含林荫道、滨江道和各种休闲小径、健康步道。双人行走1.2～1.5m，单人0.6～1m。健康步道是近年来最为流行的足底按摩健身方式。通过行走卵石路上按摩足底穴位达到健身目的，但又不失为园林一景。

（4）园务路。为便于园务运输、养护管理等的需要而建造的路。这种路往往有专门的入口，直通公园的仓库、餐馆、管理处、杂物院等处，并与主环路相通，以便把物资直接运往各景点。在有古建筑、风景名胜处，园路的设置还应考虑消防的要求。

（5）停车场。园林及风景旅游区中的停车场应设在重要景点进出口边缘地带及通向尽端式景点的道路附近，同时也应按照不同类型及性质的车辆分别安排场地停车，其交通路线必须明确。在设计时要综合考虑场内路面结构、绿化、照明、排水及停车场的性质，配置相应的附属设施。

3. 园路结构

园路结构形式有多种，典型的园路结构如图 7-4 所示。

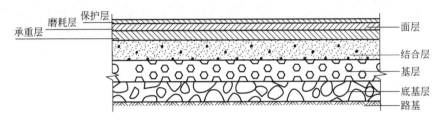

图 7-4　典型的道路面层结构

（1）面层。是路面最上的一层，对沥青面层来说，又可分为保护层、磨耗层、承重层。它直接承受人流、车辆的荷载和风、雨、寒、暑等气候作用的影响，因此要求坚固、平稳、耐磨，有一定的粗糙度，少尘土，便于清扫。

（2）结合层。是采用块料铺筑面层时在面层和基层之间的一层，用于结合、找平、排水。

（3）基层。在路基之上。它一方面承受由面层传下来的荷载，一方面把荷载传给路基，因此，要有一定的强度，一般用碎（砾）石、灰土或各种矿物废渣等筑成。

（4）路基。是路面的基础。它为园路提供了一个平整的基面，承受路面传下来的荷载，并保证路面有足够的强度和稳定性。如果土基的稳定性不良，应采取措施，以保证路面的使用寿命。此外，要根据需要，进行道牙、雨水井、明沟、台阶、种植地等附属工程的设计。

四、 园路的线形

园林道路的线形，不仅受到地形、地物、水文、地质等因素的影响和制约，更重要的是要满足园林功能的需要，其一般原则如下：

（1）规划中的园路，有自由、曲线的方式，也有规则、直线的方式，形成两种不同的园林风格。当然采用一种方式为主的同时，也可以用另一种方式补充。不管采取什么式样，园路忌讳断头路、回头路。除非有一个明显的终点景观和建筑。

（2）园路并不是对着中轴，两边平行一成不变的，园路可以是不对称的。

（3）园路也可以根据功能需要采用变断面的形式。如转折处不同宽狭，坐凳、椅处外延边界，路旁的过路亭，还有园路和小广场相结合等等。这样宽狭不一，曲直相济，反倒使园路多变，生动起来，做到一条路上休闲、停留和人行、运动相结合，各得其所。

（4）园路的转弯曲折在天然条件好的园林用地并不成问题，因地形地貌而迂回曲折，十分自然，不在话下。为了延长游览路线，增加游览趣味，提高绿地的利用率，园路往往设计成蜿蜒起伏状态，也可人为地创造一些条件来配合园路的转折和起伏。例如，在转折处布置一些山石、树木，或者地势升降，做到曲之有理，路在绿地中；而不是三步一弯、五步一曲，为曲而曲，脱离绿地而存在。园林中曲与直是相对的，要曲中寓直，灵活应用，曲直自如。要做到"虽由人作，宛如天开"。

（5）园路的交叉要注意几点：

① 避免多路交叉：这样路况复杂，导向不明。

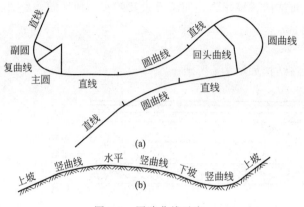

② 尽量靠近正交：锐角过小，车辆不易转弯，人行要穿绿地。

③ 做到主次分明：在宽度、铺装、走向上应有明显区别。

④ 要有景色和特点：尤其三岔路口，可形成对景，让人记忆犹新。

（6）园路在山坡时，坡度≥6%，要顺着等高线作盘山路状，考虑自行车时坡度≤8%，汽车≤

图 7-5 园路曲线示意

15%；如果考虑人力三轮车，坡度≤3%。人行坡度≥10%时，要考虑设计台阶。园路和等高线斜交，来回曲折，增加观赏点和观赏面。

（7）安排好残疾人所到范围和用路。园路的铺装建议采用块料、砂、石、木、预制品等面层，砂土基层即属该类型园路。这是上可透气、下可渗水的园林-生态-环保道路。道路的平面线形由直线和曲线组成，如图 7-5（a）所示，曲线包括圆曲线、复曲线等。直线道路在拐弯处应由曲线连接，最简单的曲线就是有一定半径的圆曲线。在一转弯处，可加设复曲线（即由两个不同半径的圆曲线组成）或回头曲线。道路的剖面（竖向）线形则由水平线路、上坡、下坡，以及在变坡处加设的竖曲线组成，如图 7-5（b）所示。

第二节 园路铺装施工

一、 施工准备

施工前准备工程必须综合现场施工情况，考虑流水作业，做到有条不紊。否则，在施工后造成人力、物力的浪费，甚至造成施工停歇。

施工准备的基本内容，一般包括技术准备、物资准备、施工组织准备、施工现场准备和协调工作准备等，有的必须在开工前完成，有的则可贯穿于施工过程中进行。

1. 技术准备

（1）做好现场调查工作

① 广场底层土质情况调查。

② 各种物资资源和技术条件的调查。

（2）做好与设计的结合、配合工作，会同建设单位、监理单位引测轴线定位点、标高控制点以及对原结构进行放线复核。

① 熟悉施工图。全面熟悉和掌握施工图的全部内容，领会设计意图，检查各专业之间的预埋管道、管线的尺寸、位置、埋深等是否统一或遗漏，提出施工图疑问和有利于施工的

合理化建议。

② 进行技术交底。工程开工前，技术部门组织施工人员、质安人员、班组长进行交底，针对施工的关键部位、施工难点以及质量、安全要求、操作要点及注意事项等进行全面的交底，各班组长接受交底后组织操作工人认真学习，并要求落实在各施工环节。

③ 根据现场施工进度的要求及时提供现场所需材料以防因为材料短缺而造成停工。

2. 物资条件准备

根据施工进度的安排和需要量，组织分期分批进场，按规定的地点和方式进行堆放。材料进场后，应按规定对材料进行试验和检验。

3. 施工组织准备

（1）建立健全现场施工管理体制。

（2）现场设施布置应合理、具体、适当。

（3）劳动力组织计划表。

（4）主要机构计划表。

4. 现场准备工作

开工前施工现场准备工作要迅速做好，以利工程有秩序地按计划进行。所以现场准备工作进行的快慢，会直接影响工程质量和施工进展。现场开工前应将以下主要工作做好：

（1）修建房屋（临时工棚）。按施工计划确定修缮房屋数量或工棚的建筑面积。

（2）场地清理。在园路工程涉及的范围内，凡是影响施工进行的地上、地下物均应在开工前进行清理，对于保留的大树应确定保护措施。

（3）便道便桥。凡施工路线，均应在路面工程开工前做好维持通车的便道便桥和施工车辆通行的便桥（如通往料场、搅拌站地的便道）。

（4）备料。现场备料多指自采材料的组织运输和收料堆放，但外购材料的调运和贮存工作也不能忽视。一般开工前材料进场应在70%以上。若有运输能力，运输道路畅通，在不影响施工的条件下可随用随运。自采材料的备置堆放，应根据路面结构、施工方法和材料性质而定。

二、 路基施工

1. 测量放样

（1）造型复测和固定

① 复测并固定造型及各观点主要控制点，恢复失落的控制桩。

② 复测并固定为间接测量所布设的控制点，如三角点、导线点等桩。

③ 当路线的主要控制点在施工中有被挖掉或埋掉的可能时，则视当地地形条件和地物情况采用有效的方法进行固定。

（2）路线高程复测。控制桩测好后，马上对路线各点均匀进行水平测量，以复测原水准基点标高和控制点地面标高。

（3）路基放样

① 根据设计图表定出各路线中桩的路基边缘、路堤坡脚及路堑坡顶、边沟等具体位置，定出路基轮廓。根据分幅施工的宽度，做好分幅标记，并测出地面标高。

② 路基放样时，在填土没有进行压实前，考虑预加沉落度，同时考虑修筑路面的路基标高校正值。

③ 路基边桩位置可根据横断面图量得，并根据填挖高度及边坡坡度实地测量校核。

④ 为标出边坡位置，在放完边桩后进行边坡放样。采用麻绳竹竿挂线法结合坡度样板法，并在放样中考虑预压加沉落度。

⑤ 机械施工中，设置牢固而明显的填挖土石方标志，施工中随时检查，发现被碰倒或丢失立即补上。

2. 挖方

挖方是根据测放出的高程，使用挖土机械挖除路基面以上的土方，一部分土方经检验合格用于填方，余土运至有关单位指定的弃土场。

3. 填筑

填筑材料是利用路基开挖出的可作填方的土、石等适用材料。作为填筑的材料，应先做试验，并将试验报告及其施工方案提交监理工程师批准。其中路基采用水平分层填筑，最大层厚不超过 30cm，水平方向逐层向上填筑，并形成 2%～4% 的横坡以利排水。

4. 碾压

采用振动压路机碾压，碾压时横向接头的轮迹，重叠宽度为 40～50cm，前后相邻两区段纵向重叠 1～1.5m，碾压时做到无漏压、无死角并确保碾压均匀。碾压时，先压边缘，后压中间；先轻压，后重压。填土层在压实前应先整平，并应作 2%～4% 的横坡。当路堤铺筑到结构物附近的地方，或铺筑到无法采用压路机压实的地方，使用人工夯锤予以夯实。

三、 块石、 碎石垫层施工

1. 准备与施工测量

施工前对下基层按质量验收标准进行验收之后，恢复控制线，直线段每 20m 设一桩，曲线段每 10m 设一桩，并在造型两侧边缘 0.3～0.5m 处设标志桩，在标志桩上用红漆示出底基层边缘设计标高及松铺厚度的位置。

2. 摊铺

(1) 碎石内不应含有有机杂质。粒径不应大于 40mm，粒径在 5mm 及 5mm 以下的不应超过总体积的 40%；块石应选用强度均匀、级配适当和未风化的石料。

(2) 块石垫层采用人工摊铺，碎石垫层采用铲车摊铺、人工整平。

(3) 必须保证摊铺人员的数量，以保证施工的连续性并保证摊铺速度。

(4) 人工摊铺填筑块石大面向下，小面向上，摆平放稳，再用小石块找平，石屑塞填，最后人工压实。

(5) 碎石垫层分层铺完后用平板振动器振实，采用一夯压半夯、全面夯实的方法，做到层层夯实。

四、 水泥稳定砾石施工

1. 材料要求

(1) 碎石。骨料最大粒径不应超过 30mm，骨料的压碎值不应大于 20%，硅酸盐含量不宜超过 0.25%。

(2) 水泥。采用普通硅酸盐水泥，矿渣硅酸盐水泥，强度等级为 32.5 级。

2. 配合比设计

(1) 一般规定。根据水泥稳定砾石的标准，确定必须的水泥剂量和混合料的最佳含水量，在需要改善土的颗粒组成时，还包括掺加料的比例。

（2）原材料试验。

① 施工前，进行下列试验：颗粒分析、液限和塑性指数、相对密度、重型击实试验、碎石的压碎值试验。

② 检测水泥的强度等级及初凝、终凝时间。

3. 工艺流程

施工放样→准备下承层→拌和→运输→摊铺→初压→标高复测→补整→终压→养生。

（1）测量放样。按 20m 一个断面恢复道路中心桩、边桩，并在桩上标出基层的松铺高程和设计高程。

（2）准备下承层。下基层施工前，对路基进行清扫，然后用振动压路机碾压 3～4 遍，如发现土过干、表面松散，适当洒水；如土过湿，发生弹簧现象，采取开窗换填砂砾的办法处理。上基层施工前，对下基层进行清扫，并洒水湿润。

（3）拌和。稳定料的拌和常设在砂石场，料场内的砂、石分区堆放，并设有地磅，每天开始拌和前，按配合比要求对水泥、骨料的用量准确调试，特别是根据天气变情况，测定骨料的自然含水量，以调整拌和用水量。拌和时确保足够的拌和时间，使稳料拌和均匀。

（4）运输。施工时配备足够的运输车辆，并保持道路畅通，使稳定料尽快运至摊铺现场。

（5）摊铺。机动车道基层、非机动车道基层采用人工摊铺。摊铺时严格控制好松铺数，人工实时对缺料区域进行补整和修边。

（6）压实。摊铺一小段后（时间不超过 3h），用 15t 的振动压路机静压两遍、振压两遍后暂时停止碾压，测量人员立即进行高程测量复核，将标高比设计标高超出 1cm，或 0.5cm 的部位立即进行找补，完毕后用压路机进行振动碾压。碾压时按由边至中，由低至高，由弱至强、重叠 1/3 轮宽的原则碾压，在规定的时间内（不超过 4h）碾压到设计压度，并无明显轮迹时为止。碾压时，严禁压路机在基层上调头或起步时速度过大，碾压轮胎朝正在摊铺的方向。

（7）养生。稳定料碾压后 4h 内，用经水浸泡透的麻袋严密覆盖进行养护，8h 后再自来水浇灌养护 7 天以上，并始终保持麻袋湿润。稳定料终凝之前，严禁用水直接冲刷层表面，避免表面浮砂损坏。

（8）试验。混合料送至现场 0.5h 内，在监理的监督下，抽取一部分送到业主指定认可的试验室，进行无侧限抗压强度和水泥剂量试验。压实度试验一般采用灌砂法，在压后 12h 内进行。

五、 混凝土面层施工

1. 施工流程图

混凝土路面施工流程，如图 7-6 所示。

2. 模板安装

混凝土施工使用钢模板，模板长 3m，高 100m。钢模板应保证无缺损，有足够的刚度，内侧和顶、底面均应光洁、平整、顺直，局部变形不得大于 3mm。振捣时模板横向最大挠曲应小于 4mm，高度与混凝土路面板厚度一致，误差不超过 ±2mm。

立模的平面位置和高程符合设计要求，支立稳固准确，接头紧密而无裂缝、前后错位和

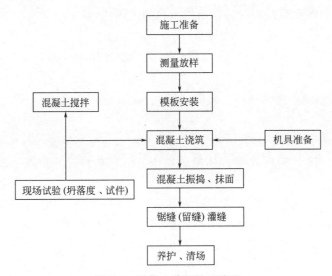

图 7-6　混凝土路面施工流程

高低不平等现象。模板接头处及模板与基层相接处均不能漏浆。模板内侧清洁并涂刷隔离剂，支模时用 $\phi1.8$ 螺纹钢筋打入基层进行固定，外侧螺纹钢筋与模板要靠紧，如个别处有空隙加木块，并固定在模板上，如图 7-7 所示。

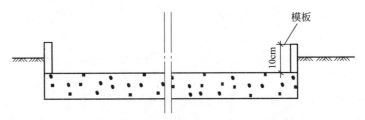

图 7-7　两侧加设 10cm 高的木板

3. 原材料、配合比、搅拌要求

混凝土浇筑前，将到场原材料送检测单位检验并进行配合比设计，所设计的配合比应满足设计抗压、抗折强度，耐磨、耐久以及混凝土拌和物和易性能等要求。混凝土采用现场强制式机械搅拌，并有备用搅拌机，按照设计配合比拟定每机的拌和量。拌和过程应做到以下几点要求。

① 砂、碎石必须过磅并满足施工配合比要求。

② 检查水泥质量，不能使用结块、硬化、变质的水泥。

③ 用水量需严格控制，安排专门的技术人员负责。

④ 原材料按重量计，允许误差不应超过：水泥±1%，砂、碎石±3%，水±1%（外加剂±2%）。

⑤ 混凝土的坍落度控制在 14～16cm，混凝土每槽搅拌时间控制在 90～120s。

4. 混凝土运输及振捣。

（1）施工前检查模板位置、高程、支设是否稳固和基层平整润湿，模板是否涂遍脱模剂等，合格后方可混凝土施工。混凝土采用泵送混凝土为主，人工运输为辅。

（2）混凝土的运输摊铺、振捣、整平、做面应连续进行，不得中断。如因故中断，应设置施工缝，并设在设计规定的接缝位置。摊铺混凝土后，应随即用插入式和平板式振动器均匀振实。混凝土灌注高度应与模板相同。振捣时先用插入式振动器振混凝土板壁边缘，边角处初振或全面顺序初振一次。同一位置振动时不宜少于 20s。插入式振动器移动的间距不宜大于其作用半径的 1.5 倍，甚至模板的距离应不大于作用半径的 0.5 倍，并应避免碰撞模板。然后再用平板振动器全面振捣，同一位置的振捣时间，以不再冒出气泡并流出水泥砂浆为准。

（3）混凝土全面振捣后，再用平板振动器进一步拖拉振实并初步整平。振动器往返拖拉 2～3 遍，移动速度要缓慢均匀，不许中途停顿，前进速度以每分钟 1.2～1.5m 为宜。

凡有不平之处，应及时辅以人工挖填补平。最后用无缝钢管滚筒进一步滚推表面，使表面进一步提浆均匀调平，振捣完成后进行抹面，抹面一般分两次进行。第一次在整平后，随即进行。驱除泌水并压下石子。第二次抹面须在混凝土泌水基本结束，处于初凝状态但表面尚湿润时进行。用 3m 直尺检查混凝土表面。抹平后沿横方向拉毛或用压纹器刻纹，使路面混凝土有粗糙的纹理表面。施工缝处理严格按设计施工。

（4）锯缝应及时，在混凝土硬结后尽早进行，宜在混凝土强度达到 5～10MPa 时进行，也可以由现场试锯确定，特别是在天气温度骤变时不可拖延，但也不能过早，过早会导致粗骨料从砂浆中脱落。

（5）混凝土抹面完毕后应及时养护，养护采用湿草包覆盖，养护期为不少于 7 天。混凝土拆模要注意掌握好时间（24h），一般以既不损坏混凝土，又能兼顾模板周转使用为准，可视现场气温和混凝土强度增长情况而定，必要时可做试拆试验确定。拆模时操作要细致，不能损坏混凝土板的边、角。

（6）填缝采用灌入式填缝的施工，应符合下列规定：

① 灌注填缝料必须在缝槽干燥状态下进行，填缝料应与混凝土缝壁黏附紧密不渗水。

② 填缝料的灌注深度宜为 3～4cm。当缝槽大于 3～4cm 时，可填入多孔柔性衬底材料。填缝料的灌注高度，夏天宜与板面平；冬天宜稍低于板面。

③ 热灌填缝料加热时，应不断搅拌均匀，直至规定温度。当气温较低时，应用喷灯加热缝壁。施工完毕，应仔细检查填缝料与缝壁黏结情况，在有脱开处，应用喷灯小火烘烤，使其黏结紧密。

六、 沥青面层施工

1. 施工顺序

沥青路面施工顺序，如图 7-8 所示。

2. 下封层施工

（1）认真按验收规范对基层严格验收，如有不合要求地段要求进行处理，认真对基层进行清扫，并用森林灭火器吹干净。

（2）在摊铺前对全体施工技术人员进行技术交底，明确职责，责任到人，使每个施工人员都对自己的工作心中有数。

（3）采用汽车式洒布机进行下封层施工。

3. 沥青混合料的拌和

沥青混合料由间隙式拌和机

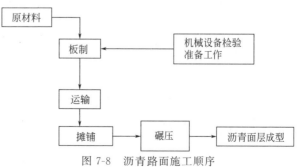

图 7-8　沥青路面施工顺序

拌制，骨料加热温度控制在 17.5～19.0℃之间，后经热料提升斗运至振动筛，经 33.5mm、19mm、13.2mm、5mm 四种不同规格筛网筛分后储存到五个热矿仓中去。沥青采用导热油加热至 160～170℃，五种热料及矿粉和沥青用料经生产配合比设计确定，最后吹入矿粉进行拌和，直到沥青混合料均匀一致，所有矿料颗粒全部裹覆沥青，结合料无花料，无结团或块或严重粗料细料离析现象为止。沥青混凝土的拌和时间由试拌确定，出厂的沥青混合料温度严格控制在 155～170℃之间。

4. 沥青混合料的碾压

（1）压实后的沥青混合料符合压实度及平整度的要求。

（2）选择合理的压路机组合方式及碾压步骤，以达到最佳结果。沥青混合料压实采用钢筒式静态压路机及轮胎压路机或振动压路机组合的方式。压路机的数量根据生产现场决定。

（3）沥青混合料的压实按初压、复压、终压（包括成型）三个阶段进行。压路机以慢而均匀的速度碾压。

（4）沥青混合料的初压符合下列要求。

① 初压在混合料摊铺后较高温度下进行，并不得产生推移、发裂，压实温度根据沥青稠度、压路机类型、气温铺筑层厚度、混合料类型经试铺试压确定。

② 压路机从外侧向中心碾压。相邻碾压带应重叠 1/3～1/2 轮宽，最后碾压路中心部分，压完全幅为一遍。当边缘有挡板、路缘石、路肩等支挡时，应紧靠支挡碾压。当边缘无支挡时，可用耙子将边缘的混合料稍稍耙高，然后将压路机的外侧轮伸出边缘 1.0cm 以上碾压。

③ 碾压时将驱动轮面向摊铺机。碾压路线及碾压方向不能突然改变而导致混合料产生推移。压路机启动、停止必须减速缓慢进行。

（5）复压紧接在初压后进行，并符合下列要求。

复压采用轮胎式压路机。碾压遍数应经试压确定，不少于 4～6 遍，以达到要求的压实度，并无显著轮迹。

（6）终压紧接在复压后进行。终压选用双轮钢筒式压路机碾压，不宜少于两遍，并无轮迹。采用钢筒式压路机时，相邻碾压带应重叠后轮 1/2 宽度。

（7）压路机碾压注意事项如下。

① 压路机的碾压段长度以与摊铺速度平衡为原则选定，并保持大体稳定。压路机每次由两端折回的位置阶梯形的随摊铺机向前推进，使折回处不在同一横断面上。在摊铺机连续摊铺的过程中，压路机不随意停顿。

② 压路机碾压过程中有沥青混合料粘轮现象时，可向碾压轮洒少量水或加洗衣粉水，严禁洒柴油。

③ 压路机不在未碾压成型并冷却的路段转向、调头或停车等候。振动压路机在已成型的路面行驶时关闭振动。

④ 对压路机无法压实的桥梁、挡墙等构造物接头、拐弯死角、加宽部分及某些路边缘等局部地区，采用振动夯板压实。

⑤ 在当天碾压成型的沥青混合料层面上，不得停放任何机械设备或车辆，严禁散落矿料、油料等杂物。

5. 接缝、修边

（1）摊铺时采用梯队作业的纵缝采用热接缝。施工时将已铺混合料部分留下 10～20cm 宽暂不碾压，作为后摊铺部分的高程基准面，最后做跨缝碾压以消除缝迹。

（2）半幅施工不能采用热接缝时，设挡板或采用切刀切齐。铺另半幅前必须将缝边缘清扫干净，并涂洒少量粘层沥青。摊铺时应重叠在已铺层上 5～10cm，摊铺后用人工将摊铺在前半幅上面的混合料铲走。碾压时先在已压实路面上行走，碾压新铺层 10～15cm，然后压实新铺部分，再伸过已压实路面 10～15cm，充分将接缝压实紧密。上下层的纵缝错开 0.5m，表层的纵缝应顺直，且留在车道的画线位置上。

（3）相邻两幅及上下层的横向接缝均错位 5m 以上。上下层的横向接缝可采用斜接缝，上面层应采用垂直的平接缝。铺筑接缝时，可在已压实部分上面铺设些热混合料使之预热软化，以加强新旧混合料的黏结。但在开始碾压前应将预热用的混合料铲除。

（4）平接缝做到紧密黏结，充分压实，连接平顺。施工可采用下列方法：在施工结束时，摊铺机在接近端部前约 1m 处将熨平板稍稍抬起驶离现场，用人工将端部混合料铲齐后再予以碾压。然后用 3m 直尺检查平整度，趁尚未冷透时垂直刨除端部平整度或层厚不符合要求的部分，使下次施工时成直角连接。

（5）从接缝处继续摊铺混合料前应用 3m 立尺检查端部平整度，当不符合要求时，予以清除。摊铺时应控制好预留高度，接缝处摊铺层施工结束后再用 3m 直尺检查平整度，当有不符合要求者，应趁混合料尚未冷却时立即处理。

（6）横向接缝的碾压应先用双轮钢筒式压路机进行横向碾压。碾压带的外侧放置供压路机行驶的垫木，碾压时压路机位于已压实的混合料层上，伸入新铺层的宽度为 15cm，然后每压一遍向混合料移动 15～20cm，直至全部在新铺层上为止，再改为纵向碾压。当相邻摊铺层已经成型，同时又有纵缝时，可先用钢筒式压路机纵缝碾压一遍，其碾压宽度为 15～20cm，然后再沿横缝作横向碾压，最后进行正常的纵向碾压。

（7）做完的摊铺层外露边缘应准确到要求的线位。修边切下的材料及任何其他的废弃沥青混合料从路上清除。

6. 取样和试验

（1）沥青混合料按《公路工程沥青及沥青混合料试验规程》（JTJ 052—2000）的方法取样，以测定矿料级配、沥青含量。混合料的试样，每台拌和机每天取样 1～2 次，并按《公路工程沥青及沥青混合料试验规程》（JTJ 052—2000）标准方法对规定基础进行检验。

（2）压实的沥青路面应按《公路路基路面现场测试规程》（JTG F60—2008）要求的方法钻孔取样，或用核子密度仪测定其压实度。

（3）所有试验结果均应报监理工程师审批。

七、几种常见面层铺砌

1. 散料类面层铺砌

（1）土路。完全用当地的土加入适量砂和消石灰铺筑。常用于游人少的地方，或作为临时性道路。

（2）草路。一般用在排水良好、游人不多的地段，要求路面不积水，并选择耐践踏的草种，如绊根草、结缕草等。

（3）碎料路。是指用碎石、卵石、瓦片、碎瓷等碎料拼成的路面。图案精美丰富，色彩素艳和谐，风格或圆润细腻或朴素粗犷，做工精细而具有很好的装饰作用和较高的观赏性，有助于强化园林意境，具有浓厚的民族特色和情调，多见于古典园林中。

施工方法：先铺设基层，一般用砂作基层，当砂不足时，可以用煤渣代替。基层厚20～25cm，铺后用轻型压路机压2～3次。面层（碎石层）一般厚1.4～20cm，填后平整压实。当面层厚度超过20cm时，要分层铺压，下层12～16cm，上层10cm。面层铺设的高度应比实际高度大些。

现以卵石路面铺设为例，简单介绍其施工方法。

（1）绘制图案。用木桩定出铺装图案的形状，调整好相互之间的距离，再将其固定。然后用铁锹切割出铺装图案的形状，开挖过程中尽可能保证基土的平整。

（2）平整场地。勾勒出图案的边线后，就要用耙子平整场地，在此过程之中还要在平整的场地上放置一块木板，将酒精水准仪放在它的上面。

（3）铺设垫层。在平整后的基层上，铺设一层粗沙（厚度大约为3cm）。在它的上层再抹上一层约为6cm的水泥砂浆（混合比为7∶1），然后用木板将其压实、整平。

（4）抹平垫层。垫层必须干燥、平整、坚实。如果垫层有毛茬、不平，应该对垫层进行抹平。

（5）填充卵石。按照设计的图案依次将卵石、圆石、碎石镶入水泥砂浆之中。

（6）修整图案。使用泥铲将卵石上边干的水泥砂浆刮掉，并检查铺装材料是否稳固，如果需要的话还应使用水泥砂浆对其重新加固。

（7）清理现场。最后在水泥砂浆完全凝固之前，用硬毛刷子清除多余的粗沙和无用的材料，但是注意不要破坏刚刚铺好的卵石。

2. 块料类面层铺砌

用石块、砖、预制水泥板等做路面的，统称为块料路面。此类路面花纹变化较多，铺设方便，因此在园林中应用较广。块料路面是我国园林传统做法的继承和延伸。块料路面的铺砌要注意几点。

（1）广场内同一空间，园路同一走向，用一种式样的铺装较好。这样几个不同地方不同的铺砌，组成全园，达到统一中求变化的目的。实际上，这是以园路的铺装来表达园路的不同性质、用途和区域。

（2）一种类型铺装内，可用不同大小、材质和拼装方式的块料来组成，关键是用什么铺装在什么地方。例如，主要干道、交通性强的地方，要牢固、平坦、防滑、耐磨，线条简洁大方，便于施工和管理。如用同一种石料，变化大小或拼砌方法。小径、小空间、休闲林荫道，可丰富多彩一些，例如，杭州的竹径通幽，苏州五峰仙馆与鹤所间的仙鹤图与环境融为一体，诗情画意，跃然脚下。

（3）块料的大小、形状，除了要与环境、空间相协调，还要适于自由曲折的线形铺砌，这是施工简易的关键；表面粗细适度，粗可行儿童车，走高跟鞋，细不致雨天滑倒跌伤，块料尺寸模数要与路面宽度相协调；使用不同材质块料拼砌，色彩、质感、形状等对比要强烈。

（4）块料路面的边缘要加固。损坏往往从这里开始。园路是否放侧石，各有己见。要依实而定：①看使用清扫机械是否需要有靠边；②所使用砌块拼砌后，边缘是否整齐；③侧石是否可起到加固园路边缘的目的；④最重要的是园路两侧绿地是否高出路面，在绿化尚未成型时，须以侧石防止水土冲刷。

（5）建议多采用自然材质块料，接近自然，朴实无华，价廉物美，经久耐用。甚至旧料、废料略经加工也可利用。日本有的路面是散铺粗砂而成的，我们过去也有煤屑路面；碎大理石花岗岩板也广为使用，石屑更是常用填料。

施工总的要求是要有良好的路基，并加砂垫层，块料接缝处要加填充物。

① 砖铺路面。目前我国机制标准砖的大小为 240mm×115mm×53mm，有青砖和红砖之分。园林铺地多用青砖，风格朴素淡雅，施工简便，可以拼凑成各种图案，以席纹和同心圆弧放射式排列为多（如图 7-9 所示）。砖铺地适于庭院和古建筑物附近。因其耐磨性差，容易吸水，适用于冰冻不严重和排水良好之处；坡度较大和阴湿地段不宜采用，因易生青苔而行走不便。目前已有采用彩色水泥仿砖铺地，效果较好。日本、欧美等国尤喜用红砖或仿缸砖铺地，色彩明快艳丽。

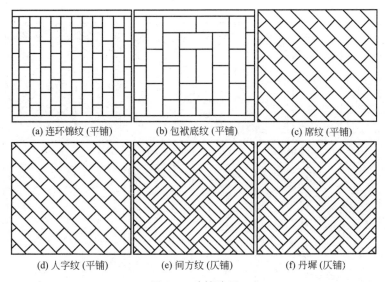

图 7-9　砖铺路面

大青方砖规格为 500mm×500mm×100mm，平整、庄重、大方，多用于古典庭院。

② 冰纹路面。冰纹路面是用边缘挺括的石板模仿冰裂纹的地面，石板间接缝呈揪折线，用水泥砂浆勾缝。多为平缝和凹缝，以凹缝为佳。也可不勾缝，便于草皮长出成冰裂纹嵌草路面（如图 7-10 所示）。还可做成水泥仿冰纹路，即在现浇混凝土路面初凝时，模印冰裂纹图案，表面拉毛，效果也较好。冰路适用于池畔、山谷、草地、林中的游步道。

③ 混凝土预制块铺路。用模具制成的混凝土方砖铺砌的路面，形状多变，图案丰富（如各种几何图形、花卉、木纹、仿生图案等）。也可添加无机矿物颜料制成彩色混凝土砖，色彩艳丽。路面平整、坚固、耐久。适用于园林中的广场和规则式路段上。也可做成半铺装留缝嵌草路面。如图 7-11 所示。

3. 胶结料类的面层施工

底层铺碎砖瓦 6～8cm 厚，也可用煤渣代替。压平后铺一层极薄的水泥砂浆（粗砂）抹平、浇水、保养 2～3 天即可，此法常用于小路。也可在水泥路上划成方格或各种形状的花纹，既增加艺术性，也增强实用性。

4. 嵌草路面的铺砌

无论用预制混凝土铺路板、实心砌块、空心砌块，还是用顶面平整的乱石、整形石块或

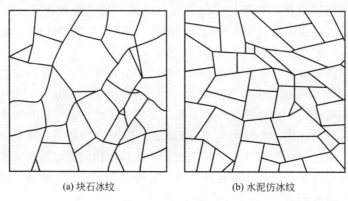

(a) 块石冰纹   (b) 水泥仿冰纹

图 7-10　冰纹路面

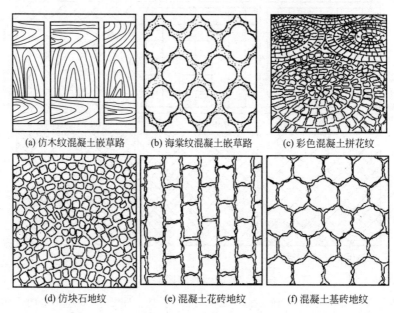

(a) 仿木纹混凝土嵌草路　　(b) 海棠纹混凝土嵌草路　　(c) 彩色混凝土拼花纹

(d) 仿块石地纹　　(e) 混凝土花砖地纹　　(f) 混凝土基砖地纹

图 7-11　预制混凝土方砖路

石板，都可以铺装成砌块嵌草路面。

　　施工时，先在整平压实的路基上铺垫一层栽培壤土作垫层。壤土要求比较肥沃，不含粗颗粒物，铺垫厚度为 100～150mm。然后在垫层上铺砌混凝土空心砌块或实心砌块，砌块缝中半填壤土，并播种草籽。实心砌块的尺寸较大，草皮嵌种在砌间预留的缝中。草缝设计宽度可在 20～50mm 之间，缝中填土达砌块的 2/3 高。砌块下面如上所述用壤土作垫层并起找平作用，砌块要铺装得尽量平整。实心砌块嵌草路面上，草皮形成的纹理是线网状的。空心砌块的尺寸较小，草皮嵌种在砌块中心预留的孔中。砌块与砌块之间不留草缝，常用水泥砂浆黏结。砌块中心孔填土亦为砌块的 2/3 高；砌块下面仍用壤土作垫层找平，使嵌草路面保持平整。空心砌块嵌草路面上，草皮呈点状而有规律地排列。要注意的是，空心砌块的设计制作，一定要保证砌块的结实坚固和不易损坏，因此其预留孔径不能太大，孔径最好不超过砌块直径的 1/3 长。采用砌块嵌草铺装的路面，砌块和嵌草层是道路的结构面层，其下面只能有一个壤土垫层，在结构上没有基层，只有这样的路面结构才有利于草皮的存活与生长。

八、 道牙边沟施工

1. 路缘石

（1）路缘石的作用。路缘石是一种为确保行人及路面安全，进行交通诱导，保留水土，保护植栽，以及区分路面铺装等而设置在车道与人行道分界处、路面与绿地分界处、不同铺装路面分界处等位置的构筑物（如图 7-12 所示）。路缘石的种类很多，有标明道路边缘类的预制混凝土路缘石、砖路缘石、石头路缘石，此外，还有对路缘进行模糊处理的合成树脂路缘石。

侧缘石

路缘石

图 7-12　路缘石的位置

（2）路缘石设置施工要点

① 在公共车道与步行道分界处设置路缘，一般利用混凝土制"步行道车道分界道牙砖"，设置高 15cm 左右的街渠或"L"边沟。如在建筑区内，街渠或边沟的高度则为 10cm 左右。

② 区分路面的路缘，要求铺筑高度统一、整齐，路缘石一般采用"地界道牙砖"。设在建筑物入口处的路缘，可采用与路面材料搭配协调的花砖或石料铺筑。在混凝土路面、花砖路面、石路面等与绿色的交界处可不设路缘。但对沥青路面，为保证施工质量，则应当设置路缘。

2. 边沟

（1）边沟。所谓的边沟，是一种设置在地面上用于排放雨水的排水沟。其形式多种多样，有铺设在道路上的"L"形边沟，步车道分界道牙砖铺筑的街渠，铺设在停车场内园路上的蝶形边沟，以及铺设在用地分界点、入口等场所的"L"形边沟（"U"字沟）。此外，还有窄缝样的缝形边沟和与路面融为一体的加装饰的边沟。边沟所使用的材料一般为混凝土，有时也采用嵌砌小砾石。"U"形边沟沟算的种类比较多，如混凝土制算、镀锌格栅算、铸铁格栅算、不锈钢格子算等。

（2）边沟的设置要点

① 应按照建设项目的排水总体规划指导，参考排放容量和排水坡度等因素，再决定边沟的种类和规模尺寸。

② 从总体而言，所谓的雨水排除是针对建筑区内部的雨水排放处理，因此，应在建筑区的出入口处设置边沟（主要是加格栅算的"U"字沟）。

③ 使用"L"形边沟，如是路宽 6m 以下的道路，应采用 C20 型钢筋混凝土"L"形边沟。对 6m 以上宽的道路，应在双侧使用 C30 或 C35 钢筋混凝土"L"形边沟。

④ "U"形沟，则常选用 240 型或 300 成品预制件。

⑤ 用于车道路面上的"U"形边沟，其沟算应采用能够承受通行车辆荷载的结构。而且最好选择可用螺栓固定不产生噪声的沟算。

⑥ 步行道、广场上的"U"形沟沟算，应选择细格栅类，以免行人的高跟鞋陷入其中，在建筑的入口处，一般不采用"L"形边沟排水，而是以缝形边沟，集水坑等设施排水，以免破坏入口处的景观。

道旁"U"形沟，上覆细格栅，既利于排水，又不妨碍行走。路面中部拱起，两边没有边沟，利于排水。

车行道排水多用带铁算子的"L"形边沟和"U"形边沟；广场地面多用蝶形和缝形边沟；铺地砖的地面多用加装饰的边沟，要注重色彩的搭配；平面型边沟水算格栅宽度要参考排水量和排水坡度确定，一般采用 250～300mm；缝形边沟一般缝隙不小于 20mm。

园路路缘石以天然石材为主，缘石高度应低于 20cm 以下，或不使用缘石以保持人与景观之间亲切的尺度。

第三节　广场施工

广场工程的施工程序基本上与园路工程相同。但由于广场上往往存在着花坛、草坪、水池等地面景物，因此，它又比一般的道路工程内容更复杂。

一、施工准备

1. 材料准备

准备施工机具、基层和面层的铺装材料，以及施工中需要的其他材料；清理施工现场。

2. 场地放线

按照广场设计图所绘施工坐标方格网，将所有坐标点测设在场地上并打桩定点。然后以坐标桩点为准，根据广场设计图，在场地地面上放出场地的边线、主要地面设施的范围线和挖方区、填方区之间的零点线。

3. 地形复核

对照广场竖向设计图，复核场地地形。各坐标点、控制点的自然地坪标高数据，有缺漏的要在现场测量补上。

4. 广场场地平整

需要按设计要求对场地进行回填压实及平整，为保证广场基层稳定，对场地平整做以下处理。

(1) 清除并运走的场地杂草、转走现场的木方及竹等建筑材料。

(2) 用挖掘机将场地其他多余土方转运到西边场地，用推土机分层摊铺开来，每层厚度控制在 30cm 左右。然后采用两台 15t 压路机对摊铺的大面积场地进行碾压，局部采用人工打夯机夯实。压至场地土方无明显下沉或压路机无明显轮迹为止。按设计要求至少须三次分层摊铺和碾压。对经压路机碾压后低于设计标高及低洼的部位采用人工回填夯实。

（3）人工夯实填土前应初步平整，夯实时要按照一定方向进行，一夯压半夯，夯夯相接，行行相连，每遍纵横交叉，分层夯打。人工夯实部分采用蛙式夯机，夯打遍数不少于3遍，对周边等压路机碾压不到的部位应加夯几次。

（4）广场场地平整及碾压完成后，安排测量人员放出广场道路位置，根据设计图纸标高，使道路路基标高略高于设计要求，用15t振动压路机对道路再进行一次碾压。采用振动压路机碾压，碾压时横向接头的轮迹，重叠宽度为40~50cm，前后相邻两区段纵向重叠1~1.5m，碾压时做到无漏压、无死角并确保碾压均匀。碾压时，先压边缘，后压中间；先轻压，后重压。填土层在压实前应先整平，并应作2%~4%的横坡。当路堤铺筑到结构物附近的地方，或铺筑到无法采用压路机压实的地方，使用夯锤予以夯实。

（5）使道路路基达到设计要求的压实系数。并按设计要求做好压实试验。

（6）场地平整完成后，及时合理安排地下管网及碎石、块石垫层的施工，保证施工有序及各工种交叉作业。

二、 花岗石铺装

1. 垫层施工

将原有水泥方格砖地面拆除后，平整场地，用蛙式打夯机夯实，浇筑150mm厚素混凝土垫层。

2. 基层处理

检查基层的平整度和标高是否符合设计要求，偏差较大的事先凿平，并将基层清扫干净。

3. 找水平、 弹线

用1∶2.5水泥砂浆找平，作水平灰饼，弹线、找中、找方。施工前一天洒水湿润基层。

4. 试拼、 试排、 编号

花岗石在铺设前对板材进行试拼、对色、编号整理。

5. 铺设

弹线后先铺几条石材作为基准，起标筋作用。铺设的花岗石事先洒水湿润，阴干后使用。在水泥焦砟垫层上均匀地刷一道素水泥浆，用1∶2.5干硬性水泥砂浆做黏结层，厚度根据试铺高度决定粘接厚度。用铝合金尺找平，铺设板块时四周同时下落，用橡皮锤敲击平实，并注意找平、找直，如有锤击空声，需揭板重新增添砂浆，直至平实为止，最后揭板浇一层水灰比为0.5的素水泥浆，再放下板块，用锤轻轻敲击铺平。

6. 擦缝

待铺设的板材干硬后，用与板材同颜色的水泥浆填缝，表面用棉丝擦拭干净。

7. 养护、 成品保护

擦拭完成后，面层铺盖一层塑料薄膜，减少砂浆在硬化过程中的水分蒸发，增强石板与砂浆的黏结牢度，保证地面的铺设质量。养护期为3~5天，养护期禁止上人上车，并在塑料薄膜上再覆盖硬纸垫，以保护成品。

三、 卵石面层铺装

在基础层上浇筑后3~4天方可铺设面层。首先打好各控制桩。其次挑选好3~5cm的卵石，要求质地好、色泽均匀、颗粒大小均匀。然后在基础层上铺设 1：2 水泥砂浆，厚度为 5cm，接着用卵石在水泥砂浆层嵌入，要求排列美观，面层均匀高低一致（可以一块 1m×1m 的平板盖在卵石上轻轻敲打，以使面层平整）。面层铺好一块（手臂距离长度）用抹布轻轻擦除多余部分的水泥砂浆。待面层干燥后，应注意浇水保养。

四、 停车场草坪铺装

根据设计图纸要求，停车场的草坪铺装基础素土夯实和碎石垫层后，按园路铺装处理外，在铺好草坪保护垫（绿保）10mm 厚细砂后一定要用压路机辗压 3～4 次，并处理好弹簧土，在确保地基压实度的情况下才允许浇水铺草坪。

五、 质量标准

园路与广场各层的质量要求及检查方法如下。

（1）各层的坡度、厚度、标高和平整度等应符合设计规定。

（2）各层的强度和密实度应符合设计要求，上下层结合应牢固。

（3）变形缝的宽度和位置、块材间缝隙的大小以及填缝的质量等应符合要求。

（4）不同类型面层的结合以及图案应正确。

（5）各层表面对水平面或对设计坡度的允许偏差，不应大于 30mm。供排除液体用的带有坡度的面层应做泼水试验，以能排除液体为合格。

（6）块料面层相邻两块料间的高差，不应大于表 7-1 所示的规定。

表 7-1 各种块料面层相邻两块料的高低允许偏差　　　　单位：mm

序号	块料表层名称	允许偏差
1	条石面层	2
2	普通黏土砖、缸砖和混凝土板面层	1.5
3	水磨石板、陶瓷地砖、水泥花砖和硬质纤维板面层	1
4	大理石、花岗石、拼花木板和塑料地板面层	0.5

（7）水泥混凝土、水泥砂浆、水磨石等整体面层和铺在水泥砂浆上的板块面层以及铺贴在沥青胶结材料或胶黏剂的拼花木板、塑料板、硬质纤维板面层与基层的结合应良好，应用敲击方法检查，不得空鼓。

（8）面层不应有裂纹、脱皮、麻面和起砂等现象。

（9）面层中块料行列（接缝）在 5m 长度内直线度的允许偏差不应大于表 7-2 所示的规定。

表 7-2 各类面层块料行列（接缝）直线度的允许偏差　　　　单位：mm

序号	块料表层名称	允许偏差
1	缸砖、陶瓷锦砖、水磨石板、水泥花砖、塑料板和硬质纤维板	3
2	活动地板面积	2.5
3	大理石、花岗石面层	2
4	其他块料面层	8

（10）各层厚度对设计厚度的偏差，在个别地方偏差不得大于该层厚度的 10%，在铺设时检查。

（11）各层的表面平整度，应用 2m 长的直尺检查，如为斜面，则应用水平尺和样尺检查各层表面平面度的偏差，不应大于表 7-3 所示的规定。

表 7-3　各层表面平面度的偏差允许值　　　　　　单位：mm

序号	层次	材料名称			允许偏差
1	基土	土			15
2	垫层	砂、砂石、碎(卵)石、碎砖			15
		灰土、三合土、炉渣、水泥混凝土			15
		毛地板	拼花木板面层		10
			其他种类面层		3
		木格栅			5
3	结合层	用沥青玛蹄脂做结合层铺设拼花木板、板块和硬质纤维面板			3
		用水泥砂浆做结合层铺设板块面层以及铺设隔离层、填充层			5
		用胶结料做结合层铺设拼花木板、塑料板和纤维板面层			2
4	面层	条石、块石			10
		水泥混凝土、水泥砂浆、沥青混凝土、水泥钢(铁)屑不发火(防爆的)、防渗等面层			4
		缸砖、混凝土块面层			4
		整体的及预制的普通水磨石、水泥花砖和木板面层			3
		整体的及预制的高级水磨石面层			2
		陶瓷锦砖、陶瓷地砖、拼花木板、活动地板、塑料板、硬质纤维板等面层以及面层涂饰			2
		大理石、花岗石面层			1

参考文献

[1] 梁伊任主编．园林建设工程［M］．北京：中国城市出版社，2000．

[2] 覃辉．土木工程测量［M］．上海：同济大学出版社，2004．

[3] 梁伊任．园林建设工程［M］．北京：中国城市出版社，2000．

[4] 田永复．中国园林建筑施工技术［M］．北京：中国建筑工业出版社，2002．

[5] 毛培琳．园林铺地［M］．北京：中国林业出版社，1992．

[6] 本书编委会．施工员一本通［M］．北京：中国建材工业出版社，2008．

[7] 侯幼彬．中国古代建筑历史图说［M］．北京：中国建筑工业出版社，2003．

[8] 罗哲文．中国古代建筑［M］．上海：上海古籍出版社，1990．

[9] 千鲁民．中国古典建筑文化探源［M］．上海：同济大学出版社，1997．

[10] 胡林，边秀举，阳新玲主编．草坪科学与管理［M］．北京：中国农业大学出版社，2001．

[11] 陈志明主编．草坪建植与养护［M］．北京：中国林业出版社，2003．

[12] 孟兆祯．园林工程［M］．北京：中国林业出版社，2001．

[13] 潘全祥等编．施工现场十大员技术管理手册［M］．第 2 版．北京：中国建筑工业出版社，2004．

[14] 谭继清主编．草坪与地被植物栽培技术［M］．北京：科学技术文献出版社，2000．

[15] 王树栋，马晓燕编著．园林建筑［M］．北京：气象出版社，2001．

[16] 尹公主编．城市绿地建设工程［M］．北京：中国林业出版社，2001．

[17] 郑金兴主编．园林测量［M］．北京：高等教育出版社，2002．

[18] 朱维益，杨生福．市政与园林工程预决算［M］．北京：中国建材工业出版社，2004．

[19] 梁伊任．园林建设工程［M］．北京：中国城市出版社，2000．

[20] 本书编委会．园林工程施工一本通［M］．北京：地震出版社，2007．